亚洲文明研究丛书

古代日本灾害史研究

王海燕 著

ZHEJIANG UNIVERSITY PRESS
浙江大学出版社
·杭州·

图书在版编目(CIP)数据

　　古代日本灾害史研究 / 王海燕著. -- 杭州 ：浙江
大学出版社，2024.9
　　ISBN 978-7-308-22929-6

　　Ⅰ.①古… Ⅱ.①王… Ⅲ.①自然灾害－历史－研究
－日本－古代 Ⅳ.①X432－093.13

　　中国版本图书馆 CIP 数据核字(2022)第 148905 号

古代日本灾害史研究

王海燕　著

责任编辑	吴 庆	
责任校对	吴心怡	
封面设计	周 灵	
出版发行	浙江大学出版社	
	（杭州市天目山路 148 号　邮政编码 310007）	
	（网址：http://www.zjupress.com）	
排　　版	浙江大千时代文化传媒有限公司	
印　　刷	杭州宏雅印刷有限公司	
开　　本	710mm×1000mm　1/16	
印　　张	17.25	
字　　数	301 千	
版 印 次	2024 年 9 月第 1 版　2024 年 9 月第 1 次印刷	
书　　号	ISBN 978-7-308-22929-6	
定　　价	88.00 元	

目　录

第三章 灾害与古代日本社会、对外关系的脆弱性

第四章 古代日本灾害观中的天皇

——以诏令为中心

绪论：日本列岛的自然环境与灾害

众所周知，当代的日本列岛是由北海道、本州、四国、九州以及伊豆·小笠原群岛、西南群岛组成的弧状列岛，位于亚洲大陆与太平洋间的活动性大陆边缘部，属于地震、火山及地壳活动活跃的变动带。四面环海的日本列岛，与亚洲大陆之间相隔鄂霍次克海、日本海和东海等，而东侧则是广阔的太平洋。其周边的海底有千岛·勘察加海沟、日本海沟、伊豆·小笠原海沟、马里亚纳海沟、琉球海沟及相模海槽、骏河海槽、南海海槽等，这些海沟、海槽成为板块与板块之间的界线。

日本列岛的陆上地形，大致分为山地与平原（平地）两大类。其中，山地所占面积约为 59％，分布在隆起地域，其特点是海拔高，起伏大，坡度陡峻，棱线凹凸小，山腹（谷壁）斜面纵断形状为直线型；与之相对，平原的面积约占 35％（丘陵 11％，台地 11％，低地 13％），分布在沉降地带，特点是海拔低，起伏小，相对平坦，可以进一步细分为沿海的临海平原和内陆的山间盆地①。此外，还有约 6％ 是火山地。

由于暖流的存在，地形的复杂，纬度的差异等原因，日本列岛的气候呈现多样性，包括亚热带、暖温带、冷温带和亚寒带；日本海岸、太平洋岸、濑户内海、九州、北海道及东北太平洋岸等地之间，存在着地域的差异，呈现出各自不同的气候特点。但从整体上看，日本列岛基本属于温带湿润季风地带，四季分明，多雨且位于台风的通路。关于古代日本的气候，学者山本武夫氏从樱花花期、海面升降、树木年轮等视角研究分析，推测 9 世纪至 12 世纪的日本列岛，气候比较温暖，但在 15 世纪至 16 世纪时遭遇小冰期②。

---

① 米倉伸之「平野の特性」（貝塚爽平ら編『日本の地形 1 総説』、東京大学出版会、2001 年、200－208 頁）。
② 山本武夫『気候の語る日本の歴史』、そしえて、1976 年。

1

此外,日本列岛的河流众多,长度 20 公里以上、流域面积 150 平方公里以上、流域海拔高度 100 米以上的河流就有 260 条①。与大陆的河流相比,日本列岛的河流基本上是西北—东南向或东南—西北向流动,具有河长较短且流急的特点。河流的流量随着季节的变动而变化,一般而言,冬季时,日本列岛的太平洋一侧降雨少,日本海一侧降雪多,因此河流的流量最小;融雪期时,本州岛的日本海一侧及北海道的河流流量最大;夏秋季时,本州岛的太平洋一侧及四国的河流则由于梅雨、夏雨、秋霖、台风等原因,流量增加;而瀬户内海沿岸及九州的河流于梅雨季时流量最大。

上述的自然地理环境,使得日本列岛屡遭地震、火山喷发、海啸、大风、暴雨、洪水等自然灾害。可以说日本列岛是世界上有数的自然灾害多发地带。日本列岛所遇自然灾害主要有以下三大类:

①地震。位于环太平洋地震带的日本列岛,频繁受到大大小小的地震袭击,既有来自海底板块边界上发生的海沟型地震,也有分布在内陆的活断层引起的直下型地震。例如,1923 年的大正关东地震,属于海沟型巨大地震,震源位于相模湾;而 1891 年的浓尾地震(美浓·尾张地震)是日本历史上的最大的内陆直下型地震。地震灾害包括地震动或地壳变动直接引起的原生灾害以及地震诱发的火灾、海啸等次生灾害。例如,1995 年兵库县南部地震(阪神·淡路大震灾),震后,倒塌建筑内的火源引发了火灾;2011 年东北地方太平洋冲地震(东日本大震灾),伴随着海沟型地震的发生,数米至十数米高不等的海啸抵达东北、关东、北海道太平洋沿岸。

②火山喷发。火山喷发是地下积聚的热能突发性地释放的现象。日本列岛也是世界上有数的火山地带,目前日本的活火山有 111 座,其中气象厅 24 小时观测、监视的活火山有 50 座。日本的火山分布大致分为东日本火山带和西日本火山带。东日本火山带,自伊豆·小笠原群岛,在本州岛中部曲折延伸至东北地区、北海道、千岛。西日本火山带从西南群岛至九州、中国地区北部。火山带内部的火山分布,密集于火山前缘附近,其中大型火山有富士山、箱根山、阿苏山、雾岛山等。

日本列岛实际上也存在没有活火山分布的地区,如四国、近畿地区、中国地区南部以及关东平原、日高山脉等地。不过历史上,这些没有活火山的地区,在

---

① 大森博雄「日本の川·世界の川」(阪口豊ら編『新版日本の自然 3　日本の川』,岩波書店、1995 年、205—232 頁)。

富士山、浅间山、有珠山、樽前山等火山爆发性喷发时，也遭受到火山灰等灾害。

火山活动带来的灾害，主要有火山灰雨、熔岩流、火山泥石流、火山性海啸等。1783年的浅间山大喷火，火山灰、熔岩流、火山泥石流等灾害造成了2500多人的死亡，并且喷发后的数年内，气候异常，民众饥馑。

③气象灾害。与地震、火山喷发相比，气象变动引起的灾害更具日常性。日本列岛位于气候学意义上的前锋带附近，因此前锋和温带低气压或热带低气压所带来的气象灾害经常发生，包括洪水、风暴潮、风灾、旱灾、霜害、冷害、雪害、落雷等等。

以水灾为例，不同季节的洪水、水害各有其特点。除了北海道以外，每年的6月至7月，日本列岛各地相继进入梅雨季，梅雨的雨量因时因地各不相同。日本列岛的西南，来自菲律宾群岛方面的热带气团的湿气流聚集了热带海洋上的水蒸气，在梅雨锋带一举向地表面降雨，由此给西九州地区及西南日本沿海部带来局部大雨、暴雨，极易形成洪水、水涝。此外，每年的初夏至初秋，基本上都有台风通过日本列岛。台风的特征是大风暴雨。对于岛国的人们来说，雨水是重要的水资源，同时也会成为洪水、水涝的原因，尤其是大河川的大洪水。在北海道、东北、北陆的暴雪地域，随着春季的到来，气温上升，积雪逐渐融化，流向河川，如若气温骤然升高，且有大雨、暴雨，则极易形成融雪大洪水。

隆起的山地、丘陵及火山遇到暴雨、融雪，也会诱发泥石流、滑坡等灾害。被命名为"平成三十年7月豪雨"的2018年大雨，就是由于梅雨峰及台风的共同影响，暖湿空气持续在日本上空，造成以西日本为中心的全国性普降大雨，同时引发河流泛滥、泥石流等灾害，受灾程度甚大，被日本政府指定为特定非常灾害，这是对地震灾害以外的其他灾害的首次指定。

灾害是从人类及其社会生活角度而言的，发生在人类生活的地方，因此灾害的形成、形态不仅有自然环境的原因，也有人类活动的因素。例如，降到地面的雨水，一部分蒸发，一部分渗入地下，余下的部分在地表面流动汇集，形成河流，因此降雨量与地表面流出量的比率是关系到洪水、水害形成的重要参数，这一参数的数值是随着地被植物的状态而改变的。换句话说，洪水、水害的形成与土地的状态密切相关，而地被植物是改变土壤性质的因素之一。而人类对土地的利用与开发，直接影响地被植物的状态，也就成为诱发洪水、水害形成的要素之一。此外，对丘陵地的开发，导致斜面抗雨性减弱，容易形成滑坡、泥石流等灾害。

对于生活在日本列岛上的人们，自然灾害自古以来就像是宿命一样的存在,威胁着人们的生活,却无法逃避,只能运用人类的智慧、技术面对自然灾害。大约始于距今 4 万年至 3.5 万年前,日本列岛进入旧石器文化时期,这一时期正处于被认为是最后冰河期的玉木冰期(Würm glaciation),当时日本列岛与大陆的关系不明,一般认为旧石器人从日本列岛的北部或者南部进入日本列岛。大约距今 2 万年前以后,气温渐渐变暖,其后日本列岛与大陆分离,尽管距今大约 1.4 万年前至 1.2 万年前出现了被称为新寒冷期(Younger Dryas)的寒冷气候,但是日本列岛的具体寒冷程度不明。距今 1.2 万年前以后,气候变暖,距今大约 8000 年前至 7000 年前,地球的温暖化达到了顶峰,在日本被称为绳文海进期。在如此的环境变动中,大约距今 1.5 万年前,日本列岛进入了绳文时代的萌芽期,距今 1 万年前至 6000 年前是绳文时代的形成期。经过了地球温暖化的顶点后,气候缓慢地转寒,距今大约 5500 年前时,日本列岛的气候与现今日本列岛的气候大致相同①。距今 6000 年前至 2500 前年进入了绳文时代的成熟期②。这一时期日本列岛的气候虽然有寒暖的起伏,但是从总体而言,气候是转向寒冷化,与弥生时代以后的气候差别不大。

　　水稻耕作的引入是划分绳文时代与弥生时代的文化差异的最重要指标。水稻耕作不仅给社会带来了巨大的影响,而且给自然环境也带来了变化。水田开发是人类主动地、大规模地对自然环境的改变。绳文时代,虽然绳文人的住居、墓地、贮藏穴等也在改变自然环境,但绳文人基本上是以采集方式从自然获得食物的。然而,水稻耕作需要水田的水保持同一水平,因此首先水平的田地是必要的前提条件,为此人类就要对倾斜地进行削平、填平等的整地活动;其次水稻耕作离不开水,因此需要水利设施的建设,即为了引水入水田,建筑从河流等水源将水引导至水田的用水沟渠,以及为了将水田的水排出,建造排水沟渠。这一系列的开发活动不仅改变了自然地形,而且由于用水路与排水路都尽量建筑在靠近水源的地方,与水源相通,并且水田本身是浅池,因此也会改变水源中

---

① 西本豊弘「人と動物の歴史」、平川南編『環境の日本史 1　日本史と環境—人と自然』、吉川弘文館、2012 年、148—163 頁。

② 关于绳文时代发展时期的划分,不少学者基于陶器式样的变化,采用草创期、早期、前期、中期、后期、晚期的六分法,但是,对每一时期时间上的具体界定,却为莫衷一是,没有统一的定论。本文根据绳文人定居程度变化,根据三分法,即将绳文时代划分为萌芽期(距今约 1 万 5 千年前~1 万年前)、形成期(距今约 1 万年前~6 千年前)、成熟期(距今约 6 千年前~2 千 5 百年前)。(参照泉拓良「縄文文化論」、白石太一郎編『日本の時代史 1　倭国誕生』、吉川弘文館、2002 年、131—134 頁。)

的鱼类等生物的生态环境[①]。由此，弥生时代以后，随着人类的开发活动，日本列岛的自然环境逐渐地发生变化，与之相应，洪水、泥石流等自然灾害的频度也会发生不同程度的变化。

关于弥生、古坟时代以后的日本列岛气候，学者们通过屋久杉年轮的碳素同位比分析，认为弥生时代末期 1 世纪至 3 世纪，气温逐渐地上升，4 世纪至 5 世纪初到达了顶点；5 世纪以后至 6 世纪初处于低温状态；6 世纪初开始温暖化，持续至 7 世纪初；7 世纪初至 8 世纪前半叶是寒冷状态；自 8 世纪后半叶开始进入温暖化的时代，温暖化的顶点是 8 世纪后半叶至 10 世纪[②]。据此可知，古坟时代的气候，尽管有短暂的低温期，但直至 7 世纪初基本上是温暖的；飞鸟时代至奈良时代前半叶大致处于寒冷化时期；8 世纪后半叶至 10 世纪的奈良时代后期以及平安时代前期是温暖的。与之相应，8 世纪中叶开始，发生旱灾、风水灾等灾害的频率也有所增多[③]。

至于平安时代后期的气候，根据气候变动研究成果可知，10 世纪以后，日本的气候逐渐凉冷化，至 11 世纪初，凉冷化达到底点；11 世纪后半叶开始气温上升，至 12 世纪初达到顶点；经过 12 世纪初最温暖的时期以后直至 15 世纪，大致上都处于凉冷化阶段[④]。也就是说，在日本列岛气候凉冷化的时期，历史从古代走向中世。

气候的变动影响旱灾、水害、冷害等气象灾害的发生频率，而灾害不仅对人类及其生存环境造成冲击、破坏，还牵动着政治社会，影响着社会文化的特性。

本书是在国家社会科学基金项目"日本古代灾害社会史研究"的最终成果基础上，加以修改而写成的。虽然以"灾害史"为名，但不限于古代日本所发生的灾害的罗列，而是以灾害与国家社会为研究主题，从日本古代的国家应灾体制、社会与外交脆弱性、灾害观及都市等视角，力图探究日本古代国家和社会变化与灾害发生的关联。以史学实证的研究方法，结合政治史与灾害史的视点，

---

① 大沼芳幸「琵琶湖沿岸における水田開発と漁業―人為環境がもたらした豊かな共生世界―」、三宅和朗編『環境の日本史 2　古代の暮らしと祈り』、吉川弘文館、2013 年、31―53 頁。
② 北川浩之「屋久杉に刻まれた歴史時代の気候変動」（吉野正敏・安田喜憲編『講座文明と環境 6 歴史と気候』、朝倉書店、1995 年、47―55 頁）。吉野正敏「4～10 世紀における気候変動と人間活動」、『地学雑誌』第 118 巻 6 号、2009 年、1221―1236 頁。
③ 吉野正敏「4～10 世紀における気候変動と人間活動」。
④ 礒貝富士男「気候変動と中世農業」、井原今朝男編『環境の日本史 3　中世の環境と開発・生業』、吉川弘文館、2013 年、10―33 頁。

从灾害与国家、王权、民众、信仰等方面,广角度地论述古代日本灾害社会史。

关于"古代日本灾害史"这一课题,对于笔者来说,完全是全新的领域,涉及历史学、社会学、宗教学、哲学、气象、水利、地质、疾病等多学科知识。尽管笔者已有六、七年的探索,但尚有不少未解的难题及不足。因此敬请同仁、读者不吝批评指正。

第一章 正史的灾害记录

最早居住在日本列岛的人们虽有语言，但无文字①。随着汉文字的传入以及古代东亚的国际环境，至 5 世纪，汉字已经作为官方文字被应用于倭国的对外交流与内政之中。然而，有关自然灾害的史事记录，仍需等待 8 世纪以后，方始见于敕撰正史中。

所谓"敕撰"，是指奉天皇之命而撰成的书籍。在奈良、平安时代，敕撰的书籍并非少数，但敕撰国史（正史）却是屈指可数，只有《日本书纪》、《续日本纪》、《日本后纪》、《续日本后纪》、《日本文德天皇实录》、《日本三代实录》六部，亦称"六国史"②。本章以六国史的记载为中心，在梳理古代日本自然灾害的同时，探究正史编纂者对灾害记事的采录方针及其政治意图。

第一节 《日本书纪》的自然灾害记录

一、《日本书纪》的撰成

《日本书纪》（亦名《日本纪》）列于六国史之首③，其编纂时间可以追溯至天

---

① 《隋书》倭国传记载："（倭国）无文字，唯刻木结绳，敬佛法，於百济求得佛经，始有文字"。成书于平安时代的日本文献《古语拾遗》的序言亦道："（日本）上古之世，未有文字，贵贱老少，口口相传，前言往行，存而不忘"。

② 六国史皆是使用汉字撰写的编年体史书，但在著述体裁方面却略有不同，从书名可以看出，六国史分为"纪"和"实录"两大类，即《日本书纪》《续日本纪》、《日本后纪》、《续日本后纪》四书为"纪"，《日本文德天皇实录》和《日本三代实录》为"实录"。不过，"纪"类的四书，虽以"本纪"体叙述历代大王或天皇，但也都存在"实录"体的内容。

③ 日本最早的典籍是《古事记》，成书于和铜五年（712），全书的三分之一是神话传说，三分之二是王统传承记述，包含许多英雄征战、情爱悲恋的故事以及百余首歌谣，因此与《日本书纪》相比较，《古事记》呈现出的文学性略强一些。

武时代(672—686)。天武天皇于673年正式即位。其后,闻听当时流传的《帝纪》及《本辞》的各种版本叙述与事实多有不符,认为是关系到"邦家之经纬,王化之鸿基"之事,于是诏令"撰录帝纪,讨覈旧辞,削伪定实,欲流后叶"[①]。天武十年(681),作为逐步建立中央集权化统治秩序的重要环节,天武天皇积极推进修史事业,召见川岛皇子、忍壁皇子、广濑王、竹田王、桑田王、三野王、大锦下上毛野君三千、小锦中忌部连首、小锦下阿昙连稻敷、难波连大形、大山上中臣连大岛、大山下平群臣子首等12名皇族、王族及上层诸臣,"令记定帝纪及上古诸事",由中臣连大岛、平群臣子首执笔[②]。然而,天武天皇在世期间并没有看到修史事业的完成。

天武天皇亡故后,持统五年(691)八月,持统天皇诏令大三轮、雀部、石上、藤原、石川、巨势、膳部、春日、上毛野、大伴、纪伊、平群、羽田、阿倍、佐伯、采女、穗积、阿昙等十八氏,呈进各自祖先的"墓记"(事迹、传承)[③]。大三轮等各氏的祖先事迹、传承献上,或许与编纂国史有关,也就是说,持统时代极有可能依然延续着天武天皇未竟的修史事业[④]。和铜七年(714)二月,元明天皇诏令纪清人、三宅藤麻吕(或称三宅胜麻吕)"撰国史",增强编撰国史的人员力量,进一步推动天武时代以来的修史事业[⑤]。

养老四年(720)五月,天武天皇之子,一品舍人亲王向元正天皇进上《日本纪》(即《日本书纪》),象征着奉敕主持的编撰国史事业大功告成[⑥]。全书正文30卷、系图1卷,其中,1—2卷为神代卷,由高天原神话、出云神话、日向神话三大部分构成,每部神话都由一系列神话组成,表达国土形成、领土神授等思想,阐述天皇家系谱的神圣性及王权统治的正当性;3—9卷,是传承上的初代大王神武至神功皇后的各代大王的本纪,整体内容传说色彩浓厚;10—14卷,是应神至雄略的各代大王,即中国史籍记载的倭五王的本纪;15—16卷,是清宁至武烈的各代大王,即出自仁德王统的最后几代王的本纪;17—30卷,则记叙了继体大王至持统天皇的持统十一年(697)的史事。

《日本书纪》作为第一部正史,具有独自的特色,其著述体裁借鉴了中国的

① 『古事記』序。

② 『日本書紀』天武十年三月丙戌条。

③ 『日本書紀』持统五年八月辛亥条。

④ 坂本太郎「六国史」、『坂本太郎著作集第三巻 六国史』所收、吉川弘文館、1989年、第35—88页、(初出1970年)。

⑤ 『続日本紀』和銅七年二月戊戌条。

⑥ 关于舍人亲王何时参加《日本书纪》编撰事业,史料上并没有明确记载。

史书,采用编年体记述各代大王(天皇)的治绩,但也没有绝对地遵循年月日顺序,并且在各代大王(天皇)本纪之首,都有即位前纪篇,叙述大王(天皇)的世系、即位的经由等内容。《日本书纪》所基于的史料范围亦是广泛而丰富,除前叙的《帝纪》、《旧辞》外,还有诸氏传承记录、当事人的个人手记或记录、寺院的缘起、有关百济的记录,以及中国史书等等;文字表述上,以流畅的汉文为主体,随处可见用《史记》、《汉书》、《后汉书》等中国史书或典籍的文句,对叙述内容进行文笔润色①。但是由于编纂的时间历经近 40 年,编纂者几经更替,因此各卷的风格不尽统一。

有关自然灾害,《日本书纪》的记录,以时间为序,可以归纳为神话·传承的灾害、六世纪的灾害及七世纪的灾害三大部分。由于后述章节将叙及神话·与六世纪的灾害,因此,本节主要讨论七世纪的自然灾害。

二、七世纪的自然灾害

七世纪是倭国走向日本律令制国家的重要过渡阶段,历经推古、舒明、皇极、孝德、齐明(皇极重祚)、天智、天武、持统八代大王或天皇时代。《日本书纪》对七世纪各代大王(天皇)时期的灾害都有所记载,其中,若仅限于自然灾害,皇极、天武、持统三代时期的灾害记事,明显多于推古、舒明、孝德、齐明、天智五代。自然灾害记录的多寡,可能是如实地反映了灾害发生的实际次数,即某一时段灾害频繁,或某一时段无灾无害,但也可能是限于对灾害信息的获知程度或手段,而无法掌握当时发生的所有灾害,同时也存在《日本书纪》编纂者对各时期灾害记录有所取舍的可能性。在此,拟探讨《日本书纪》有关七世纪灾害记录的特点。

1. 推古、舒明时代的灾害记录

推古时代(593－628),在血缘与联姻的关系下,推古女王、厩户皇子和苏我马子共同构筑了当时的"三驾马车"政治,并推行了兴隆佛教、派遣遣隋使、实施冠位十二阶、制定宪法十七条等日本历史上著名的政策。另一方面,依据《日本书纪》的记载,推古时代所遭遇的自然灾害主要有:

①地震。推古七年(599)四月,"地动,舍屋悉破"。(推古七年四月辛酉条)

---

① 坂本太郎等校註『日本古典文学大系 67　日本書紀上』解説,岩波書店、1974 年,第 12－23 頁。

②水害。

a.推古九年(601)五月,"大雨,河水飘荡",当时推古女王正居于耳梨行宫,雨水溢满宫庭。(推古九年五月条)

b.推古三十一年(623),"自春至秋,霖雨大水,五谷不登"。(推古三十一年十一月条)

c.推古三十四年(626),"自三月至七月,霖雨。天下大饥之,老者噉草根而死于道垂,幼者含乳以母子共死,又强盗、窃盗并大起之不可止"。(推古三十四年是岁条)

③霜寒。推古三十四年(626)三月,"寒以霜降"。(推古三十四年三月条)

④冰雹。推古三十六年(628)四月,两次冰雹,一次大如桃子,一次大如李子。(推古三十六年四月辛卯条、壬辰条)

⑤旱灾。推古三十六年(628),"自春至夏旱之"。(推古三十六年四月壬辰条)

上述灾害记事中,除了 a 例的耳梨行宫①以外,皆没有明记灾害发生的地点,由此可推定诸灾害是当时的政治中心——飞鸟地区②所遭遇的灾害。飞鸟地区周边存在奈良盆地东缘断层带(京都盆地－奈良盆地断层带)、中央构造线断层带(纪伊半岛断层带)、千股断层、名张断层、生驹断层带等多个活断层带,同时也会受南海地震、东南海地震等海沟型地震的影响,因此地震是飞鸟地区常常出现的自然现象。从"舍屋悉破"的记事来看,推古七年四月的地震具有一定的破坏力,而不是轻微的有感地震。

除地震之外,推古时代所遭遇的水、霜、雹、旱则是直接影响农业生产的自然灾害,一旦农作物歉收,常常会引起饥馑等次生灾害的发生,造成社会状况的

---

① 耳梨行宫的所在,被推定在现今的奈良县橿原市木原町(坂本太郎等校註『日本古典文学大系 67 日本書紀上』推古九年五月条头注 25,第 177 页)。

② 关于古代的"飞鸟"地域范围,岸俊男氏认为主要是香具山以南,橘寺以北的飞鸟川右岸(东岸)一带(岸俊男「飛鳥と方格地割」,『史林』53－4,1970 年、第 447－487 页)。然而,小泽毅氏提出飞鸟川左岸(西岸)是丘陵,因地形缘故,七世纪宫殿遗址集中于飞鸟川东岸的平坦地空间,但"飞鸟"的范围并不限于飞鸟川东岸,也包括飞鸟川西岸(小泽毅「小墾田宮・飛鳥宮・嶋宮」,『日本古代京都構造の研究』,青木書店、2003 年、第 72－114 页)。目前学界一般将"飞鸟"及其周边统称为飞鸟地区,即以今日的奈良县高市郡明日香村为中心的地域。推古女王先后以丰浦宫、小墾田宫为王宫,均位于飞鸟地区。

不稳。飞鸟地区有飞鸟川贯穿,是大和川支流之一,起源于奈良县高市郡明日香村东南部的山地,在奈良盆地中部汇入大和川,因霖雨或短时集中降雨造成洪水的情况时而发生。推古三十一年的霖雨大水,极有可能是飞鸟川的泛滥。推古三十四年的霖雨记事,虽然没有提及是否引起洪水,但从霖雨引发大范围的饥馑来看,河水漫溢农田的可能性也是较高的。

有关推古时代的灾害记事中,推古三十四年的灾害事例尤为详多,除了上述的三月霜害以及三月至七月霖雨不断的自然灾害以外,《日本书纪》还记录了当年正月桃李树花开和六月下雪等气候异常现象①,同时也记载了水害的次生灾害,即大范围饥馑与强盗、窃贼事件不断。值得注意的是,就在同年(626)五月,苏我马子离世。在苏我马子之前,厩户皇子已于推古三十年(622)病故②,而根据上文列举的水害 b 例可知,《日本书纪》记载了厩户皇子死后的翌年,即推古三十一年(623)的春季至秋季遇霖雨大水,造成年谷不登。又,推古三十六年(628),推古女王于三月病亡后,亦是出现了连遭冰雹与旱灾的灾害记事,更有推古女王临终前遗言道:"比年五谷不登,百姓太饥,其为朕兴陵以勿厚葬"③。也就是说,根据《日本书纪》的记载,在推古王权的首要人物的离世之年或翌年,都发生了自然灾害。这或许是偶然巧合,亦或许是《日本书纪》编纂者有意地选取了灾害记事,以喻义"三驾马车"政治的结束及其后的王权与社会不安性。

推古女王死后,围绕着王位继承,各政治势力互相角力,最终在当时的大臣苏我虾夷的支持下,田村皇子(即舒明)登上了王位。《日本书纪》关于舒明王权的治政,除了即位前纪有关王位继承人选定过程非常详细以外,其余记事都比较简练,而且内政相关叙述并不多。相比之下,首次派出遣唐使,以及高句丽使、百济使、唐使先后来访,出兵虾夷等对外关系方面的记事引人注目。因此,关于舒明时代(629—641)的自然灾害,其具体状况基本上也是笔墨简略。根据《日本书纪》的记载,舒明大王在位的 13 年间,发生的自然灾害主要如下:

①水害。

a.舒明八年(636)五月,"霖雨大水"。(舒明八年五月条)

---

① 『日本書紀』推古三十四年正月条、六月条。

② 关于厩户皇子的亡故时间,《日本书纪》记为推古二十九年(621),但是法隆寺金堂释迦像光背铭、法起寺塔婆露盘铭等金石文资料都记为壬午年(推古三十年)。

③ 『日本書紀』推古三十六年九月戊子条。

b.舒明十年(638)九月,"霖雨",桃李花开。(舒明十年九月条)

②旱灾。舒明八年(636),"大旱,天下饥之"。(舒明八年是岁条)

③风灾。

a.舒明十年(638)七月,大风,"折木发屋"。(舒明十年七月乙丑条)

b.舒明十一年(639)正月,"大风而雨"。(舒明十一年正月丙寅条)

显然,舒明时代的自然灾害记事,时间上集中于舒明八年、舒明十年和舒明十一年。值得关注的是,在《日本书纪》舒明纪中,相比较灾害记事,有关天象的记载频见,自舒明六年(634)八月的彗星出现①,其后的舒明七年(635)、舒明八年(636)、舒明九年(637)、舒明十一年(639)、舒明十二年(640)每年也都出现了天文现象。特别是舒明八年,正月元日出现日食之后,五月霖雨大水,六月舒明大王的王宫——飞鸟冈本宫遭遇火灾,并且该年因旱灾引发了饥馑②。此外,舒明十一年正月,彗星出现时,僧旻曾预言将会发生饥馑③。据此推测,舒明时代的灾害记事与天象记事之间似乎存在着相互呼应的关联,显示出中国古代的"观乎天文以示变者"、"祥变应乎天文"思想④对《日本书纪》编纂的影响。

2.皇极时代的灾害

舒明十三年(641)十月,舒明大王离开了人世。翌年(642)正月,王后宝皇女继承王位,成为继推古女王之后的第二位女王,即皇极女王。皇极女王在位虽然仅有3年零6个月,但《日本书纪》所记载的自然灾害发生次数却达20次以上,且集中于皇极元年(642)、皇极二年(643)。具体如下:

①皇极元年(642),三月、四月,霖雨;六月、七月,大旱;十月,

---

① 「日本書紀」舒明六年八月条。
② 「日本書紀」舒明八年正月壬辰朔条、五月条、六月条、是岁条。
③ 《日本书纪》舒明十一年正月己巳条载:"长星见西北。时旻师曰:彗星也。见则饥之"。
④ 《晋书》天文志。

地震；十一月，风、雨、雷；十二月，风、雨。①

　　②皇极二年（643），正月，大风；二月，雹、风、雷、冰雨；三月，霜、风、雷、冰雨；四月，大风、冰雹，近江国冰雹；九月，大雨、冰雹。②

关于上述诸灾害所造成的受灾程度，《日本书纪》仅就皇极二年二月冰雹和三月霜，简单地叙述"伤草木华叶"③。此外，根据《日本书纪》可知，皇极元年与皇极二年还连续两年出现气候异常等现象，例如皇极元年，十月"行夏令，无云而雨"，十一月、十二月"雷鸣"且"天暖如春气"④；皇极二年春，桃花已始见，但二月、三月"行冬令"，四月更是"天寒"，"人着绵袍三领"⑤。"行夏令"、"行冬令"的表述，显然是源自《礼记》等中国典籍。关于冬行夏令与春夏行冬令，《礼记·月令》有如下叙述：

　　　　a.（孟冬之月）行夏令，则国多暴风，方冬不寒，蛰虫复出。

　　　　b.（仲冬之月）行夏令，则其国乃旱，氛雾冥冥，雷乃发声。

　　　　c.（季冬之月）行夏令，则水潦败国，时雪不降，冰冻消释。

　　　　d.（仲春之月）行冬令，则阳气不胜，麦乃不熟，民多相掠。

　　　　e.（季春之月）行冬令，则寒气时发，草木皆肃，国有大恐。

　　　　f.（孟夏之月）行冬令，则草木蚤枯，后乃大水，败其城郭。

《礼记·月令》言及的风害、水害、雷鸣、草木枯等灾异现象，在上述的皇极元年至皇极二年灾害记事中都有出现。在中国古代灾异思想中，违反时节的气候及其引起的灾害被视为阴阳易位的灾异，而灾异又被认为是"天地之戒"⑥，当遇到灾异时，人君和大臣必须"退而自省，责躬修德，共御补过，则消祸而福至"⑦。

──────────

① 「日本書紀」皇極元年三月是月条、四月是月条、六月是月条、七月戊寅条、庚辰条、壬午条、八月甲申朔条、十月庚寅条、辛卯条、丙午条、十一月癸丑条、辛酉条、甲子条、十二月庚寅条。

② 「日本書紀」皇極二年正月辛酉条、二月乙巳条、是月条、三月乙亥条、是月条、四月丙戌条、丁亥条、己亥条、甲辰条、九月乙未是日条。

③ 「日本書紀」皇極二年二月乙巳条、三月乙亥条。

④ 「日本書紀」皇極元年十月是月条、十一月丙辰条、己未条、庚申条、壬戌条、甲子条、十二月壬午朔条、甲申条、辛丑条、庚寅条、甲辰条、辛亥条。

⑤ 「日本書紀」皇極二年二月庚子条、是月条、三月是月条、四月丁亥条、己亥条。

⑥ 《汉书》宣帝纪·本始四年四月壬寅条。

⑦ 《晋书》五行志。

　　皇极王权中,苏我虾夷、苏我入鹿父子二人先后就任大臣之位,不仅拥有其他群臣不可相比的权势,而且对于王位继承人的选定握有话语权。皇极四年(645)六月,以中大兄、中臣镰足为中心的反苏我虾夷父子的政治势力,主导了日本历史上著名的"乙巳政变"事件,曾经不可一世的苏我虾夷父子以横死的形式离开了政治舞台,大王的威势得到加强与巩固①。在《日本书纪》中,编纂者基于"天无二日,国无二王"的理念,以较多的笔墨叙述苏我虾夷父子二人的"专擅国政"、使役营造私人陵墓等"失君臣长幼之序"的僭越行为②;同时,也极力树立大王(皇极女王)的权威性及统治的正当性。例如,皇极元年七月发生旱灾时,关于应对旱灾的措施,《日本书纪》有以下记事:

> ①七月二十五日,群臣相谓之曰,随村村祝部所教,或杀牛马祭诸社神,或频移市,或祷河伯,既无所效。苏我大臣报曰:可于寺寺转读大乘经典,悔过如佛所说,敬而祈雨。(皇极元年七月戊寅条)

> ②七月二十七日,于大寺南庭,严佛菩萨像与四天王像,屈请众僧,读大云经等。于时,苏我大臣手执香炉,烧香发愿。二十八日,微雨。二十九日,不能祈雨,故停读经。(皇极元年七月庚辰条、辛巳条、壬午条)

> ③八月朔日,天皇幸南渊河上,跪拜四方,仰天而祈。即雷大雨,遂雨五日,溥润天下。或本云,五日连雨,九谷登熟。于是。天下百姓俱称万岁曰:至德天皇。(皇极元年八月甲申朔条)

上述一连记事,首先叙述各地的杀牛马祭神、频频徙市、祈祷河之神等传统祭祀祈雨方式的无效果;进而阐述寺寺转读佛经及苏我虾夷亲自烧香发愿的佛教式请雨法见效甚微,仅仅下了微雨;最终,皇极女王在南渊河(飞鸟川)畔亲自祈雨,即刻显效,连雨五天,被称为"至德天皇"。显然,通过不同的主角、不同的祈雨方式以及不同的祈雨效果的叙述,皇极女王握有祭祀大权的正当性及权威性

---

① 在"乙巳政变"之前,前大王死后,经群臣合议选定王位继承人,而且新大王即位时,由群臣向新大王献上象征王位的宝器。但"乙巳政变"之后,皇极女王决定让位,关于王位继承人,虽事先征求中大兄的意见,但未举行群臣合议,而且象征王位的玺绶也是由皇极女王亲手交给后继者——轻皇子(孝德大王)的。

② 『日本書紀』皇極元年是歳条、皇極三年正月乙亥朔条。

跃然纸上。由此可见,《日本书纪》有关灾害记事的政治性。据此推测,《日本书纪》编纂者有意识地借用中国古代的灾异思想,通过皇极元年、皇极二年的冬行夏令及春夏行冬令的异常气候以及自然灾害频繁发生的记事,喻义苏我虾夷父子二人以臣凌君,为"乙巳政变"的必然性与正当性作了铺垫①。

3. 天武、持统时代的灾害

皇极四年(645)六月,目睹"乙巳政变"的皇极女王让位。之后,孝德、齐明(皇极重祚)、天智相继登上王位,但是关于孝德(在位645—654)、齐明(在位655—661)、天智(称制·在位661—671)三时代的自然灾害,《日本书纪》的记事仅有以下数例:

> ①白雉三年(652)四、五月间,连雨,"损坏宅屋,伤害田苗,人及牛马溺死者众"。(白雉三年四月丁未条)
>
> ②天智三年(664)春,地震。(天智三年是春条)
>
> ③天智五年(666)七月,大水。(天智五年七月条)
>
> ④天智九年(670)四月三十日深夜,大雨雷震,造成法隆寺火灾,一屋无余。(天智九年四月壬申条)

其中,①事例是目前可知的有关七世纪水灾记事中,对人员、家畜及宅屋受灾状况叙述最为详细的记事。白雉三年,孝德王权的政治中心是难波(今大阪府大阪市)②,从《日本书纪》没有明记受灾地点来看,连雨造成的水灾极有可能是发生在难波宫及其周边地区。又,④事例的法隆寺③遭雷击而被全烧,反映出雷电也是会诱发出灾害的自然现象,尤其是古代建筑主要使用木材建造,因此在古代日本,雷击是宫殿、官舍、寺院等建筑火灾发生的重要原因之一。

---

① 《日本书纪》记载,皇极二年七月开始,茨田池的水大臭,变蓝色,水面上漂满虫尸,大小鱼臭烂;九月,茨田池水渐变白,亦无臭气;十月,茨田池水还清(『日本書紀』皇極二年七月是月条、八月壬戌条、九月是月条、十月是月条)。《后汉书》襄楷传记载:"河者,诸侯位也。清者属阳,浊者属阴。"据此,《日本书纪》的茨田池水清浊变化记事,极有可能亦是与隐喻"乙巳政变"之兆有关。

② 大化元年(645)十二月,孝德王权从飞鸟移都难波。难波的王宫有子代离宫、虾蟆行宫、小郡宫、武库行宫、味经宫、大郡宫、难波长柄丰碕宫等,其中白雉二年(651)十二月,迁至难波长柄丰碕宫,之后,孝德大王常住难波长柄丰碕宫。难波地区的中枢区域是上町台地北端的法圆坂。上町台地为大阪平原的台地,东、西、北三面是低地,西为大阪海岸低地,东是河内低地。河内低地在绳文海进时代是河内湾,随着砂州向北形成,河内湾成为河内湖,其后由于河流的土砂堆积逐渐陆地化,即河内低地。

③ 法隆寺,位于今奈良县生驹郡斑鸠町。

672 年，大海人皇子通过武力推翻了以大友皇子为首的近江政权，是为著名的"壬申政变"。翌年(673)，大海人皇子登上皇位，即天武天皇①。天武天皇在位 14 年，实施一系列新政举措，极大地推进了从倭国迈向日本律令制国家的进程。前已叙述，天武天皇极其重视修史事业，而且随着文书行政从中央向地方推进，地方的状况亦通过文字形式上报、传达至中央朝廷并被记录下来②。与之相应，《日本书纪》天武纪、持统纪的记事具有以行政记录为史料的特点③。据此，有关天武(在位 673－686)、持统(称制·在位 686－697)时期灾害的《日本书纪》记事，是值得可信的史料。

根据《日本书纪》记载，自天武四年(675)至朱鸟元年(686)期间，每年都遭遇自然灾害，灾害种类包括风灾、地震、旱灾、冰雨、火山喷发、霜降、水害、雷击等。而且，《日本书纪》天武纪，不仅记录了王都及其周边地区所遭遇的自然灾害，也记载了地方的自然灾害。具体梳理如下。

(1)政治中心——飞鸟地区④自然灾害

①风灾。

a.天武四年(675)八月，"大风飞沙破屋"。(天武四年八月癸巳条)

b.天武九年(680)八月，"大风折木破屋"。(天武九年八月丙辰条)

c.天武十二年(683)九月，"大风"。(天武十二年九月丙戌条)

②地震。

a.天武四年(675)十一月，"大地动"。(天武四年十一月是月

---

① 关于"天皇"号的成立时间，学界内有推古朝说、天智朝说、天武·持统朝说和文武朝(697－707 年)说，目前天武·持统朝说成为一般通说，即天武是第一代使用"天皇"称号的君王。1998 年，在位于奈良县明日香村的飞鸟池遗址中，出土了写有"天皇"的木简，由于同一出土遗址中还发现了其他被认定为天武朝时期的木简，因此该"天皇"木简被视为是天武·持统朝确实存在"天皇号"的佐证。

② 根据考古发现，出土的木简中，相比较天智时期以前，天武时期的木简数量爆发性地增多，不仅在地方遗迹也有出土，而且与下达木简相比，上申木简居多(市大樹「黎明期の日本古代木簡」、「国立歴史民俗博物館研究報告」第 194 号、2015 年、第 65—99 頁)。

③ 坂本太郎「六国史」、「坂本太郎著作集第三巻　六国史」所収、吉川弘文館、1989 年、第 35—88 頁、(初出 1970 年)。

④ 天武元年(672)九月，"壬申政变"中的胜利者——大海人皇子(天武天皇)返回飞鸟，先后暂居岛宫、冈本宫，于同年冬，迁至飞鸟净御原宫。

条)

　　b. 天武六年(677)六月,"大震动"。(天武六年六月乙巳条)

　　c. 天武八年(679)十月、十一月,地震。(天武八年十月戊午条、十一月庚寅条)

　　d. 天武九年(680)九月,地震。(天武九年九月乙未条)

　　e. 天武十年(681)三月、六月、十月、十一月,地震。(天武十年三月庚寅条、六月壬戌条、十月癸未条、十一月丁酉条)

　　f. 天武十一年(682)正月、三月、七月,地震;八月,"大地动"。(天武十一年正月癸丑条、三月庚子条、七月戊申条、八月癸酉条、戊寅条)

　　g. 天武十三年(684)十月,大地震。(天武十三年十月壬辰条)

　　h. 天武十四年(685)十二月,地震。(天武十四年十二月辛巳条)

　　i. 朱鸟元年(686)正月,地震。(朱鸟元年正月庚申条)

　　③旱灾。

　　a. 天武五年(676)夏,大旱,"五谷不登,百姓饥之"。(天武五年六月是夏条)

　　b. 天武六年(677)五月,旱。(天武六年五月是月条)

　　c. 天武十二年(683)七月至八月,旱。(天武十二年七月是月条)

　　④其他

　　a. 天武八年(679)六月,冰雨,"大如桃子"。(天武八年六月庚戌朔条)

　　b. 天武九年(680)六月,灰雨;八月,雨,大水。(天武九年六月辛亥条、八月丁未是日条)

　　c. 天武十五年(686)三月,雪。(朱鸟元年三月庚戌条)

由上可知,天武时期恰逢地震活跃期,飞鸟地区频繁遭遇地震,具有强烈震感的大地震(大地动)就有 4 次。其中,天武十三年的地震是南海海槽地震,造成房屋倒塌、人员伤亡等严重损失,其影响并不仅限于飞鸟地区,波及范围极为广泛,因此作为地方的自然灾害事例将在下文叙述。根据考古学的调查,七世纪中叶营造的酒船石遗址发现了砂岩石垣倒塌的遗构,推测是天武十三年南海地震的影响①。此外,天武九年六月,飞鸟地区遭遇灰雨,似是火山灰的降落,但无史料可考其时是否存在过火山喷发。

（2）地方的自然灾害

　　①天武五年(676)五月,下野国司上奏,其国"百姓遇凶年,饥之欲卖子"。(天武五年五月甲戌条)

　　②天武七年(678)十二月,筑紫国大地震,"地裂广二丈,长三千余丈。百姓舍屋,每村多仆坏"。(天武七年十二月是月条)

　　③天武十一年(682)七月,信浓国与吉备国分别上奏,"霜降,亦大风,五谷不登"。(天武十一年七月戊午是日条)

　　④天武十三年(684)十月,大地震,"举国男女叫唱,不知东西。则山崩河涌。诸国郡官舍及百姓仓屋、寺塔、神社,破坏之类不可胜数。由是,人民及六畜多死伤之。时,伊予汤泉没而不出。土左国田菀五十余万顷没为海"。(天武十三年十月壬辰条)

　　⑤天武十四年(685)三月,信浓国降落灰雨,"草木皆枯";十二月,"自西发之地震"。(天武十四年三月是月条、十二月辛巳条)

其中,事例①虽然只是叙述了下野国(今栃木县)的荒年饥馑灾害,但自然灾害是造成农作物歉收的重要原因,因此作为自然灾害列出。又,事例④、⑤的地震,在前述飞鸟地区自然灾害中已有列举,但由于波及范围广泛,涉及地方,故亦列入地方自然灾害。地方灾害的记述,说明天武王权可以及时掌握西至大宰府,东至东国的地方灾害状况,从一个侧面佐证了当时天武王权对地方的有力掌控。

如前所述,天武时代的日本列岛频繁遭遇地震灾害,其中事例②、④是灾情记载比较详细的两次大地震。如事例②所示,天武七年筑紫国大地震以九州北部为中心,产生长三千丈多(约10公里)、宽二丈(约6—7米)的地裂现象,广大百姓的房屋遭到破坏,多有倒坍。此外,《日本书纪》还记载,地震时,出现了山

---

① 相原嘉之「酒船石遺跡の発掘調査成果とその意義」、『日本考古学』第 18 号、2004 年、第 171—180 頁。

岗移动现象,住在山岗上的一家人及其住房,随山岗移动而安然无恙①。考古学者对福冈县久留米市附近的水绳断层进行了堀削调查,发现覆盖着断层的古代土壤的基底部存在许多地裂以及土师器,由此推断天武七年筑紫国大地震的震源可能在水绳断层带上②。

　　事例④是有关南海海槽地震的最早记录③。《日本书纪》记载,天武十三年(684)十月壬辰(十四日),"人定"④之时,夜深人静的日本列岛遭遇了前所未有的大地震,强烈的晃动使人不辨东西;山崩河涌;各地倒塌的官舍、仓库、寺塔、神社等建筑数不胜数,众多人员及家畜伤亡巨大;位于四国岛的伊予国(今爱媛县)温泉被埋而不涌泉;大地震诱发了次生灾害——海啸,土佐国(今高知县)的50余万顷(约12平方公里⑤)田地被海水淹没,由于"大潮高腾,海水漂荡",造成土佐国的众多"运调船"漂失⑥。此外,由于地震引起的地壳升降变动,大地震还造出了新岛:

　　　　是夕,有鸣声如鼓闻于东方。有人曰:伊豆岛西北二面,自然
　　增益三百余丈,更为一岛。则如鼓音者,神造是岛响也⑦。

对于古代人而言,新岛的出现被认为是神所造。伊豆岛位于今静冈县东端的伊豆半岛之东的太平洋海中。由此可以看出大地震的波及范围之广,恰如《日本书纪》编纂者所描述的地震影响达到了"举国"的程度。

　　天武十三年大地震发生5个月后,天武十四年(685)三月,信浓国(今长野县)降落火山灰,使得草木凋枯(事例⑤),也就是说,发生了火山(或许是浅间

①　『日本書紀』天武七年十二月是月条。
②　千田昇ら「水绳断层系の最近の活动について—久留米市山川町前田遺跡でのトレンチ発掘」(『第四紀研究』第33卷4号、1994年、第261—267页)。水绳(耳纳)山地位于筑肥山地的北部,为筑紫山地的一部分,其北侧是显著的断层崖。
③　所谓的南海海槽,是指形成从骏河湾经远州滩、熊野滩、纪伊半岛南侧海域及土佐湾至日向滩冲的菲律宾海板块与欧亚板块相连的海底沟状地形的区域。南海海槽地震,是以自骏河湾至日向滩的板块边界为震源区的大地震。
④　"人定"一词是时辰用语,相当于现今的晚9时—11时。古代将一天划分为十二个时辰。若以"天色计时法",则分别是夜半、鸡鸣、平旦、日出、食时、隅中、日中、日昳、晡时、日入、黄昏、人定;若以"地支计时法",则分别是子、丑、寅、卯、辰、巳、午、未、申、酉、戌、亥。
⑤　根据古代日本的度量衡,1顷=5步,1步=36平方尺,1大尺=小尺1尺2寸,小尺1尺约为29.6厘米。
⑥　『日本書紀』天武十三年十一月庚戌条。
⑦　『日本書紀』天武十三年十月壬辰条。

山)喷发造成灾害的情况。尽管无法确定天武十四年火山喷发与天武十三年大地震是否存在关联,但是大地震之后的火山喷发的事例,在日本历史上并不罕见。

朱鸟元年(686)九月,天武天皇病故,鸬野皇后称制。持统四年(690)正月,鸬野皇后正式即位,是为持统女皇。持统十一年(697),持统女皇让位给自己的孙子轻皇子(即文武天皇),以太上天皇的身份幕后参与政治。《日本书纪》记录的持统时期的自然灾害有:

> ①地震。朱鸟元年(686)十一月。(持统即位前纪朱鸟元年十一月癸丑条)
>
> ②旱灾。持统二年(688)七月;持统四年(690)四月;持统六年(692)五月、六月;持统七年(693)四月、七月;持统十一年(697)五月、六月。(持统二年七月丁卯条、持统四年四月戊辰条、持统六年五月辛巳条、六月甲戌条、持统七年四月丙子条、七月辛丑条、癸卯条、持统十一年五月癸卯条、六月癸卯条)
>
> ③水害。
>
> a.持统五年(691)四月至六月,京师及40个郡国,雨水。(持统五年六月条、六月戊子条)
>
> b.持统六年(692)闰五月,多地大水。(持统六年闰五月丁酉条)

显然,持统时期的自然灾害主要是旱灾和水灾。值得注意的是持统六年的事例,五月旱,遣使者祭祀"名山岳渎请雨"[①];闰五月大水,遣使巡行各地,允许受灾者借贷官稻及在山林池泽获取食物,并诏令"京师及四畿内讲说金光明经"[②];六月再度旱,令各地官员"各祷名山岳渎",并派遣使者前往四畿内"请雨"[③]。持统六年的京师仍是指飞鸟地区,而四畿内则是指大和、山城、摄津、河内四国。由此可知,无论是五月与六月的旱灾,还是闰五月的大水都是波及范围广的灾害,尤其是飞鸟地区及畿内地区处于旱灾与水害波及地域之内。如此同一地区于同一年旱灾和水灾交错发生的事例,在日本列岛的历史上屡屡可见。

---

① 『日本書紀』持統六年五月辛巳条。

② 『日本書紀』持統六年閏五月丁酉条。

③ 『日本書紀』持統六年六月壬申条、甲戌条。

第二节　《续日本纪》的灾害记录

一、《续日本纪》的编纂

781 年即位的桓武天皇，为了表现其统治正当性、正统性，采取了一系列举措，其中命令藤原继绳、菅野真道等人开展修史事业，也是与强调新王朝的正统性有关的重要环节。《续日本纪》就是修史事业的成果，成书于桓武天皇在位期间（781—806），以编年体为主，共 40 卷，记录了文武元年（697）至延历十年（791）长达 95 年的史事，涉及文武、元明、元正、圣武、孝谦、淳仁、称德、光仁、桓武 8 人 9 代天皇的治世。

《续日本纪》的编纂经纬复杂，前半部和后半部的编纂过程不尽相同，有关情况从延历十三年（794）藤原继绳等的上表文和延历十六年（797）菅野真道等的上表文可以略知大概。

延历十三年（794）八月，"奉敕修国史"的时任右大臣藤原继绳等人上表桓武天皇，并呈上已编纂完成的部分史稿。藤原继绳等在上表文中，首先阐明编纂《续日本纪》是为了"修国史之坠业，补帝典之缺文"，然后明确说明藤原继绳、菅野真道等人编纂的史书是淳仁天皇至光仁天皇时期的历史，其理由是此前的《日本书纪》记述了神代至持统天皇的历史，而持统之后的文武天皇至圣武天皇期间的历史，"记注不昧，余烈存焉"，即也存有历史记录，但唯有天平宝字（淳仁天皇）至宝龟（光仁天皇）年间的历史，尽管已故中纳言石川名足等人奉光仁天皇之诏曾编纂出 20 卷本，然而内容"类无纲纪"，因此藤原继绳等人奉敕对此 20 卷本加以整理、修订，最后辑成 14 卷呈献天皇[①]。也就是现今《续日本纪》卷 21（天平宝字二年八月）至卷 34（宝龟八年十二月）部分。

另一方面，菅野真道等人的延历十六年（797）上表文，主要叙述了奉敕编纂文武元年（697）至天平宝字元年（757）的 61 年间历史的经过：文武元年至天平宝字元年的历史，原有"曹案"（草稿）30 卷，光仁天皇曾令石川名足、淡海三船、当麻永嗣等人修订，但是石川名足等人却未能对"曹案"进行刊正，只是献上其中的 29 卷，而将有关天平宝字元年的 1 卷丢失；为此，菅野真道等人的工作，是对"曹案"进行了修订，并搜集资料，新补天平宝字元年 1 卷，共辑成 20 卷献上；编纂时间"始自

---

① 『類聚国史』卷 147・国史・延暦十三年八月癸丑条。

草创,迄于断笔,七年於兹"①。菅野真道等人所呈献的 20 卷,就是《续日本纪》的卷 1 至卷 20。此外,菅野真道等人的上表文也提到,天平宝字二年(758)至延历十年(791)34 年间的历史,辑成 20 卷,于延历十六年(797)之前已经呈上。可是,如前所述,延历十三年(794),藤原继绳等人只献上了有关天平宝字二年(758)至宝龟八年(777)的 20 年间的史稿,共 14 卷。因此,学者们认为在延历十三年之后,延历十六年之前,还存在一次史书的呈上,是有关宝龟九年(778)至延历十年(791)的历史的部分,即《续日本纪》的卷 35 至卷 40,共 6 卷②。

由上可知,《续日本纪》全书 40 卷,但前 20 卷和后 20 卷的编纂过程有所不同,完成时间也不相同。并且,从文武元年至天平宝字元年的"曹案"和光仁时期的石川名足等人的修史可以看出,《续日本纪》是在前人的记录、修史基础上编纂而成的史书。

二、八世纪的灾害

由于《续日本纪》的编纂是以前代的实录或修史为基础,以举撮机要、裨补阙漏为修史方针的,因此,与《日本书纪》相比较,《续日本纪》有关灾害的记事颇多,尤其是地方灾害记事显著,并且一条灾害记事所包含的灾害信息量往往不仅限于一次或一种灾害,而是并述多个灾害记录,显示出《续日本纪》编纂者对实录性记录的整理。

《续日本纪》叙述的 696 年至 791 年 95 年间的九代天皇时代,每一天皇时代都有灾害记录,反映出灾害记录成为史官治史的重要内容之一,以及《续日本纪》编纂者对灾害记录的重视,同时也折射出律令制国家的政治中枢对各地灾害信息的掌握程度。

《续日本纪》所记载的灾害包括饥馑、旱灾、疫病、地震、风灾、水害、火山喷发、海啸、山体滑坡、虫害、鼠害、火灾等。根据灾害发生的地点,可以大致分为都城及其周边地区灾害和地方灾害。作为正史的叙述特点,前者常常省略灾害发生地区,而后者则明记灾害发生地区。

1. 都城的灾害

(1)藤原京的灾害

随着律令制国家建设的推进,狭窄的飞鸟地区已无法适应体现中央集权化

---

① 『類聚国史』卷 147・国史・延暦十六年二月己巳条。

② 青木和夫等校註:『新日本古典文学大系 続日本紀』解説、岩波書店、1989 年、第 485—499 頁。

政治体制的需求。经过天武、持统两代天皇多年的筹备与推进,新的政治中心——藤原宫建成。持统女皇于持统八年十二月从飞鸟净御原宫迁入藤原宫,象征着以藤原宫为核心的古代日本最早的规划性都城的诞生,在日本都城制发展史上具有重要的意义。藤原京①的建设历经多年,但是和铜三年(710)三月元明天皇正式迁都平城京,藤原京作为政治中心仅存续近 16 年。

藤原京位于飞鸟之都的西北,二者地理上邻近,因此在自然环境方面相差无几。根据《日本书纪》《续日本纪》的记载,藤原京遭遇的灾害主要有旱灾、疫病等。

①旱灾

根据文献可知,藤原京的干旱多在四月至七月之间发生,都城时期的藤原京地区遭遇的旱情如表 1-1 所示。

表 1-1　藤原京地区旱情一览表

年月	西历	旱情	出典	备注
持统十一年五月、六月	697		《日本书纪》持统十一年五月癸卯条、六月癸卯条	遣使者前往诸神社请雨
文武二年五月	698	诸国旱	《续日本纪》文武二年五月庚申朔条、甲子条	遣使于京畿地区,祈雨于名山大川
大宝元年四月、六月	701	时雨不降	《续日本纪》大宝元年四月戊午条、六月丙寅条	祈雨于名山大川;令四畿内祈雨,免当年调
庆云元年六月、七月	704	时雨不降	《续日本纪》庆云元年六月丙子条七月壬辰条	遣使祈雨于诸神社
庆云二年六月～八月	705	亢旱,田园燋卷	《续日本纪》庆云二年六月乙亥条、丙子条、八月戊午条	祈雨于诸神社;京畿内的净行僧祈雨;位于藤原京内的市的店铺停业,关闭市的南门;大赦天下,免诸国调之半
庆云三年六月	706	旱	《续日本纪》庆云三年六月丙子条	令京畿祈雨于名山大川

---

① "藤原京"一词并不是历史的名称,文献史料上出现的京名是"新益京",只是因为新益京内的王宫名为藤原宫,为了称呼上的方便,现在的学者一般将藤原宫周围的条坊遗迹所界定的范围统称为藤原京。

其中,持统十一年(697)旱灾事例,已在本章第一节中列举。由上表可知,藤原京遭遇旱灾之时,往往四畿内(大和、山城、摄津、河内)地区也同时处于旱情之下。特别是,庆元二年六月大旱,农作物皆枯萎卷缩,至八月因旱情诱发"百姓饥荒",出现了旱灾的次生灾害。从上表可知,藤原京遭遇旱情时,派遣使者前往神社或名山大川祈雨是重要的应灾措施与手段。然而,庆元二年大旱时,神社祈雨效果似乎并不显著,藤原京及四畿内的僧侣们也受命祈雨,更有关闭市的南门的措施。藤原京右京七条一坊西北坪遗迹出土的一枚木简上写有如下内容[1]:

  [表] 符雩物□(持?)□
  [里] 今卅人 阿布□

"雩"的含义即是祈雨,木简的大意是为祈雨征发挑运物资的人夫 40 人。由此证实藤原京内也曾举行过祈雨祭祀[2]。

②疫病

8 世纪初,或许与当时的干旱气候有关,日本列岛的许多地方都发生了饥馑和疫病。庆云三年(706)闰正月,藤原京及畿内地区与纪伊、因幡、参河、骏河等国同时发生了疫病流行。

藤原京作为首都,除了京内的定居人口之外,还有流动人口往来,如在中央官衙从事杂役的仕丁,将地方的调庸运至京内的运脚等。因此,一旦藤原京发生疫病流行,就极易传播至地方各地;同样,如若地方疫病流行,也随着人的流动而传播至藤原京。庆云三年的疫病流行正是如此。藤原京的疫病源似乎可以追溯至庆云二年(705),当时二十余国都出现了饥馑和疫病流行[3];另一方面,在藤原京出现疫病流行不久后,就爆发了全国性的疫病流行,史书记载为"天下疫病"[4]。

庆云三年的疫病大流行导致日本列岛的许多民众病亡,然而直至翌年(707)四月,藤原京乃至各地的疫病流行势头依然没有减退[5]。与地方各地略有

① 奈良国立文化财研究所「飛鳥藤原宮発掘調査出土木簡概報(二十一)」、2007 年 11 月、第 25 頁下段。
② 竹本晃「京職と祈雨祭祀」、「奈良文化財研究所紀要」2008、2008 年、第 42—43 頁。
③ 『続日本紀』慶雲二年是歳条。
④ 『続日本紀』慶雲三年閏正月乙丑条。
⑤ 『続日本紀』慶雲四年四月丙申条。

不同,作为都城的藤原京,其疫病流行似乎与当时藤原京内的卫生环境也有关联。庆云三年三月宣布的文武天皇诏书中,明言藤原京城内外"多有秽臭",命令"两省五府并遣官人及卫士,严加捉搦,随事科决。若不合与罪者,录状上闻"①。由此可见,藤原京的卫生问题已经严重到了需要律令制国家的最高统治者——天皇介入的程度了。人口集中的都市卫生问题在日后的平城京、平安京也同样存在。

(2)平城京的灾害

庆云四年(707)二月,文武天皇开始考虑迁都问题。关于迁都的理由,一般认为藤原京所在的奈良盆地南部,整个地形是东、南高,西、北低,不利于表现坐北朝南的天皇的最高权威。不过,如前所述,庆云四年二月,正是疫病流行时,而且藤原京的卫生环境也堪忧,这两点或许也是促使中央政治核心层推动迁都的原因。但是,同年(707)六月,文武天皇就患病辞世,新都城的建造事业由元明天皇继承。

和铜三年(710)三月,元明天皇正式从藤原宫迁入平城宫。当时,平城宫的宫墙还没有造好,许多设施的建设是在元明天皇平城迁都以后逐步完工的。平城京位处奈良盆地北端,三面环山,即东有春日丛山,北为平城山丘陵,西有生驹山地,地势是北高南低。在元明女皇的迁都之诏中,平城京的自然地势被描述为"四禽叶图,三山作镇,龟筮并从,宜建都邑"的风水宝地②。

平城京所遭遇的灾害主要有旱灾、水害、地震、风灾、饥馑、疫病等。在此,对旱灾、水害、地震和疫病作一考察。

①旱灾

《续日本纪》的旱灾记事,大多是有关全国性或大范围的旱情,并且关于旱情的记述也相对比较简略,更多的是记载朝廷应对旱灾及其次生灾害的措施。在叙述平城京所遇的旱灾时也不例外,多以"旱"、"亢旱"、"炎旱"、"时雨不降"等简单用语描述旱情。根据《续日本纪》的记载,平城京所遇旱灾列表如下。

---

① 『続日本紀』慶雲三年三月丁巳条。
② 『続日本紀』和銅元年二月戊寅条。

表 1-2　平城京所遇旱灾情况表

年月	西历	旱情	出典	备注
和铜三年四月	710		和铜三年四月壬寅条	以币帛奉诸社,祈雨于名山大川
和铜四年夏	711	亢旱	和铜四年六月乙未条	稻田殆损
和铜七年六月	714	膏泽不降	和铜七年六月戊寅条	奉币帛于诸社,祈雨于名山大川
灵龟元年六月	715	亢旱	灵龟元年六月壬戌条、癸亥条	奉币于诸社,祈雨于名山大川
养老元年四月至六月	717	不雨	养老元年四月丙戌条、六月条	祈雨于畿内
养老四年	720	水旱并至	养老五年二月甲午条、三月癸丑条	
养老六年五月~七月	722	无雨	养老六年七月丙子条、戊子条、丁酉条,八月壬子条	
天平四年春夏	732	亢旱	天平四年五月甲子条、六月己亥条、七月丙午条、八月丁酉是夏条	百川水少。数度祈雨,不得雨
天平九年四月~五月	737	旱疫并行	天平九年五月壬辰条	
天平十七年七月	745		天平十七年七月庚申条	遣使祈雨
天平十八年夏	746	旱	天平十八年七月辛亥朔条	遣使于畿内祈雨
天平十九年六月~七月	747	京师亢旱	天平十九年七月辛巳条	奉币名山,祈雨诸社
天平宝字七年五月	763	旱	天平宝字七年五月庚午条	奉币畿内群神。奉黑毛马于丹生川上神
天平宝字八年四月	764	旱	天平宝字八年四月癸未条	奉币帛于畿内诸神
天平神护二年五月	766		天平神户二年五月辛未条	奉币帛于畿内诸神祈雨
神护景云二年五月	768	旱	神护景云二年五月丙寅条	奉币于畿内群神
宝龟二年六月	771	旱	宝龟二年六月乙丑条	奉黑毛马于丹生川上神

续表

年月	西历	旱情	出典	备注
宝龟三年二月、六月	772	旱	宝龟三年二月乙亥条、六月壬申条	二月,奉黑毛马于丹生川上神。六月,奉币于畿内群神
宝龟四年三月～五月	773	旱	宝龟四年三月戊子条、四月丁卯条、五月乙亥朔条	奉黑毛马于丹生川上神。奉币于畿内群神
宝龟五年四月、六月	774	旱	宝龟五年四月庚寅条、六月壬申条	奉黑毛马于丹生川上神
宝龟六年六月	775	旱	宝龟六年六月丁亥条	奉黑毛马于丹生川上神
宝龟七年六月	776	旱	宝龟七年六月甲戌条	奉黑毛马于丹生川上神
宝龟八年冬	777	不雨	宝龟八年是年是冬条	井水皆涸,宇治等河水位下降
天应元年夏	781	炎旱	天应元年七月壬戌条	
延历元年四月	782		延历元年四月戊辰条	遣使畿内祈雨
延历七年正月～四月	788	不雨	延历七年四月庚辰条、丁亥条、戊子条、癸巳条、五月己酉条	遣使畿内祈雨。奉黑马于丹生川上神祈雨。天皇亲祈雨。遣使于伊势神宫及七道名神祈雨
延历九年五月	790	炎旱	延历九年五月丙戌条、甲午条	遣使奉币畿内名神祈雨
延历十年六月～七月	791	旱	延历十年六月乙卯条、七月庚申朔条	奉黑马于丹生川上神。奉币畿内诸名神

　　根据上表可知,平城京的旱灾时,往往派遣使者向畿内地区的诸神祈求降雨,这或许与畿内地区同时遭遇旱情有关,但亦反映出近邻平城京的畿内地区神社,被寄予佑护平城京的功能。对于都城平城京来说,干旱天气首先造成的灾害就是缺饮用水。例如宝龟八年(777)冬季,平城京及其周边地区干旱,不降雨,造成井水皆涸。

此外,值得注意的是,《续日本纪》在叙述平城京的旱情时,也时时言及干旱对农作物的影响,如养老六年(722)五月至七月,无雨、少雨,"禾稻不熟";[①]天平四年(732)的春季至夏季,平城京及畿内地区亢旱、不雨,"百川减水、五谷稍凋"[②];天平十九年(747)六月至七月,平城京亢旱,"苗稼燋凋"[③]。古代日本的律令制国家模仿唐朝的均田制,实施口分田制度,即通过班田收授(略称班田制),将国家所有的水田作为口分田,班给臣民耕作。口分田的班给对象是6岁以上者,因此平城京的住民也在口分田的班给对象范围之内。然而平城京内并没有水田,平城京住民的口分田在京城周边的畿内诸国[④]。

在中央官僚机构勤务的官人(京官)居住在平城京内。根据养老禄令规定,京官的基本秩禄是一年发放两次的季禄(春夏禄和秋冬禄)。每年的二月上旬,对在八月至正月出勤日达到120日以上的官人发给春夏禄;八月上旬,对二月至七月出勤日达到120日以上的官人发给秋冬禄。对于下级官人来说,仅靠一年两次的季禄似乎很难维持生活,口分田的收获是重要的经济收入,季禄以实物的形式发放,其中包括农具的锹,也折射出京官的自身生活与农业有着密切的关联[⑤]。

因此,当平城京的旱情造成周边地区的水田受灾时,必然会对京官们的生活造成影响,甚至可能会影响到中央官僚机构的正常运转。前述的天平十九年的平城京干旱时,中央朝廷出台的应灾措施中,就有免除左右京当年田租一项[⑥]。由此可知,平城京虽然是当时的政治经济中心,但其性质尚不是完全意义上的城市,其住民没有完全脱离农业生产。

②水害

平城京的整体都城布局,分为宫域和京域两大部分。宫域位于京域的北部中央,建在地势较高的北侧丘陵上;京域有左京和右京,分别位于南北走向的中轴线朱雀大路的东西两侧,纵横走向的大小路将京域的平面划分成棋盘方格状,同时大小路两侧都挖有侧沟,用以排水。此外,平城京在左京和右京分别设置了东市和西市,两市皆位于京域的南部,东市内有东堀河南北贯穿,西市内有

① 『続日本紀』養老六年八月壬子条。
② 『続日本紀』天平四年七月丙午条。
③ 『続日本紀』天平十九年七月辛巳条。
④ 宝龟三年(772)二月,居住在平城京的经师丈部浜足以 1/32 町的宅地和 3 町的口分田做抵押,向写经所借了 500 文钱,其口分田的位置在大和国的葛下郡(『大日本古文書』(編年文書)6—273 頁)。
⑤ 館野和己「平城宮の実相と官人」、『古代都市平城京の世界』、山川出版社、2001 年。
⑥ 『続日本紀』天平十九年七月辛巳条。

通向西堀河(秋篠川)的水路,以便商品的运输。

当遇到霖雨、暴风雨、骤雨等自然现象时,一旦都城的排水力不敌降雨量,则极易造成平城京内积水或者水路泛溢,形成水涝灾害。根据《续日本纪》,平城京遭遇水害的事例,列表如下。

表 1-3　平城京遭遇水害事例表

	年月	西历	水害	出典	备注
a	神龟五年五月	728	涝	神龟五年五月辛亥条	左右京百姓七百余烟遭涝受损
b	天平四年八月	732	大风雨	天平四年八月甲戌条、丁酉条	百姓庐舍及佛寺堂塔等建筑损坏
c	天平胜宝二年五月	750	骤雨,水潦泛滥	天平胜宝二年五月辛亥条	
d	宝龟三年八月	772	异常风雨	宝龟三年八月甲寅条。	折木发屋
e	宝龟四年六月、八月	773	霖雨	宝龟四年六月丙午条、八月辛亥条	
f	宝龟六年九月	775	霖雨	宝龟六年九月辛亥条	奉白马于丹生川上神、畿内群神
g	宝龟八年五月、八月	777	霖雨	宝龟八年五月癸亥条、八月丙戌条	奉白马于丹生川上神
h	宝龟十年四月	779	暴风雨	宝龟十年四月己丑条	折木发屋
i	延历三年九月	784	大雨	延历三年九月癸酉条	百姓庐舍损坏
j	延历七年十月	788	雷雨暴风	延历七年十月丙子条	百姓庐舍损坏

上表的 b、d、h、j 四事例皆为风雨并至的情况,其中有关 d、h 二事例的受灾情况,《续日本纪》以"折木发屋"四字,描述大风对平城京的房屋、树木等所造成的损害,而未言及雨水的影响,说明在 d、h 二事例中,风的破坏力更为显著。此外,b、d 二事例是发生于八月的灾害,从时间上判断,或许都是台风来袭。

另一方面,a 事例的涝与 c 事例的骤雨成河,反映出平城京作为都城,其排水能力无法应对雨量较大的降雨,积聚的雨水使得京中街道成河,房屋受损。

③地震

前文已谈及,奈良盆地周边不仅有多个活断层带,而且南海地震、东南海地震等海沟型地震也可能会波及奈良盆地。由于盆地的地盘略柔弱,因此震感可能要强于周边地区。换句话说,平城京频频发生地震是其地理位置所决定的。

如前所述,8世纪的日本列岛地震多发,平城京也不例外,无论是天皇、贵族,还是下级官人、庶民,京内的每一住民都在同一都城空间下经历来自地震的摇动。正史的记事中,常常只用"地震"二字简略地叙述平城京的有感地震。根据《续日本纪》,平城京发生地震的年份及其次数统计如下表。

表 1-4　平城京地震情况表

年	西历	次数	备注	年	西历	次数	备注
和铜五年	712	1		天平十八年	746	6	
灵龟元年	715	1		天平十九年	747	1	
灵龟二年	716	1		天平胜宝四年	752	3	
养老三年	719	1		宝龟四年	773	5	
养老四年	720	1		宝龟六年	775	3	
养老五年	721	4		宝龟七年	776	2	
天平四年	732	2		宝龟九年	778	2	
天平六年	734	2	大地震	天应元年	781	10	
天平九年	737	1		延历元年	782	4	
天平十年	738	1		延历二年	783	1	
天平十四年	742	2	恭仁京	延历四年	785	2	
天平十五年	743	1	恭仁京	延历五年	786	1	
天平十七年	745	17	平城还都	延历九年	790	2	

据上表可知,平城京于天平六年(734)遭遇的地震只有两次被记录,但两次皆是震感强烈的地震。如后所述,天平六年四月,发生了畿内七道地震,各地受灾严重,平城京也不例外,"地大震"之后,许多人被埋在倒塌的房屋之下[①]。同年(734)九月,平城京再次"地大震",极有可能是畿内七道地震的余震[②]。

上表中,天平十七年与天应元年的地震次数为最多。天平十二年(740)十月末,圣武天皇离开平城京,前往东国行幸,途中决定迁都;并于天平十三年(741)元日移住恭仁宫,正式迁都恭仁京(今京都府木津川市相乐郡加茂町);因

---

① 『続日本纪』天平六年四月戊戌条。
② 『続日本纪』天平六年九月辛未条。

山火、地震不断发生缘故,天平十七年五月还都平城京。但是关于天平十四年、天平十五年以及天平十七年五月之前的地震,《续日本纪》依然仅以"地震"二字描述,因此难以判断遭遇地震的地区是恭仁京还是平城京。因此,上表统计的天平十四年、天平十五年、天平十七年的地震次数,存在内含恭仁京地震的可能性。

天平十七年四月美浓国发生强烈地震,其后的三天三夜余震不断[①]。从地理位置上来看,相比较平城京,恭仁京更近于美浓国,因此恭仁京地区极有可能与美浓国同样,经历了三天三夜地震。然而平城京是否也是地震三天三夜,尚有待进一步考证,因而上表的天平十七年统计对象没有包含三天三夜地震的记事。不过,天平十七年五月平城还都后,平城京也是频频地震,或许与美浓大地震存在着一定的关联性。

又,进入八世纪后半叶,以天应元年(781)的平城京地震次数最多,共 10次。而天应元年发生的影响最大的自然灾害,可以说是七月的富士山火山爆发。二者之间或许存在某种关联。但是,有关八世纪后半叶的平城京地震记事,基本上都没有言及灾情,似乎说明地震都没有造成比较大的损失。

④疫病

平城京作为政治中心的首都,人口大约有 5 万~10 万人[②]。此外,每年的冬季,来自地方诸国的运脚将调、庸等从地方运至平城京。如若平城京内有土木建设,则从地方征调的劳动力也要入京。因此,平城京不仅人口集中,而且除了常住人口以外,还有流动人口、临时人口,这就为疫病的传播提供了条件。

平城京流行的疫病,依据疫病流行的原因可以大致分为两种:一种是由饥馑诱发的疫病;一种是疫疮。前者可以说是饥馑的次生灾害,由于饥馑使人营养不良或抵抗力减弱而染患上疫病,《续日本纪》常常以"饥疫"二字叙述,有关平城京的具体事例如下:

    a.天平五年(733),"左右京及诸国饥疫者众"。(天平五年是年条)

    b.宝龟元年(770),"京师饥疫"。(宝龟元年六月乙卯条)

---

① 『続日本紀』天平十七年四月甲寅是日条。

② 田辺征夫「奈良の都を復元する」、田辺征夫ら編『古代の都2　平城京の時代』、吉川弘文館、2010年、第61—80頁。

前已叙述,天平四年春夏,平城京及其他地区遭受大旱,而此次旱灾给农业造成的影响持续至天平六年[①]。据此可知,a 事例的天平五年饥馑是由旱灾所致,而饥馑又是疫病流行的诱因,次生灾害的叠加,显示出灾害对社会的长期影响。

另一方面,疫疮的流行范围往往并不局限于平城京,尤其是由地方蔓延至都城的,其中最著名的事例就是天平九年(737)的疫疮流行。

根据《续日本纪》记载,天平七年(735)自夏至冬,就曾经"天下患豌豆疮(俗曰裳疮),夭死者多"[②]。此年的豌豆疮,一般认为即是现在所说的天花。疫疮流行始自九州岛,当时大宰府管辖内的诸国百姓,许多人都染上疮疫,卧床不起,死亡者众多[③]。关于天平七年疫疮的流行地域,《续日本纪》是以大宰府为中心加以记述的,但从"天下患豌豆疮"的"天下"二字可以推测,疫疮或许也波及至平城京。在朝廷的"救疗疫气,以济民命"[④]的应灾方针下,天平七年的疫疮流行似乎得到了控制,天平八年(736)不见有关疫疮的记录。然而,天平九年(737),疫疮卷土重来,再次流行。

天平九年春季至秋季,上至公卿,下至百姓,病死者不可胜计,是前所未有的疫灾[⑤]。参议民部卿正三位藤原房前、散位正四位下长田王、中纳言正三位多治比县守、散位从四位下大野王、参议兵部卿从三位藤原麻吕、散位从四位下百济王郎虞、左大臣正一位藤原武智麻吕、中宫大夫兼右兵卫率正四位下橘佐为、参议式部卿兼大宰帅藤原宇合、三品水主内亲王等众多王族、贵族相继染病离世。同年(737)六月一日,因众多官人染患疫病,而停止了朝政(废朝),中央官僚机构的正常运转受到严重的影响。一般认为,与天平七年疫病流行同样,天平九年的疫疮传播路线,也是自大宰府从西向东蔓延日本列岛的。但是,前述的贵族病亡者名单中的参议民部卿正三位藤原房前,其亡故的记事载于《续日本纪》天平九年四月辛酉(十七日)条,而大宰府辖内的诸国疫疮蔓延的状况见于《续日本纪》天平九年四月癸亥(十九日)条,考虑到大宰府的信息传递至中央需要时间,因此九州岛疫病流行的开始时间早于藤原房前去世之日的可能性较大。不过,藤原房前的死,说明四月之时,平城京与大宰府同样,已在疫疮流行

---

① 『続日本紀』天平六年五月戊子条。
② 『続日本紀』天平七年是岁条。
③ 『続日本紀』天平七年八月乙未条、丙午条。
④ 『続日本紀』天平七年八月乙未条。
⑤ 『続日本紀』天平九年是年条。

笼罩之下[①]。

关于天平九年疫疮的病名,太政官发布的天平九年六月廿六日太政官符称之为"赤斑疮"[②],而在天平九年六月典药寮勘申文中,则被称为"疱疮"、"伤寒豌豆病"、"豌豆疮"[③]。由于史料记叙的名称不同,使得今人在解明具体病名时,既有天花说,亦有麻疹说,还有天花麻疹混合说[④]。

此外,天平九年疫疮的急速流行,或许与当时的天气也存在关联。天平九年四月以后,平城京天气干旱[⑤],不降雨在某种程度上助长了疫病的蔓延。

天平十年(738)至天平胜宝七年(755),史料上不见都城疫病流行记事,似乎说明天平九年的爆发性疫疮大流行最终形成了群体免疫,抑制了疫病的继续流行。天平胜宝八岁(756)四月,平城京及畿内(大倭、河内、摄津、山背)流行疹疫,但由于史料所限,无法了解该年的疫病流行经过及具体状况[⑥]。宝龟六年(775)六月和八月,朝廷分别遣使前往畿内诸国祭祀疫神,由此推测畿内地区可能存在疫病流行,若是如此,平城京也难免疫病流行[⑦]。

此后十数年,仅从有限的史料来看,平城京没有发生大规模的疫病流行。然而,延历九年(790)秋冬,平城京再次发生豌豆疮流行,无论男女,凡 30 岁以下者皆染豌豆疮,大多数人是因病卧床不起,严重者患病而亡[⑧]。此次豌豆疮流行与上一次天平胜宝八岁疹疫流行相隔 34 年,因此延历九年豌豆疮的患染群体,主要是天平胜宝八岁以后出生的人,而经历过天平胜宝八岁疹疫流行的人似乎已具有了免疫力。延历九年豌豆疮流行的地区范围,并不只限于平城京,也波及畿内地区及其他地方。

2. 地方灾害

如前所述,《续日本纪》编纂者非常重视 8 世纪的地方灾害,收录了不少相关记事。在此,以《续日本纪》的记载为中心,探讨八世纪的地方灾害之事例。

---

① 栄原永遠男「遣新羅使と疫瘡」、栄原永遠男編『日本古代の王権と社会』、塙書房、2010 年、第 3—15 頁。

② 『類聚符宣抄』第三・疾疫。

③ 『朝野群載』第廿一・凶事。

④ 新村拓「天平七、九年の疫病の波紋」、『日本医療社会史の研究』、法政大学出版局、第 179—192 頁。

⑤ 『続日本紀』天平九年五月壬辰条。

⑥ 『続日本紀』天平勝宝八歳四月壬子条。

⑦ 『続日本紀』宝亀六年六月甲申条、八月癸未是日条。

⑧ 『続日本紀』延暦九年是年条。

(1)饥馑

饥馑是在《续日本纪》中出现最多的灾害,折射出以农业为本的律令制国家时期,农业生产时时受到各种自然灾害和人为灾害的影响。

依据《续日本纪》的记载,文武、元明、元正、圣武、孝谦、淳仁、称德、光仁、桓武9代天皇各在位期间,都有饥馑发生,可以说饥馑是律令制国家时期的常发性灾害,尤其是淳仁以后的各代天皇治世时期,即8世纪后半叶,饥馑更为频繁地发生。以下叙述若干具体实例。

①文武、元明时代的饥馑

697年,文武天皇即位。文武天皇性格"天纵宽仁,愠不形色,博涉经史,尤善射艺"[①],其在位的时间不长,仅有10年(697—707),但却是古代日本律令制度确立的重要时代。

饥馑是文武时代遭遇的灾害之一。697年,文武天皇即位后不久,播磨(今兵库县西南部)、备前(今冈山县东部)、备中(今冈山县西部)、周防(今山口县东部)、淡路(今兵库县淡路岛)、阿波(今德岛县)、讃岐(今香川县)、伊予(今爱媛县)等国就发生了饥馑[②]。文武五年(701)三月,以对马岛献金为契机,改元为"大宝"。大宝年间(701—704),大宝律令相继实施,中断30多年的遣唐使派遣再次启动,是标志着律令制国家成立的历史时期。但同时,新的国家体制也面临着旱灾、地震、疫病、风灾、饥馑等灾害的考验。

根据《续日本纪》记载,大宝二年(702)九月,骏河、伊豆、下总、备中、阿波5国发生饥馑[③]。其中,骏河(今静冈县中东部)、伊豆(今静冈县伊豆半岛及伊豆诸岛)、下总(今千叶县北部,茨城县西南部及埼玉县东端)是东海道的3国,备中是山阳道的1国,阿波是南海道的1国,显然大宝二年的饥馑涉及的地区范围不大。关于骏河、伊豆、下总、备中、阿波5国饥馑的发生原因,史料并没有明记,但是骏河、下总二国于同年(702)八月遭遇大风,禾稼受损,这或许是造成骏河、下总二国饥馑的直接原因,换言之,饥馑是风灾的次生灾害。

大宝四年(704)五月,因祥瑞庆云出现,年号改为"庆云"。庆云年间(704—707),除了庆云元年仅是局部地区饥馑以外,庆云二年(705)至庆云四年(707)连续三年都发生了多地甚至全国性规模的饥馑。庆云二年(705),二十国饥馑,

① 『続日本紀』文武即位前紀。
② 『続日本紀』文武元年閏十二月己亥条。
③ 『続日本紀』大宝二年九月辛巳条。

许多民众饿死①；庆云三年(706)，除西海道(九州岛及周边诸岛)以外，日本列岛的其他地区皆处于饥荒状态②；庆云四年(707)，天下饥馑③。值得注意的是，在《续日本纪》中，庆元二年至庆元四年的大范围的饥馑记事，是与疫病流行同时记述的，即饥馑与疫病二者之间存在关联，饥馑是疫病流行的诱因。

在日本列岛的连年饥馑中，庆云四年(707)六月，文武天皇病逝，年仅 25 岁。同年七月，文武天皇的母亲阿闭皇女继承皇位，是为元明女皇。庆云五年(708)正月，武藏国(今东京都、埼玉县及神奈川县东部)献上和铜(自然形成的铜)，以此为契机，元明女皇将年号由"庆云"改为"和铜"。和铜八年(715)九月，元明天皇让位给自己的女儿冰高内亲王(即元正女皇)，成为太上天皇。

元明女皇治世期间(707～715)，除了与文武时代重合的庆云四年以外，自和铜元年(708)至和铜八年(715)发生的饥馑灾害具体如下：

> a. 和铜二年(709)，隐岐国(今隐岐诸岛)饥馑④。
> b. 和铜三年(710)，参河(即三河，今爱知县东部)、远江(今静冈县西部)、美浓(今岐阜县南部)三国饥馑⑤。
> c. 和铜四年(711)，大倭(即大和，今奈良县)、佐渡(今新潟县佐渡岛)二国饥馑⑥。
> d. 和铜六年(713)，讃岐国饥馑⑦。
> e. 和铜八年(715)，丹波(今京都府中部、兵库县东部)、丹后(今京都府北部)、摄津(今大阪府西北部、兵库县东南部)、纪伊(今和歌山县、三重县南部)、武藏、越前(今福井县北部)、志摩(今三重县中东部，志摩半岛南部)等国饥馑⑧。

从上述饥馑灾害事例来看，在元明时代，尽管存在局部地区的饥馑，但没有发生全国性大范围的饥荒。关于和铜时期饥馑的诱因，《续日本纪》并没有明确叙

---

① 「続日本紀」慶雲二年是年条。
② 「続日本紀」慶雲三年七月己巳条。
③ 「続日本紀」慶雲四年四月丙申条。
④ 「続日本紀」和銅二年三月辛酉条。
⑤ 「続日本紀」和銅三年四月己酉条。
⑥ 「続日本紀」和銅四年四月庚辰条。
⑦ 「続日本紀」和銅六年四月乙卯条。
⑧ 「続日本紀」霊亀元年五月辛巳朔条、乙巳条。

述,不过,和铜二年的隐岐国饥馑,极有可能是和铜元年(708)隐岐国霖雨、大风灾害的次生灾害①。

②圣武时代的饥馑

养老三年(719),除九州岛以外,日本列岛的其他地区都遭遇旱灾与饥荒,这是元正天皇在位9年期间(715—724)唯一一次有史记载的饥荒记录②。养老八年(724)二月,元正天皇让位,圣武天皇即位。圣武时代(724~749),围绕着皇位继承,王权内部的争斗白热化,自然占据了史书的不少篇幅,但由于饥荒事关社会稳定,因此饥荒记事也是频频可见,归纳如下:

a. 天平五年(733),芳野(即吉野,今奈良县南部)、讃岐、淡路、纪伊、大倭、河内、远江等国及平城京饥馑③。

b. 天平九年(737),大倭・伊豆・若狭(今福井县西南部)・伊贺(今三重县西北部)・骏河・长门(今山口县西部)6国饥馑④。

c. 天平十九年(747),大倭、河内、摄津、近江(今滋贺县)、伊势(今三重县)、志摩、丹波、出云(今岛根县东半部)、播磨、美作(今冈山县东北部)、备前、备中、纪伊、淡路、讃岐15国饥馑⑤。

d. 天平二十年(748),河内、出云、近江、播磨4国饥馑⑥。

e. 天平二十一年(749),上总(今千叶县中部)、下总二国饥馑⑦。

上述事例显示,圣武天皇在位25年,有5年遭遇饥馑灾害,其中天平五年和天平十九年的饥馑波及范围广大。前已叙述,天平五年时,平城京也发生饥馑,与都城相同,该年各地饥馑的诱因也是由于天平四年(732)的大旱致使五谷不登,进而发生饥荒⑧。而天平十九年的饥馑也与天平十八年(746)的亢旱导致年谷

---

① 『続日本紀』和銅元年七月甲辰条。

② 『続日本紀』養老三年九月丁丑条。

③ 『続日本紀』天平五年正月丙寅条、二月乙亥条、甲申条、三月癸丑条、是年条。

④ 『続日本紀』天平九年七月丁丑条、壬午条。

⑤ 『続日本紀』天平十九年二月戊辰条、五月癸巳条。

⑥ 『続日本紀』天平二十年七月戊戌条、八月辛丑条。

⑦ 『続日本紀』天平勝宝元年正月乙亥条、二月庚子条。

⑧ 『続日本紀』天平五年正月丙寅条、二月乙亥条、甲申条。

歉收有关①。此外,大倭、近江、播磨等国都是连年遭遇饥荒,显现出饥馑影响的长时段性。

③淳仁时代的饥馑

天平感宝元年(749)七月,圣武天皇让位,皇太子阿倍内亲王即位,是为孝谦女皇。孝谦时期(749—758),除了天平胜宝二年备前国饥馑记录以外,不见其他饥荒记事②。天平宝字二年(758)八月,孝谦女皇让位,淳仁天皇即位,但是天平宝字八年(764)十月,受藤原仲麻吕(惠美押胜)之乱的牵连,被孝谦太上天皇剥夺了天皇之位。有关淳仁天皇在位6年间的史事,太上天皇与天皇之间的权力较量是史书编纂者大书特书的题材,除此之外,亦时时可见地方灾害记事,其中饥馑记事有如下:

> a. 天平宝字四年(760),东山道的上野国(今群马县)饥馑③。

> b. 天平宝字六年(762),无论是政治中心的平城京及畿内(大和、河内、摄津、和泉、山城),还是东山道的近江、美浓,东海道的远江、尾张(今爱知县西半部)、伊势,山阴道的石见(今岛根县西半部),山阳道的备前,北陆道的若狭、越前等诸国都发生了饥馑④。

> c. 天平宝字七年(763),出羽(今山形县、秋田县)、陆奥(今福岛、宫城县)、信浓(今长野县)、尾张、越前、能登(今石川县北部)、大和、美浓、备前、阿波、近江、备中、备后(今广岛县东部)、丹波、伊豫、丹后、淡路、摄津等国相继遭遇饥馑⑤。

> d. 天平宝字八年(764),播磨、备前、备中、备后、石见、摄津、出云、美作、阿波、讃岐、伊豫、多褹岛(今鹿儿岛县大隅群岛)饥馑⑥。

---

① 『続日本紀』天平十九年二月丁卯条。

② 『続日本紀』天平勝宝二年六月条。

③ 『続日本紀』天平宝字四年三月丁亥条。

④ 『続日本紀』天平宝字六年四月戊午条、癸亥条、五月壬午条、丁亥条、己丑条、六月庚戌条。

⑤ 『続日本紀』天平宝字七年二月壬寅条、四月甲戌条、丙戌条、五月戊午条、六月戊寅条、丙戌条、壬辰条、丙申条、戊戌条、七月丁卯条、八月壬申条、甲申条、戊子条、十月乙未条、十二月己丑条

⑥ 『続日本紀』天平宝字八年正月甲寅条、丙寅条、二月丙寅条、三月癸卯条、四月辛未条、癸未条、八月辛巳条。

可以看出,除天平宝字四年的饥馑属于局地性灾害以外,天平宝字六年至天平宝字八年连续三年都发生了大范围的饥馑,其中大和、摄津、近江、尾张、美浓、备前、备中、备后等多地皆是连年饥馑。关于饥馑的原因,虽然《续日本纪》没有明记,但许多地区的饥馑并不是孤立的灾害,在饥馑的前一年或同年也有或者疫病流行或者旱灾或者地震等灾害的发生,因此可以推断,饥馑是位于灾害链中的灾害,既是其他灾害的次生灾害,同时也可能衍生出疫病流行。

④称德时代的饥馑

淳仁天皇被废后,孝谦太上天皇重祚,再次登上天皇之位,是为称德女皇。天平宝字九年(765)正月,改年号为天平神护,象征"洗涤旧秽,与物更新"①。称德女皇治世6年期间(764—770),各地遭遇的饥馑如下:

  a. 天平神护元年(765),平城京及和泉(今大阪府南部)、山背(今京都府南部)、石见、美作、纪伊、讃岐、淡路、壹岐(今长崎县壹岐岛)、多襧、相模(今神奈川县)、下野(今栃木县)、伊豫、隐伎(隐岐)、伯耆(今鸟取县西半部)、伊贺、出云、上野、尾张、三河、播磨、阿波、美浓、越中(今富山县)、能登、常陆(今茨城县)、武藏、骏河、丹波、甲斐(今山梨县)、备后等国相继发生饥馑②。

  b. 天平神护二年(766),淡路、石见、和泉、河内、多襧、志摩等国饥馑③。

  c. 神护景云元年(767),尾张、淡路、山背、志摩等国饥馑④。

  d. 神护景云三年(769),下总、志摩二国饥馑⑤。

  f. 神护景云四年(770),对马岛、土佐国及平城京饥馑⑥。

其中,淡路、志摩、石见等地连年饥馑。由上列饥馑事例可知,天平神护元年,日本列岛从东至西的范围广泛遭遇饥馑。前已叙述,天平宝字六年(762)~天平宝字八年(764)各地饥馑,更有天平宝字八年诸多地方遇旱,因此天平神户元年

---

① 『続日本紀』天平神護元年正月己亥条。
② 『続日本紀』天平神護元年二月乙丑条、丙子条、三月癸巳条、乙未条、庚子条、辛丑条、甲辰条、丁未条、四月乙丑条、甲戌条、癸未条、戊子条、六月辛酉朔条、戊辰条。
③ 『続日本紀』天平神護二年四月丙申条、己亥条、六月乙未条、七月庚辰条、九月庚午条。
④ 『続日本紀』神護景雲元年正月己卯条、二月丙午条、丁酉条、八月甲午条。
⑤ 『続日本紀』神護景雲三年三月丁亥条、己丑条。
⑥ 『続日本紀』宝亀元年年四月辛丑条、六月乙卯条、七月己巳条。

的大规模饥馑,极有可能是由于天平宝字六年～天平宝字八年饥馑与天平宝字八年旱情叠加而引发的。从 b、c、d、f 史料来看,自天平神护二年起,除了少数地区以外,大多数地区的饥馑灾情似乎逐渐得到控制。

⑤光仁、桓武时代的饥馑

神护景云四年(770)八月,称德女皇病亡,古代日本女性天皇的历史结束。由于称德女皇生前没有立皇太子,所以在女皇生命终止时,议政官的主要成员即刻商议皇位继承人问题。由于在以往的围绕着皇位继承问题的政治争斗中,承继天武血脉的有力的皇位继承候选人,大多都成了争斗的牺牲品,因此最终天智之孙白璧王继承皇位,于同年(770)十月即位,是为光仁天皇。同时,年号改为宝龟。天应元年(781)四月,在位 11 年的光仁天皇病重让位,桓武天皇即位,完成了王统从天武系向天智系的交替。

根据《续日本纪》,光仁时代(770－781)发生的饥馑灾害可以列举如下:

a. 宝龟二年(771),石见国饥馑①。

b. 宝龟三年(772),尾张国饥馑②。

c. 宝龟四年(773),志摩、尾张二国饥馑③。

d. 宝龟五年(774),平城京及尾张、讃岐、大和、参河、能登、美浓、近江、河内、志摩、伊豫、飞驒(今岐阜县北部)、若狭、土佐等国饥馑④。

e. 宝龟六年(775),讃岐、备前、参河、信浓、丹后、和泉等国饥馑⑤。

f. 宝龟八年(777),讃岐、隐伎、伯耆 3 国饥馑⑥。

g. 宝龟十年(779),骏河国饥馑⑦。

h. 宝龟十一年(780),骏河、伊豆二国饥馑⑧。

---

① 『続日本紀』宝龟二年二月丙申条。

② 『続日本紀』宝龟三年九月戊戌条。

③ 『続日本紀』宝龟四年二月壬子条。

④ 『続日本紀』宝龟五年二月壬午条、己亥条、三月癸卯条、丙午条、戊申条、辛酉条、四月己丑条、甲午条、五月壬寅条、六月辛巳条、乙亥条、丁亥条、七月辛丑条、戊午条。

⑤ 『続日本紀』宝龟六年二月甲戌条、五月癸卯条、七月丙申条、八月丙寅条。

⑥ 『続日本紀』宝龟八年二月癸卯条、六月癸卯条、七月甲寅条。

⑦ 『続日本紀』宝龟十年七月庚寅条。

⑧ 『続日本紀』宝龟十一年二月乙酉条、五月乙亥条。

i. 天应元年(781),下总国饥馑①。

光仁时代发生的饥馑大多为局部地区的灾害,然而宝龟五年的饥馑却是自平城京至地方,波及范围广。尽管《续日本纪》没有记录饥馑的诱发原因,但以畿内地区的大和、河内、和泉等地为例,宝龟二年(771)至宝龟七年(776)畿内都曾遇旱情,尤其是宝龟四年(773)的畿内地区旱情严重,因此平城京及畿内的大和、河内等国饥馑的诱因似与旱灾有关。另外,光仁时代,尾张、讚岐、骏河等国的饥馑连年不断,可以想象普通民众的饥饿生活状态。

前已叙述,关于桓武时代(781—806),《续日本纪》只记录到延历十年(791),因此本节言及的灾害亦是延历十年以前(包括延历十年)的灾害,其中饥馑灾害有:

j. 延历元年(782),武藏、淡路、土佐、和泉4国饥馑②。

k. 延历四年(785),周防、出羽、丹波、远江、下总、常陆、能登等国饥馑③。

l. 延历八年(789),美浓、尾张、参河、伊贺、安房、纪伊、伊势、志摩、下野、美作、备后等国饥馑④。

m. 延历九年(790),伯耆、纪伊、淡路、参河、飞騨、美作、备前、阿波、和泉、远江、近江、美浓、上野、丹后、播磨、备中及大宰府诸国饥馑⑤。

n. 延历十年(791),丰后、日向、大隅、纪伊等国饥馑⑥。

由上述事例可以看出,在延历元年(782)至延历十年(791)的10年里,饥馑的发生呈现局地灾害—广范围灾害—局地灾害的态势。《续日本纪》成书于桓武时代,因此对于《续日本纪》编纂者来说,延历年间的灾害史事就是当时代史的编写。关于饥馑的诱因,大多数记事没有言及,只有少数记事略有所叙述,例如延

---

① 『続日本紀』天応元年正月己卯条。
② 『続日本紀』延暦元年三月乙未条、六月乙丑条。
③ 『続日本紀』延暦四年五月辛酉条、六月乙丑条、十月壬申条。
④ 『続日本紀』延暦八年四月辛酉条、庚子条、五月庚申条、七月乙卯条、乙丑条、丁卯条。
⑤ 『続日本紀』延暦九年三月辛亥条、丙寅条、四月辛丑条、乙丑条、八月乙未朔条。
⑥ 『続日本紀』延暦十年五月辛未条。

历四年(785),出羽、丹波二国因前一年的年谷不登而饥馑①,而远江、下总、常陆、能登 4 国是因当年的大风损伤五谷导致饥馑②。此外,关于延历九年(790)大宰府管内遭受饥馑的人数,《续日本纪》根据大宰府的上报文书记载为 8 万 8 千余人③。

(2)地震

八世纪的日本列岛,地震发生的频率仅次于饥馑灾害。《续日本纪》的地震记录中,既有仅简略为"地震"二字的记事,也有较详细叙述地震状况或受灾程度的记事。在此,列举若干大地震事例。

①和铜八年(715)远江、参河(三河)地震

和铜八年五月二十五日,远江国(静冈县西部)发生地震,山崩壅塞了麁玉河(天龙川),河川水流被阻断,形成堰塞湖;数十日后,堰塞湖决堤,淹没敷智、长下、石田三郡的民家百七十余区④,并损害了稼苗⑤。

翌日(二十六日),远江的邻国参河(三河)国(爱知县东部)也发生了地震,存放正税稻、谷的官仓——正仓 47 座受损,不仅如此,百姓的庐舍也多倒塌陷没⑥。

远江、三河二国虽然都是地处受南海海沟地震及陆地浅层地震影响的区域,但是《续日本纪》并不见其他地区在和铜八年五月发生地震,因此学者们推论和铜八年远江、三河地震不是南海海槽地震的影响,而可能是中央构造线⑦活动引起的地震⑧。

②天平年间(729—749)的地震

圣武天皇的天平年间,地震频频发生,其中大地震主要有:

a. 天平六年(734)畿内七道地震

---

① 『続日本紀』延暦四年六月乙丑条。

② 『続日本紀』延暦四年十月壬申条。

③ 『続日本紀』延暦九年八月乙未朔条。

④ 八世纪的家一区,不是指建筑物的房屋一座,而是由土地、房屋、仓库组成的生活单位(青木和夫等校註『新日本古典文学大系 続日本紀 1』霊亀元年五月乙巳条的脚註 13、岩波書店、1989 年、第 229 頁)。

⑤ 『続日本紀』霊亀元年五月乙巳条。

⑥ 『続日本紀』霊亀元年五月丙午条。

⑦ 中央构造线是指将西南日本分为内带和外带的大断层带,起自长野县諏訪湖的附近,经过天龙川之东、爱知县丰川之谷、纪伊半岛、四国至九州。

⑧ 松田時彦「地質構造からみた歴史地震」、荻原尊禮編著『続 古地震—実像と虚像』、東京大学出版会、1989 年、第 39—78 頁。

天平六年四月戊戌(七日),畿内及七道诸国发生了大地震,各地百姓的房屋倒坍、损坏,被压死者众多,山崩、川壅、地裂之处不可胜数①。此外,不少神社建筑也在地震中遭到破坏、受损②。依据天平六年《出云国计会帐》的记录,同年(734)四月十六日,出云国收到了从伯耆国传来的朝廷下达的太政官符(地震状),虽然地震状的具体内容不得而知,但很有可能是四月七日大地震后,朝廷下达的相关命令或信息③。

关于天平六年畿内七道地震的震源,地震学界存在不同的见解,其中一部分地震学研究者认为可能是生驹断层带上的断层活动引起了天平六年的大范围地震④。

b.天平十四年(742)大隅地震

天平十四年十一月五日,中央朝廷收到大隅国司的上奏文报告:同年(742)十月二十三日下午(未时)起,至同月二十八日,大隅国(今鹿儿岛县东半部)的空中响起如大鼓一般的声响,野雉等鸟类惊飞,地大震动⑤。

鹿儿岛湾内有樱岛火山岛,而且湾的中北部也存在沿湾岸的南北性断层。但是仅从现有的文献史料,难以推论出天平十四年大隅地震的震源。

c.天平十六年(744)肥后地震

天平十六年五月,肥后国(今熊本县)遭遇地震并伴有雷雨,灾害致使八代、天草、苇北三郡的官舍以及田 290 余町、民家 470 余区、人 1520 余口被水漂没;并且地震还造成山崩 280 余处,被压死者 40 余人⑥。

日奈久断层带是起自熊本县上益城郡益城町木山附近,经苇北郡芦北町至八代海南部的断层带。在天平十六年肥后地震中,受灾严重的八代、天草、苇北三郡的地理位置都位于八代海沿岸,接近日奈久断层带,因此该肥后地震可能是日奈久断层的活动⑦。

d.天平十七年(745)美浓地震

---

① 『続日本紀』天平六年四月戊戌条。

② 『続日本紀』天平六年四月癸卯条。

③ 『大日本古文書』(編年文書)1—588 頁。

④ 大長昭雄ら「天平六年(七三四)の畿内地震」、荻原尊禮編著『続 古地震—実像と虚像』、東京大学出版会、1989 年、第 111—146 頁。生駒断層帯は位于生駒山地与其西の大阪平原交界附近的活断层带,自大阪府的枚方市至羽曳野市的南北长约 38 公里的断层带。

⑤ 『続日本紀』天平十四年十一月壬子条。

⑥ 『続日本紀』天平十六年五月庚戌条。

⑦ 松田時彦「古地震研究における自然資料と歴史資料の関わり」、『地学雑誌』108 巻 4 号、1999 年、第 370—377 頁。

天平十七年四月甲寅(廿七日),美浓国发生大地震。其后,余震三昼夜不断,美浓国的橹、馆、正仓、佛寺堂塔、百姓庐舍都遭到了地震的破坏[①]。美浓国内的不破关是律令制国家在东山道上设置的关所,所谓的"橹"是指关所的城上守御楼。馆、正仓则是指国司、郡司等官衙建筑和国家性质的粮食仓库。

关于此次美浓地震的震中,史料上没有任何记载,有地震学学者认为地震可能是因浓尾断层系的活动而引发的[②]。

(3)旱灾

前已叙述,畿内地区的旱情往往与平城京具有联动性,而且朝廷也是常常将二地区联结在一起出台应灾措施的。因此,在此主要关注平城京及畿内地区以外的旱灾。干旱是直接影响农业生产的自然灾害,也是八世纪日本列岛饥馑频发的诱因之一。表 1-5 是《续日本纪》所见的地方旱灾主要事例。

表 1-5　《续日本纪》所见地方旱灾事例表

年月	西历	旱情	出典
文武二年五月	698	诸国旱	文武二年五月庚申朔条、甲子条
庆云三年七月	706	大宰府辖内的九国三岛遭遇亢旱大风,拔树损稼	庆云三年七月己巳条
养老三年	719	六道[③]诸国遇旱,饥荒。	养老三年九月丁丑条
养老六年夏	722	旱,无雨,禾稼不登	养老六年七月丙子条、戊子条
天平二年六月	730	畿内地区旱	天平二年六月庚辰条、闰六月庚戌条
天平四年	732	和泉、纪伊、淡路、阿波等国旱,五谷不登	天平五年闰三月己巳条
天平十五年六月	743	山背国旱,宇治河枯竭,行人揭涉	天平十五年六月癸巳条
天平十九年	747	纪伊国旱,疫病	天平十九年四月己未条
天平二十一年	749	下总国旱、蝗灾	天平胜宝元年二月庚子条

① 『続日本紀』天平十七年四月甲寅条。

② 松田時彦「地質構造からみた歴史地震」。

③ 如后所述,古代日本的地方行政区划是以都城为中心,将全国分为畿内与七道。六道,是指不包含西海道的其他地区。

续表

年月	西历	旱情	出典
天平宝字六年三月	762	参河、尾张、远江、下总、美浓、能登、备中、备后、讃岐9国旱	天平宝字六年三月戊申条
天平宝字七年	763	山阳、南海等道诸国旱	天平宝字七年八月戊子条
天平宝字八年三月八月	764	淡路国比年亢旱,无种可播。山阳、南海二道诸国旱	天平宝字八年三月丙辰条 天平宝字八年八月甲戌条
天平神护元年三月	765	参河、下总、常陆、上野、下野5国旱	天平神护元年三月乙未条
神护景云元年二月 十二月	767	淡路国频旱,缺乏种稻。 美浓国比年旱,五谷不稔	神护景云元年二月辛卯条 神护景云元年十二月壬辰条
延历六年冬 ～延历七年四月	787 788	畿内亢旱累月,沟池乏水,百姓之间不得耕种	延历七年四月戊子条、癸巳条

其中,天平宝字七年至天平宝字八年,山阳、南海二道的诸国连续两年干旱,而根据前述的地方饥馑事例可知,天平宝字七年至天平神护元年期间,山阳道的播磨、美作、备前、备中、备后,以及南海道的阿波、讃岐、伊豫、淡路、纪伊等地都曾发生过饥馑,尤其是备前、备中、备后、美作、阿波、淡路等地是连年饥馑,由此推断这一时期山阳、南海二道的旱灾与饥馑二者有着密切的关联。

旱灾对农业的影响,从淡路国事例略见一斑。淡路国连年旱灾,农业不断歉收,至天平宝字八年春季之时,已到了无种可播的程度。同样的情况,神护景云元年春季再次发生。如何确保灾后农业的再生产,是古代日本国家应灾措施中的重要课题。

又,延历六年(787)冬至延历七年(788)四月,畿内地区数月持续不降雨,灌溉之水已经枯竭,于是遣使畿内祈雨,奉黑马于丹生川上神[①]祈雨,直至桓武天皇亲自祈雨,始得降雨,群臣舞踏高呼万岁[②]。桓武天皇祈雨成功的记事,与前述的七世纪皇极女王即位后的祈雨非常相似,具有显扬天皇权威性及统治正当

---

① 《延喜式》神祇式规定,祈雨时向神社奉黑毛马一匹,而祈求雨止时,则奉白毛马一匹。
② 「続日本紀」延暦七年四月庚辰条、丁亥条、戊子条、癸巳条。

性的作用,反映出《续日本纪》编纂者塑造桓武天皇权威形象的意图。

(4)疾疫

与前述的平城京情况相似,地方疫病流行的诱发原因也是主要有二:一是旱灾、饥馑等灾害的次生灾害;二是源自大陆的传染病。《续日本纪》的地方疾疫记事与其他灾害记事基本相同,大多是寥寥数字的简略记事,偶有叙述较详的记事。《续日本纪》所记的地方疾疫具体列表如下。

表 1-6　《续日本纪》所记地方疾疫情况表

和历年月	西历	疫情	出典	备注
文武二年三月 四月	698	越后国疫 近江、纪伊二国疫	文武二年三月丁卯条 文武二年四月壬辰条	
文武四年十二月	700	大倭国疫	文武四年十二月庚午条	
大宝二年二月 六月	702	越后国疫 上野国疫	大宝二年二月庚戌条 大宝二年六月癸卯条	
大宝三年三月 五月	703	信浓、上野国疫 相模国疫	大宝三年三月戊寅条 大宝三年五月丙午条	
庆云元年三月 夏	704	信浓国疫 伊贺、伊豆二国疫	庆云元年三月甲寅条 庆云元年是年夏条	
庆云二年	705	二十国疫	庆云二年是年条	饥馑
庆云三年闰正月 四月 是年	706	京畿及纪伊、因幡、参河、骏河等国并疫病。 天下疫病 河内、出云、备前、安艺、淡路、讃岐、伊豫等国疫 天下诸国疾疫	庆云三年闰正月庚戌条、乙丑条 庆云三年四月壬寅条 庆云三年是年条	饥馑 百姓多死。
庆云四年四月 十二月	707	天下疫病 伊豫国疫	庆云四年四月丙申条 庆云四年十二月戊辰条	饥馑
和铜元年二月 三月 七月	708	讃岐国疫 山背、备前二国疫 但马、伯耆二国疫	和铜元年二月甲戌条 和铜元年三月乙未条 和铜元年七月丁酉条	
和铜二年正月 六月	709	下总国疫 上总、越中、纪伊三国疫	和铜二年正月戊寅条 和铜二年六月甲午条、辛亥条	

续表

和历年月	西历	疫情	出典	备注
和铜三年二月	710	信浓国疫	和铜三年二月壬辰条	
和铜四年五月	711	尾张国疫	和铜四年五月辛亥条	
和铜五年五月	712	骏河国疫	和铜五年五月壬申条	
和铜六年二月 四月	713	志摩国疫 大倭国疫	和铜六年二月丙辰条 和铜六年四月乙未条	
天平五年	733	左右京及诸国疫者众	天平五年是年条	饥馑
天平七年八月 自夏至冬	735	大宰府疫疮流行 豌豆疮（裳疮）流行	天平七年八月乙未条、 丙午条 天平七年是岁条	死者众多。年颇不 稔。
天平九年四月 七月	737	大宰府管内诸国疫疮流 行 大倭·伊豆·若狭·伊 贺·骏河·长门6国疫	天平九年四月癸亥条 天平九年七月丁丑条、 壬午条。	百姓多死。 饥馑
天平十九年四月	747	纪伊国疫	天平十九年四月己未 条	旱
天平二十一年 二月	749	石见国疫	天平胜宝元年二月丙 午条	
天平胜宝八岁 四月	756	京畿疹疫	天平胜宝八岁四月壬 子条	
天平宝字四年 三月 四月	760	伊势、近江、美浓、若狭、 伯耆、石见、播磨、备中、 备后、安艺、周防、纪伊、 淡路、讚岐、伊豫15国 疫 志摩国疫病	天平宝字四年三月丁 亥条 天平宝字四年四月丁 巳条	
天平宝字六年 八月	762	陆奥国疫病	天平宝字六年八月乙 丑条	

续表

和历年月	西历	疫情	出典	备注
天平宝字七年 四月 五月 六月	763	壹岐岛疫 伊贺国疫 摄津、山背二国疫	天平宝字七年四月癸未条 天平宝字七年五月癸丑条 天平宝字七年六月戊戌条	
天平宝字八年 三月 四月 八月	764	志摩国疫 淡路国疫 山阳、南海二道诸国疫。石见国疫。	天平宝字八年三月癸卯条 天平宝字八年四月辛未条 天平宝字八年八月甲戌条、丙子条	 旱 旱
宝龟元年七月	770	但马国疫	宝龟元年七月戊寅条	
宝龟三年六月	772	讚岐国疫	宝龟二年六月癸亥条	
宝龟四年五月	773	伊贺国疫	宝龟四年五月己丑条	
宝龟五年 二月～四月	774	天下诸国疫病者众	宝龟五年二月壬申条、四月己卯条	畿内旱。多地饥馑
宝龟十一年三月 五月	780	骏河国疫 伊豆国疫	宝龟十一年三月乙酉条 宝龟十一年五月乙亥条	 饥馑
延历四年五月	785	周防国疫	延历四年五月辛酉条	饥馑
延历九年 十一月 是年秋冬	790	坂东诸国疫病 京畿豌豆疮流行。天下诸国也多有染疮者	延历九年十一月己丑条 延历九年是年条	旱魃 京畿 旱。各地饥馑

　　从上表可以看出,伴有旱灾、饥馑等灾害的疫病事例时时可见,意味着疫病流行的起因常与其他灾害有关。例如,庆云三年(706),"天下诸国疫疾,百姓多死"①,而此年也是诸国饥荒之时,至翌年仍为"天下疫饥",显示疫病与饥荒二者

---

① 『続日本紀』慶雲三年是年条。

之间的相关性与连锁性①。又如前述,天平宝字七年(763)至天平宝字八年(764),山阳、南海二道诸国干旱,且出现饥馑,而根据上表可知这一时期的山阳、南海二道诸国也发生了疫情。如果说旱灾是原生灾害,那么疫病与饥馑同样属于次生灾害,但次生灾害的叠加,相互作用,扩大了灾情。

另一方面,8世纪以后,随着国际交往的增加,天花、麻疹等源自大陆的流行病,也传播至日本列岛。在前述的平城京疫病中,已经提及天平七年、天平九年、延历九年三次疫疮的流行,而天平年间的两次疫疮流行都始自对外交流前沿的大宰府所辖的九州岛。天平七年豌豆疮流行时,大宰府管内诸国的百姓皆患病卧床,劳动力锐减,直接影响农业及其他生产,以致大宰府无法贡纳当年的调②。天平九年疫疮流行时,也是"天下百姓死亡实多",给农业等生产带来很大的影响,同年八月出台了"免天下今年租赋及百姓宿负公私稻"措施,由此可见,疫情对国家经济生产的影响③。

关于延历九年(790)豌豆疮流行,《续日本纪》主要记述了京畿地区的流行状况,而对其他诸国情况,则以"天下诸国往往而在"一句简略地带过④,据此推断,此次豌豆疮流行传播路线可能是以京畿地区为中心向全国各地放射形地传播的。另外,京畿地区与地方的记事详略差异,也反映了《续日本纪》编纂者对于自身所在的生活空间——京畿地区疫病流行状况的掌握更为详细掌握,而地方的疫情信息则需要依靠地方的上奏文报告。

(5)台风

台风是日本列岛常遇的自然现象,既给人类生活及农业生产带来了不可欠缺的雨水,同时也会给人类造成程度不一的灾害。古代并无"台风"一词,史书多以"大风雨"、"异常风雨"或"风水"等用语描述。严格意义上而言,台风造成的河水泛滥、河堤决口也都包含在下述的水害范畴之中,但本节为了区分台风与其他水害的不同,因此单独列项。《续日本纪》记载的风雨灾事例并不一定就是台风,但根据风雨灾发生的时间,推断以下数例极有可能为台风事例。

①天平十五年(743)七月,上总国数日大风雨,1万5千多根

---

① 『続日本紀』慶雲四年四月丙申条。
② 『続日本紀』天平七年八月丙午条。
③ 『続日本紀』天平九年八月甲寅条。
④ 『続日本紀』延暦九年是年条。

大杂木漂着上总国管内的海滨①。

　　②天平胜宝六年(754)八月,畿内及诸国 10 国遭遇大风雨,民众生产活动损失巨大②。关于大风雨的具体情景,正仓院文书保存的天平胜宝六年十一月十一日"知牧师吉野百岛解"描述道:"八月三日大风雨,河水高涨,河边竹叶被漂仆埋"③。河流向两岸泛滥的状况略见一斑。

　　③宝龟三年(772)八月,自朔日起降雨,并伴有大风,河内国的茨田堤 6 处、渋川堤 11 处以及志纪郡 5 处堤坊发生了决堤。大风也造成产业受损,受灾者众多④。

　　④宝龟六年(775)八月,伊势、尾张、美浓三国遭遇"异常风雨",民众 300 余人以及牛马千余头被漂没,国分寺和诸寺塔 19 座被损坏,受损的官舍、民屋更是不可胜数,甚至伊势斋宫也遭到破坏⑤。同年,九州岛的日向、萨摩二国也遭风雨之灾,桑麻损尽⑥。

　　⑤宝龟八年(777)七月,土佐国风雨猛烈,民众产业受到损伤,人员、家畜被水漂没,房屋建筑遭到破坏⑦。

上述事例反映出台风不仅给人员、家畜、建筑及生产都带来不小的灾害,同时提示大风雨对树木的影响也是不容忽视的。

　　(6)水害

　　对于古代日本的农业生产,水涝是常发性灾害,最常见的诱因是霖雨和大雨。成书于 10 世纪的辞书《倭名类聚抄》对"霖"的字义有如下解释:

　　　　兼名苑云:霖,三日以上雨也。音林,^{和名奈}^{加阿女}今按,又连雨,又名苦雨。尔雅注云:霖,一名霪,音淫,久雨也。⑧

──────────

① 『続日本紀』天平十五年八月乙亥条。
② 『続日本紀』天平勝宝六年是年条。
③ 『大日本古文書』(編年文書)4—31 頁。
④ 『続日本紀』宝亀三年八月是月条、十一月丁亥条。
⑤ 『続日本紀』宝亀六年八月癸未条、辛卯条。
⑥ 『続日本紀』宝亀六年十一月丁酉条。
⑦ 『続日本紀』宝亀九年三月己酉是日条。
⑧ 『倭名類聚抄』天地部・雲雨類・霖条。

由此可知,古代日本人对"霖"字的理解是遵循汉字原本含义的,即霖雨是指连续三天以上的降雨。《续日本纪》记载的地方霖雨事例不多,列表如下:

表1-7 《续日本纪》所载地方霖雨事例表

年月	西历	雨情	出典	备注
庆云四年五月	707	畿内霖雨	庆云四年五月戊午条	损苗
和铜元年七月	708	隐岐国霖雨	和铜元年七月甲辰条	大风
天平十三年六月~八月	741	佐渡国霖雨不止	天平十三年八月癸巳条	民产受损
天平十四年五月	742	畿内涝灾	天平十四年五月丙午条	
宝龟元年六月	770	美浓国霖雨	宝龟元年六月乙巳条	
宝龟六年九月	775	畿内霖雨	宝龟六年九月辛亥条	

其中,天平十四年的畿内涝灾,虽然史书没有明确记载形成涝灾的原因,但是"涝"字的含义即是"霖霪"[1],而且五月恰逢梅雨季节,因此推测天平十四年的畿内涝灾是由霖雨引发的。又,古代日本的农业生产是以水稻耕作为中心的,依据稻的品种,存在四月插秧·七月收获、五月插秧·八月收获、六月插秧·九月收获三种模式[2],因此五月至九月期间的霖雨,对不同地域农业生产的影响可能会有所不同。

与霖雨不同,骤雨式的大雨或暴雨,短时间内就会造成河水泛滥,浸没人们赖以生存的土地。例如,宝龟十年(779)六月二十九日,因幡国遭遇暴雨,"山崩水溢,岸谷失地,人畜漂流,田宅损害,饥馑百姓三千余人"[3];同年(779)七月十四日,骏河国大雨泛滥,堤防决口,不仅百姓的房屋遭到破坏,同时口分田也多被淹没[4]。饥馑是洪水之后常常发生的次生灾害。延历四年(785)九月,河内国"洪水泛滥,百姓漂荡,或乘船或寓堤上,粮食绝乏,艰苦良深"[5],就是一例。洪水之际,人们以各种手段逃生,但随之而来的是粮食缺乏,灾民的生存面临极大

---

① 《唐律疏议》戸婚律·不言及妄言旱涝霜虫条在对"诸部内有旱·涝·霜·雹·虫蝗为害之处,主司应言而不言及妄言者,杖七十"的律规定的说明中,解释"涝,谓霖霪"。这一解义被《政事要略》卷六十·交替杂事·损不勘佃田事·戸婚律条等引用,反映出古代日本知识人对"涝"字字义的接受。

② 木村茂光「古代の農業技術と経営」、同編『日本農業史』、吉川弘文館、2010年。

③ 『続日本紀』宝龟十年八月己亥条。

④ 『続日本紀』宝龟十年十一月辛巳条。

⑤ 『続日本紀』延暦四年九月壬寅条。

的困境及深刻的考验。

除了霖雨、大雨以外,水灾的发生也会有其他特定的诱因。例如,

①天平胜宝五年(753)九月五日,靠近海边的摄津国御津村
(今大阪市中央区一带),突然遭受海上吹来的南风,狂风大作,潮
水暴溢,损坏庐舍 110 余区,百姓 560 余人被漂没[①]。

②宝龟二年(771)五月二十三日,丰后国(今大分县)速见郡
歆见乡发生山体滑坡,形成堰塞湖,积水 10 余日后,偃塞湖突然
决堤,造成 47 人被漂没,家 43 区被埋[②]。

①事例是由于潮水暴涨,使得生活在海滨的百姓遭遇潮水灾。而②事例是堰塞湖决堤后,水流势如破竹而下,冲击了居住在山下的百姓。

当山区水灾暴发时,还往往会伴随次生灾害——山体滑坡(泥石流),强大的冲击力常常冲毁民众的房屋、田地。例如,天平十五年(743)六月或七月,出云国的楯缝、出云二郡,雷雨异常,山岳颓崩,泥石流毁坏了房屋,埋没了田地[③]。

(7)火山喷发

关于 8 世纪日本列岛的火山喷发,《续日本纪》记载共有 3 次,具体如下:

①天平宝字八年(764)十二月,大隅、萨摩二国之界的海底火
山喷发。喷发时,伴有似雷非雷的巨响,同时"烟云晦溟,奔电去
来",七天之后,天空才始晴。在鹿儿岛信尔村附近的海域,出现
了沙石自聚成的三个新岛,"炎气露见,有如冶铸之为",被岛所埋
的民家 62 区,人口 80 余人。[④]

②天应元年(781)七月,富士山喷发。骏河国的境内,火山灰
如雨而降,灰所及之处,木叶彫萎[⑤]。

③延历七年(788)三月四日,大隅国的曾乃峰(雾岛山的高千
穗峰)火山喷发。戌时,火炎大炽,响如雷动;亥时,火光稍止,唯

---

① 『続日本紀』天平勝宝五年九月壬寅条、十二月丁丑条。

② 『続日本紀』宝亀三年十月丁已条。

③ 『続日本紀』天平十五年七月壬寅条。

④ 『続日本紀』天平宝字八年十二月是月条。

⑤ 『続日本紀』天応元年七月癸亥条。

见黑烟,然后沙石雨下,曾乃峰下的五六里范围内,沙石堆积有二尺厚左右,其色黑①。

有关上述火山喷发事例,《续日本纪》虽然记述了地方上报的火山喷发状况,却不见朝廷出台的应对措施。也就是说,与其他自然灾害相比,在 8 世纪日本的灾害认识中,火山喷发的自然性或许大于灾害性。

律令制国家的政治中枢对各地灾害信息的掌握及应灾措施的下达,依靠于律令官僚体制的运转及上下信息传递体系,因此地理位置远于政治中心(平城京或其他一时性都城)的九州地区或东北地区的灾情传递,在时间上有一定的滞后性,这在《续日本纪》的记事中也有所反映。此外,《续日本纪》有关灾害的记述,虽然不同记事的文字简繁程度不一,但总体来看,大多数记事都明确记载了朝廷的应灾措施。由此可见《续日本纪》编纂者对于应灾措施的重视程度,同时也能够窥见《续日本纪》编纂者意图通过应灾措施的记录,实现颂扬各代天皇或朝廷政绩或举措的目的。换言之,《续日本纪》成书的桓武时代的修史,与其说强调从天武系向天智系的王统交替,不如说是为了主张天武系与天智系之间的王统延续的正当性。

第三节 《日本后纪》、《续日本后纪》的灾害记录

一、《日本后纪》、《续日本后纪》的编纂

1.《日本后纪》的成书

《日本后纪》是继《续日本纪》之后的敕撰史书。关于《日本后纪》的编纂过程,以藤原绪嗣为首的编纂者们在承和七年(840)十二月九日撰写的序文中,作了一定程度上的叙述②。在此,依据"日本后纪序"的内容,对《日本后纪》编纂过程作一简略的梳理。

《日本后纪》编纂事业始于嵯峨时代。嵯峨天皇为桓武天皇的次子,"幼聪,好读书。及长,博览经史,善属文,妙草隶",是位有才干的天皇③。嵯峨天皇在

---

① 『続日本紀』延暦七年七月己酉条。

② "日本后纪序"被收录于宽平四年(892)成书的《类聚国史》卷 147 · 文部下 · 国史。

③ 『日本紀略』嵯峨天皇即位前紀。

位期间（809—823），在国史编纂事业启动之前，已推进、完成多个敕撰典籍事业，其中包括诸氏族系谱集成《新撰姓氏录》，法典《弘仁格》、《内里式》等，以及汉诗集《凌云集》、《文华秀丽集》等。弘仁十年（819），嵯峨天皇敕令当时的大纳言藤原冬嗣、中纳言藤原绪嗣、参议藤原贞嗣、良岑安世等人监修撰集国史。因史料所限，藤原冬嗣等 4 人主持下的国史编纂事业的推进状况无法详知。

　　弘仁十四年（823），嵯峨天皇让位，淳和天皇即位。国史编纂事业并未在嵯峨时代完成，进入淳和时代以后，嵯峨天皇指定的主持国史编纂事业的 4 人中，藤原贞嗣、藤原冬嗣、良岑安世三人分别于弘仁十五年（824）、天长三年（826）、天长七年（830）相继离开人世，只剩藤原绪嗣一人，国史编纂事业一时受到很大的影响。为了延续国史编纂事业，淳和天皇重新任命了国史编纂事业的主持人，除了藤原绪嗣（已为右大臣）以外，新增加了 6 人，即权大纳言清原夏野、中纳言直世王、参议藤原吉野、小野岑守、大外记坂上今继、岛田清田。与嵯峨时代相比，有两名大外记进入了国史编纂事业的核心层，而且这两位大外记都是修史专家。另外，参议小野岑守于天长七年四月去世，比前述的良岑安世去世时间还早三个月，因此淳和天皇的任命时间似乎是在良岑安世、小野岑守二人去世之前。

　　天长十年（833），淳和天皇让位，仁明天皇即位。皇位交替，无论是对皇权，还是对官僚机构都是重要事件，因此"日本后纪序"言道："属之让祚，日不暇给"①。寥寥 8 个字，反映出国史编纂事业的暂时停滞。仁明天皇即位以后，尽管"聿修鸿业，圣纶重叠"，推进国史编纂事业，然而"笔削迟延"②。于是，仁明天皇任命新的国史编纂人员。这一任命的具体时间，因史料未言及，而无法知晓，但名单之首是已升任左大臣的藤原绪嗣、其次是时任右大臣源常、中纳言藤原吉野、藤原良房、参议朝野鹿取，同时还命令前和泉守布瑠高庭、大外记山田古嗣二人"铨次其事、以备释文"③，从事具体的编辑。在仁明天皇任命的 7 人中，藤原绪嗣是三朝元老，藤原吉野是两朝元老，余者皆为首次加入国史编纂事业，其中朝野鹿取为人"立性谨慎，临事明了"，"颇涉史汉"，曾作为遣唐使团的成员（准录事）渡海至唐王朝，也曾参加过《内里式》的编撰，对编纂事业具有学识和一定的经验④。

---

① 『類聚国史』卷 147・文部下・国史。
② 『類聚国史』卷 147・文部下・国史。
③ 『類聚国史』卷 147・文部下・国史。
④ 『続日本後紀』承和十年六月戊辰条。

历经嵯峨、淳和、仁明三代天皇推动的国史编纂事业,其编修内容也在不断增加,嵯峨时代是桓武、平城两朝史,淳和时代是桓武、平城、嵯峨三朝史,至仁明时代则是桓武、平城、嵯峨、淳和四朝史。修史者们"讨论绵书,披阅囊策","错综群书,撮其机要;琐词细语,不入此录;接先史后,缀叙已毕,但事缘例行,具载曹案,今之所撰,弃而不取",续接《续日本纪》所述时代,将自延历十一年(792)正月丙辰朔日迄于天长十年(833)二月乙酉(淳和天皇让位日)的42年史事,编修为40卷,于承和七年(840)完成,书名为《日本后纪》①。

然而,《日本后纪》散佚甚多,现仅存10卷,其他30卷只能依据《类聚国史》、《日本纪略》等记载的史事加以复原。

2.《续日本后纪》编修事业

《续日本后纪》是接续《日本后纪》的敕撰正史。嘉祥三年(850)三月,仁明天皇离世,文德天皇即位。齐衡二年(855)二月,文德天皇诏令右大臣藤原良房、参议伴善男、刑部大辅春澄善绳、少外记安野丰道4人主持修编国史事业②。由此,《续日本后纪》的撰修正式启动。但是,三年后,即天安二年(858)八月,文德天皇去世,年仅9岁的清和天皇即位。如此变故,"续日本后纪序"亦记述道:"笔削之初,宫车晏驾,白云之驭不返,苍梧之望已遥"③。

年幼的清和天皇登上皇位后,其外祖父藤原良房的权势不断扩大。而藤原良房恰又是主掌国史编修事业之人,因此以清和天皇名义的敕令,任命太政大臣藤原良房、右大臣藤原良相、大纳言伴善男、参议春澄善绳、散位县犬养贞守等人继续未完成的国史编修事业。但是在国史编修事业进行过程中,贞观五年(863),县犬养贞守被任命为骏河国守,离开平安京前往骏河国赴任;贞观八年(866),伴善男因"应天门事件"而被远流伊豆国;贞观九年(867),藤原良相因病亡故;唯有藤原良房、春澄善绳二人自始至终"辛勤是执,以得撰成"国史④。贞观十一年(869)八月十四日,藤原良房、春澄善绳联名进奉编修完成的《续日本后纪》。

不过,身为太政大臣的藤原良房不太可能具体地参与编修史事,因此,或许实际上是春澄善绳承担了最后完成全书的大任。春澄善绳性格"周慎谨朴",自

---

① 『類聚国史』卷147・文部下・国史。
② 『日本文德天皇实録』齐衡二年二月丁卯条。
③ 『類聚国史』卷147・文部下・国史。
④ 『類聚国史』卷147・文部下・国史。

幼爱好学习，"耽读群籍""博涉多通"，文笔优美，经过文章得业生、对策及第出世，先后任内记、文章博士、参议等官职，曾于大学讲范晔《后汉书》，"解释流通，无所淹碍，诸生质疑者皆汰累惑"；《续日本后纪》全书完成仅半年之后，即贞观十二年（867）二月，春澄善绳逝去，可以说他为《续日本后纪》编修事业用尽了心血①。

《续日本后纪》由二十卷组成，记述自天长十年（833）二月至嘉祥三年（850）三月共18年的仁明天皇一代的史事。《续日本后纪》编纂者的修史方针是"因循故实"撰修，"寻常碎事，为其米盐，或略弃而不取；至人君举动，不论巨细，犹牢笼而载之矣"②。由此可见，《续日本后纪》是以天皇为中心的，倾向实录性的史书③。当然，《续日本后纪》也记录了不少有关灾害的记事。

二、《日本后纪》的灾害记录

前已叙述，《日本后纪》全书原本共40卷，但现今大多已散佚，仅存卷5、卷8、卷12、卷13、卷14、卷17、卷20、卷21、卷22、卷24十卷。不过，从平安时代编纂的典籍《类聚国史》《日本纪略》中，尚能找到一部分《日本后纪》的原始逸文。因此，本节叙述的《日本后纪》有关灾害的记录，虽无法呈现较为完整的全像，但从现存的十卷和其他典籍所引录的原始逸文遗存中，也能窥见桓武、平城、嵯峨、淳和四代天皇时代灾害的一斑。依据现存的《日本后纪》残卷及其逸文，可知的有关桓武、平城、嵯峨、淳和四代天皇时代的主要灾害包括地震、水害、饥馑、旱灾、疫病、风灾等等。在此着重以地震、富士山喷火、疫病流行为例讨论《日本后纪》的灾害记录。

1. 地震

根据现存的史料，《日本后纪》记载最多的自然灾害是地震。然而，《日本后纪》的地震记事，大多文字简略，只有"地震"二字。在此仅列举数例记载略详的事例。

a. 弘仁九年（818）关东地震

《日本后纪》逸文记载，弘仁九年七月，关东平原西北部发生了大地震，地震

---

① 『日本三代実録』貞観十二年二月十九日辛丑条。

② 『類聚国史』卷147・文部下・国史。

③ 坂本太郎「六国史」、『坂本太郎著作集第三卷　六国史』所収、吉川弘文館、1989年、第179頁、（初出1970年）。

的范围涉及相模、武藏、下总、常陆、上野、下野等国，"山崩谷埋数里，压死百姓不可胜计"①。强烈地震之后，上野国等地"地震为灾，水潦相仍，人物凋损"，生者面临饥饿、露宿及"居业荡然"等困境，而死者则是无人殓葬②。"水潦"一词有大雨、大水、水淹等含义，因此"水潦相仍"或指地震之后的强降雨，抑或是山崩后形成的堰塞湖溃决产生洪水，总之是地震诱发了次生灾害——水害的发生。

关于弘仁九年关东地震，学者们曾经认为是与大正十二年（1923）关东地震同样的海沟型大地震，但由于史料中没有提及沿海岸的上总、安房二国名，也没有发现有关上总、安房二国因弘仁九年地震或海啸而受灾的其他记事，因此现在学界一般认为弘仁九年关东地震是内陆型地震③。

b. 天长四年（827）京都地震

依据《日本后纪》逸文可知，自天长三年（826）起，平安京就是有感地震不断。至天长四年七月辛未（十二日），地大震，京内的官舍、房屋多在震中倒塌，"一日之内，大震一度，小动七八度"④。此后，大大小小余震不断，白昼震，夜晚亦震，仅《日本后纪》逸文记载的同年（827）七月至十二月的平安京，遭遇的余震就超过 60 次，而且余震还延续至翌年（828）；余震之际，时而伴有如雷声，时而雷动降雨，时而降雪⑤。如此群发性地震的记录，反映出《日本后纪》的实录性。此外，虽然没有史料佐证，但是通过天长四年地震后的频繁余震记事，可以想象平安京的住人们在精神方面的不安与恐慌。

c. 天长七年（830）出羽地震

天长七年正月三日，出羽国（今山形县、秋田县）的日本海沿岸地区遭遇了大地震。当时镇守秋田城的专任国司——镇秋田城国司正六位上行介藤原行则，在地震发生的当日，立即书写牒文，将灾情上报中央朝廷。来自震灾现场的藤原行则牒文经过驿传，于正月二十八日到达平安京。藤原行则牒文详细地叙

① 『類聚国史』卷 171・地震・弘仁九年七月是月条。

② 『類聚国史』卷 171・地震・弘仁九年八月庚午条。

③ 荻原尊禮・山本武夫「弘仁九年および元慶二年の関東の地震—震央見直し」、荻原尊禮編著『古地震—歴史資料と活断層からさぐる』、東京大学出版会、1982 年、第 112—117 頁。

④ 『類聚国史』卷 171・地震・天長四年七月辛未条。

⑤ 『類聚国史』卷 171・地震・天長四年七月癸酉条、甲戌条、乙亥条、戊寅条、庚辰条、辛巳条、壬午条、癸未条、甲申条、丙戌条、戊子条、己丑条，八月壬辰条、甲午条、乙未条、丁酉条、辛丑条、癸卯条、甲辰条、乙巳条、戊申条、辛亥条、癸丑条，九月庚申朔条、辛酉条、丙寅条、丁卯条、戊辰条、己巳条、壬申条、甲戌条、己卯条、辛巳条，十月庚寅条、壬辰条、己亥条，十一月癸酉条、庚辰条、壬午条、丁亥条，十二月戊子朔条、己丑条、癸卯条、丙午条。

述了地震对秋田城及周边地区造成的灾害,现抄录如下[①]:

> (天长七年正月三日)辰刻,大地震动,响如雷霆。登时城郭、官舍并四天王寺丈六佛像,四王堂舍等,皆悉颠倒,城内屋仆,击死百姓十五人,支体折损之类一百余人也。历代以来未曾有闻。地之割辟,或处卅许丈,或处廿许丈,无处不辟。又城边大河,云秋田河,其水涸尽,流细如沟,疑是河底辟分,水漏通海欤。吏民骚动,未熟寻见。添河、霸别河两岸各崩塞,其水氾溢,近侧百姓惧当暴流,竟陟山岗。理须细录损物驰牒。而震动一时七、八度,风雪相并,迄今不止,后害难知。官舍埋雪,不能辨录。

由此可知,此次大地震瞬间造成的受灾情况:城墙、官舍、寺院佛像及寺院建筑瞬间倒塌,造成百姓 15 人死亡,100 余人受伤;到处出现地裂现象,地裂程度不一,裂缝宽度 30 余丈、20 余丈不等;大地震一方面造成秋田城旁的大河——秋田河的水涸干,另一方面又使添河、霸别河的两岸崩溃堵塞,河水泛滥,百姓惧怕洪水,避难于山岗之上。主震之后,余震不断,同时正月恰是秋田城及其周边地区的积雪期,风雪交加,次生灾害不断发生,官舍被埋在积雪中,无法准确地统计出受灾情况。

秋田城(今秋田县秋田市)是律令制国家为了经营东北,镇抚虾夷,在东北地区的日本海沿岸设立的地方官衙所在,也是最北的边陲军事据点。地震造成城墙的倒塌,直接影响秋田城的防御功能,因此藤原行则在牒文中,也向中央朝廷请求援兵 500 人[②]。

2.富士山喷发

富士山是日本列岛的著名活火山,平安时代曾经多次喷发,其中延历年间发生过两次。根据文献史料记载,延历十九年(800)六月,骏河国上奏,当年的三月十四日至四月十八日,“富士山巅自烧,昼则烟气暗暝,夜即火光照天。其声若雷,灰下如雨,山下川水皆红色”[③]。由此可知,近一个月的火山喷发,不仅火山灰雨降落,覆盖植物与田地,而且河水变红,无法饮用、灌溉,给周边民众的

---

① 『類聚国史』卷 171・地震・天長七年正月癸卯条。
② 『類聚国史』卷 171・地震・天長七年正月癸卯条。
③ 『日本紀略』延暦十九年六月癸酉条。

生产、生活造成很大的影响。

时隔一年多,延历二十一年(802)正月八日宣布的诏敕言及,富士山再次喷发,"昼夜恒燎、砂砾如霰",形成火山砾或火碎流灾害①。降落的火山砾或火碎流的碎石,甚至将富士山东边的东海道相模国足柄路段的官道堵塞。为此,另辟筥荷(箱根)路,从同年(802)五月至翌年(803)五月,用筥荷路替代足柄路,以保障东海道的畅通。由此,火山喷发对国家交通的影响略见一斑。

3.疫病流行

根据《日本后纪》残卷及逸文的记事,若从流行规模进行分类的话,延历十一年(792)正月至天长十年(833)二月期间的疫病流行大致分为全国性与局地性两大类,但流行规模并不是固定不变的,随着时间的推移以及人的移动,局地性疫病流行也可能会演变为全国性疫病流行。前已叙述,《日本后纪》多已散佚,因此今人看到的有关8世纪末9世纪初疫病流行记录及信息是不完全的,表1-8仅列举若干可以推定的疫病流行事例。

表 1-8　疫病流行事例简表

序号	年	西历	疫情	出典	备注
①	延历十三年	794	安房国疫	《类聚国史》	
②	大同二年~大同三年	807~808	天下疫病	《类聚国史》《日本纪略》	饥馑
③	弘仁三年	812	疫	《日本后纪》	旱
④	弘仁五年	814	疱疮	《日本文德天皇实录》仁寿三年二月是月条	
⑤	弘仁九年	818	天下诸国疫病	《类聚国史》《日本纪略》	
⑥	弘仁十三年	822	甲斐国疫	《类聚国史》《日本纪略》	
⑦	弘仁十四年	823	天下大疫	《类聚国史》《日本纪略》	民饥
⑧	天长元年	824	美浓国、安艺国等疾	《类聚国史》《日本纪略》	民饥
⑨	天长六年	829	诸国疫病间发	《类聚国史》《日本纪略》	
⑩	天长七年	830	大宰府及陆奥、出羽等国疫病流行	《类聚国史》《日本纪略》	
⑪	天长九年	832	平安京及诸国疫	《类聚国史》《日本纪略》	旱

---

① 『日本紀略』延暦二十一年正月乙丑条。

　　由表可知，②、⑤、⑦、⑨、⑪事例属于全国性大规模的疫病流行；①、⑥、⑧、⑩事例属于局地性疫病；③、④事例的疫病波及范围不甚明确①。在此主要关注②、⑦、⑩事例。

　　(1)大同二年～大同三年疫病流行

　　弘仁五年(814)七月二十四日宣布的有关校检班田诏敕中，叙述道："大同以来，疾疫间发，诸国班田，零叠者多"②，明确指出大同年间(806－810)以来的疫病流行对国家土地制度的影响。而大同二年～大同三年的全国性疫病流行，可谓是9世纪初疫病流行的开端。《类聚国史》卷180·诸寺·大同二年十二月甲寅朔条记载③：

　　　　大宰府言，于大野城鼓峰，兴建堂宇，安置四天王像，令僧四人如法修行。而依制旨，既从停止其像并法物等，并迁置筑前国金光明寺毕，其堂舍等今犹存焉。而迁像以来，疫病尤甚。伏请，奉迁本处者。许之。但停请僧修行。

即位于大野城(建于665年的朝鲜式山城)的寺院原本安置四天王像，由僧侣供奉，但后将四天王像从大野城的寺院迁置筑前国金光明寺(国分寺)，从此疫病流行尤甚。将疫病流行的原因归于四天王像的移迁，显示出在古代日本人的灾害认识中佛教占有重要的一席之位。根据史料记载，停止大野城寺院举行四天王法的措施始于延历二十年(801)④，据此可知，作为古代日本对外交流窗口的大宰府，自延历二十年至大同二年始终处于疫病流行之中。实际上，大宰府在大同元年(806)十一月，就曾上奏其"管内诸国，水旱疾疫，每岁相仍，百姓凋亡，田园荒废"⑤，也佐证了上述的大同二年大宰府上奏内容。

─────────────

①　弘仁三年(812)七月朔日宣布的诏敕提及："顷者疫旱并行，生民未安"，"除此灾祸，宜走币於天下名神"；翌日(二日)，"奉币於伊势大神宫，为救疫旱也"(『日本後纪』弘仁三年七月丁巳朔条、戊午条)。从祭祀天下名神来看，似乎③事例也是大规模的疫病发生。另外，《日本文德天皇实录》仁寿三年二月是月条是在叙述仁寿三年疱疮流行时，作为前例，列举了天平九年和弘仁五年的疱疮流行，考虑到天平九年和仁寿三年都是全国性疫病流行，所以推测④事例也是全国性疫病流行。

②　『日本後纪』弘仁五年七月己巳条。

③　同样记事亦见于《类聚国史》卷178·修法及《日本纪略》。

④　《类聚国史》178·修法、180·诸寺·延历二十年正月癸丑条载："停大宰府大野山寺行四天王法，其四天王像及堂舍法物等并迁便近寺"。

⑤　『類聚国史』卷83·免租税、卷173·凶年·大同元年十一月乙未条。

　　大同二年(807),疾疫于日本列岛流行,并蔓延至首都平安京①。大同二年的冬季,气候异常,"鸟雀乳,桃李华"②,如若春季,这样的天气助长了疫病的传播。大同三年(808),自正月起,众多的人染病、病亡,无论是平安京的街道上,还是地方诸国的路旁,都横卧着无人埋敛的尸骸③。可谓是"天下困疫,亡殁殆半","民穷兵疲"④。疫病自西向东蔓延,传播至位于国家统治虾夷前沿的陆奥国,"民庶死尽,镇守之兵,无人差发"⑤,给律令制国家的边境镇守造成了极大的压力。

　　关于大同二年～大同三年流行的疫病名,史料并没有明确记载,但是疫病的蔓延与大同元年(806)遭遇洪水后尚未恢复,民众处于饥馑的状况是密切相关的⑥。也就是说,大范围、长时间的疫病流行是灾害叠加作用的结果。

　　(2)弘仁十四年疫病流行

　　弘仁十四年(823),二月,"天下大疫,死亡不少,□海道尤甚"⑦。关于"□海道",由于在古代日本以"海道"称谓的行政区域,有东海道、南海道和西海道,因此无法确定具体所指区域。

　　此次的大范围疫病流行也是与其他灾害的发生密切相关的。以平安京为例,弘仁十三年(822),"炎旱涉旬,田苗枯损",年谷不登,至弘仁十四年二月,京中就有不少百姓处于饥饿状态。随着京中米价的腾贵,更是"人皆饥乏",因此,弘仁十四年的疫病流行与营养不良、抵抗力降低有关⑧。在畿内诸国及伊贺、美浓、阿波、近江、长门等国也是同样情况,饥饿与疫病并存,即诸国"疫气流行,百姓穷弊"⑨。

　　根据文献记载,天长元年(824)三月,美浓国上奏,百姓饥病;四月,朝廷命

---

① 『類聚国史』卷 173・疾疫・大同二年十二月戊寅条。关于首都平安京的疫病流行,有学者认为,9 世纪时,平安京大约是每 20 年左右发生一次疫病流行(北村優季「疫病の流行」,『平安京の災害史—都市の危機と再生—』、吉川弘文館、2012 年、74—117 頁)。但是,根据现存的史料统计,9 世纪平安京的疫病流行频率似无规律可言。

② 『日本紀略』大同二年是冬条。

③ 『類聚国史』卷 173・疾疫・大同三年正月乙未条、二月丙辰条。

④ 『日本後紀』大同三年六月壬子朔条。

⑤ 『日本後紀』大同三年十二月甲子条。

⑥ 『日本後紀』大同三年五月丙戌条、辛卯条。

⑦ 『類聚国史』卷 173・疾疫・弘仁十四年二月是月条。

⑧ 『類聚国史』卷 79・禁制・弘仁十三年七月庚寅条。『類聚国史』卷 173・凶年・弘仁十三年八月戊午朔条。『類聚国史』卷 80・耀曜・弘仁十四年三月辛未条。『日本紀略』弘仁十四年二月丙戌朔条。

⑨ 『類聚国史』卷 173・疾疫・弘仁十四年五月戊午条、己未条、八月丁亥条。

令"十五大寺并五畿内七道诸国奉读大般若经,防疫旱";五月,"奉币五畿内七道诸国诸神,谢疫气"①。由此推测,疫病于弘仁十四年并没有完全结束,尚有残延,上表中的⑦事例即天长元年疫病事例,可以说是弘仁十四年疫病流行的延续。

(3)天长七年疫病流行

天长七年(830)四月,大宰府管内诸国以及陆奥、出羽等国"疫疠流行,夭死稍多"②。九州的大宰府与东北地区的陆奥、出羽国,地理位置相距甚远,二者的疫病流行是否有关,因史料所限,无法判明。但是,在天长六年(829)四月十七日发布的敕令中,记有"诸国顷日疫疠间发,百姓夭死"的状况,据此可知,天长六年各地就已间断性地发生疫病了。此外,天长七年四月,因大宰府管内诸国以及陆奥、出羽等国疫病流行,朝廷命令"五畿内七道诸国,简精进僧廿已上,各于国分寺,三个日转读金刚般若经,以除不祥"③,似乎说明其他地区亦有疫病发生。由此推测,天长七年的九州及东北地区的疫病流行极有可能是天长六年疫病的延续。

又,前已叙述,天长七年正月,出羽发生了大地震,因此出羽国的疫病流行,也有可能与地震有关,或许是地震的次生灾害,抑或是疫病与地震二灾害相互叠加作用所致。

三、《续日本后纪》的灾害记录

根据《续日本后纪》的记录,仁明时代(833-850)曾经发生的灾害有饥馑、地震、水害、旱灾、疫病、风灾、火山喷发等。

1.饥馑

在正史记录中,饥馑是仁明时代发生频率最高的灾害,自天长十年(833)至嘉祥二年(849)期间,除了承和九年(842)以外,几乎每年都有饥馑的记录,具体如表1-9。因此,将仁明时代称为饥馑时代也不为过。

---

① 『類聚国史』卷173·疾疫·天長元年四月丁未条、五月庚戌条。
② 『類聚国史』卷173·疾疫·天長七年四月己巳条。
③ 『類聚国史』卷173·疾疫·天長七年四月己巳条。

表 1-9　仁明时代饥馑情况表

年	西历	饥馑地
天长十年	833	平安京及五畿内七道诸国饥馑
承和元年	834	越后、石见、丹后、伊势、越前、出云等国
承和二年	835	下总、越前、近江、伊势、加贺、长门、淡路、佐渡、能登等国
承和三年	836	伊势、尾张、石见、备中、加贺、伯耆、若狭、萨摩、能登、因幡等国
承和四年	837	备前、和泉、淡路、美作、伊豫等国
承和五年	838	大宰府管内诸国及备前、山城、大和等国
承和六年	839	美浓国惠奈郡
承和七年	840	平安京及摄津国等诸国
承和八年	841	出羽国
承和十年	843	伊贺、尾张、参河、武藏、安房、上总、下总、近江、上野、陆奥、越前、加贺、丹后、因幡、伯耆、出云、伊豫、周防、肥前、丰后、萨摩等国及壹岐、对马二岛
承和十一年	844	越前、若狭二国
承和十二年	845	山城国
承和十三年	846	出羽国
承和十四年	847	平安京
承和十五年 嘉祥元年	848	伊豆、淡路、越中、出云等国
嘉祥二年	849	平安京

　　由上表可知,无论是首都的平安京,还是地方的五畿内七道诸国,几乎都曾遭遇饥馑灾害,部分地区甚至是屡屡备受饥馑之苦,例如平安京及越前、伊势、出云、加贺、淡路等国。

　　不同时期,不同地点的饥馑,其诱因也不尽相同。在此列举一二例说明。

　　(1)天长十年(833)年初,淡路、近江二国就已处于饥馑状态,而史料并未说明具体原因①。天长九年(832),因前一年(831)秋稼不稔而"诸国告饥",同时疫

---

① 『日本纪略』天长十年二月庚午条、壬午条。

病、旱灾相继,人(劳动力)与农作物皆夭折,直接影响天长九年的农业生产①。因此至天长十年,京师五畿内七道诸国仍然是饥馑与疾病状况②。由此可以推断,天长十年的饥馑诱因,是天长八年(831)的歉收与天长九年(832)的饥馑、疫病等灾害的叠加影响。

(2)承和二年(835),由于承和元年(834)的"风雨为灾,年谷不登",佐渡国发生了饥馑,同时伴随着疫病,死亡者众多③。因此,佐渡国的饥馑是前一年(834)风雨之灾的次生灾害。

(3)承和四年(837)九月,平安京阴雨连日,"谷价踊贵",许多民众遭遇饥饿与疾病④。又,承和十四年(847)五月,也是因为雨长久不止,平安京发生了饥馑⑤。因此,当霖雨数日时,首都平安京极易发生饥馑,除了自然灾害原因以外,还与粮价上涨等社会原因密切相关⑥。

2.疫病流行

如前所述,疫病是与饥馑紧密相连的灾害之一。《续日本后纪》有关疫病的记录,主要见于天长十年(833)至承和十年(843),具体如表1-10。

表1-10　《续日本纪》疾病相关记录简表

年月	西历	疫病流行地	出典	备注
天长十年	833	平安京及五畿内七道诸国	天长十年五月甲寅条	饥疫
承和元年	834	加贺国、平安京	承和元年正月丙子条、四月丙午条	疫疠频发
承和二年	835	诸国	承和二年四月丁丑条	疫疠
承和三年	836	平安京及诸国	承和三年五月壬戌条、七月癸未条	疫疠
承和四年	837	平安京及山城、大和、河内、摄津、近江、伊贺、丹波等国	承和四年六月壬子条、癸丑条	疫疠

① 『類聚国史』卷173・凶年・天长九年五月己酉条。越后国司就直言:"去年疫疠旁发,花耕失时。寒气早侵,秋稼不稔。今兹饥疫相仍,死亡者众"(『続日本後紀』天长十年闰七月戊寅条)。

② 『続日本後紀』天长十年三月甲寅条、五月甲寅条。

③ 『続日本後紀』承和二年八月甲戌朔条。

④ 『続日本後紀』承和四年十月辛卯朔条。

⑤ 『続日本後紀』承和十四年五月壬午条。

⑥ 櫛木謙周「都城における支配と住民—都市権門・賤民形成の歴史的前提」、『日本古代の首都と公共性』、塙書房、2014年、初出1984年。

续表

年月	西历	疫病流行地	出典	备注
承和五年	838	筑前、筑后、肥前、丰后等国	承和五年四月庚子条	频年遭疫
承和六年	839	诸国	承和六年闰正月丙午条	疾疫
承和七年	840	诸国	承和七年六月丁巳条、庚申条	饥馑,疫疠间发
承和十年	843		承和十年正月丁酉条	疫疠间发

关于上表所列的疫病诸事例,或许是基于以天皇为中心的编纂方针,《续日本后纪》多注重叙述中央朝廷的应对措施,而对于疫病流行的原因及状况,着笔却不太多。以下试分析若干疫病流行事例的诱因。

(1)天长十年(833),"诸国疫疠,夭亡者众"①。前已叙述,天长十年时,日本列岛的各地都深受饥馑之苦,因此可以认为,饥馑引起的营养不良及抵抗力弱是疫病得以流行的重要原因。

(2)承和元年(834),加贺国与平安京都遭遇疫病流行。从两地疫病流行的时间来看,正月时,加贺国(今石川县南部)就已疫疠流行,而至四月,平安京疫疠频发。加贺国位于本州岛中部的日本海沿岸,弘仁十四年(823)、天长三年(826)、贞观十三年(871)、元庆六年(882)等年,都曾有渤海使节的船着陆于加贺国的海岸,是古代日本对外交流窗口之一。因此,加贺国与平安京两地的疫病流行或许存在某种关联,不能否定疫病从加贺国传播至平安京的可能性。

(3)承和二年(835)春季,"诸国疫疠流行,病苦者众"②。但是各地疫病流行的原因有所不同,例如,佐渡国是因前一年(834)的风雨灾,造成年谷不登,导致承和二年饥馑与疾病相继发生,死亡者多③;能登国则是先后遭遇旱灾与疫病,"人民饥苦"④,而干旱的天气助长了疫病的流行、蔓延。

(4)承和五年(838),大宰府所管的筑前、筑后、肥前、丰后等国的疫病是多年频频遭遇疫病的延续⑤。

---

① 『続日本後紀』天長十年六月癸亥条。

② 『続日本後紀』承和二年四月丁丑条。

③ 『続日本後紀』承和二年八月甲戌朔条。

④ 『続日本後紀』承和二年十二月庚寅条。

⑤ 『続日本後紀』承和五年四月庚子条。

(5)承和七年(840)六月发布的敕令中有:"去年秋稼不登,诸国告饥。今兹疫疠间发,夭伤未弭,加以季夏不雨,嘉苗拟燋"之句[1]。据此可知,承和七年的疫病与前一年(839)歉收造成的饥馑有关,同时干旱不雨的天气不仅不利于阻止疫病的流行,而且对当年的农业生产也产生影响。

由上述事例的分析可以推定,仁明时代的大多数疫病流行原因主要是由于饥馑灾害链的作用。

3.地震、火山喷发

《续日本后纪》记录的仁明时代有感地震近50次,主要是仅有"地震"二字的简略记事,但承和八年(841)发生的信浓地震及伊豆地震是例外,叙述略详。《续日本后纪》承和八年二月甲寅条记载:

> 信浓国言,地震,其声如雷,一夜间凡十四度,墙屋倒颓,公私共损。

信浓国的国府设置在松本(今长野县松本市),而松本就位于糸鱼川—静冈构造线断层带之上,因此承和八年信浓地震的震中被认为是在松本附近[2]。信浓国的报告中,只提及房屋等财产的损失,而无人员损失,因此可以认为,一夜间地震14次的承和八年信浓地震,其地震规模及受灾程度都小于同年(841)发生的伊豆地震。

承和八年伊豆地震的记事初见于《续日本后纪》承和八年五月壬申(三日)条,在向神功皇后陵祈愿的宣命中提及了伊豆国的地震之变。此次伊豆国地震造成的受灾程度严重,"里落不完,人物损伤,或被压没"[3]。伊豆国所辖的大部分范围都位于伊豆半岛,而伊豆半岛上分布着众多的活断层,其中规模最大的断层是丹那断层,地震学者认为,承和八年伊豆地震的震源来自丹那断层[4]。

与地震记录数量相比,《续日本后纪》记载的火山喷发记事比较少,似乎说明日本列岛的大多数火山在仁明时代处于休眠期。但是,承和四年(837)四月,

---

① 『続日本後紀』承和七年六月丁巳条。

② 松田時彦「承和八年(八四一)二月の信濃地震」、荻原尊禮編著『続 古地震—実像と虚像』、東京大学出版会、1989 年、第 147—154 頁。

③ 『続日本後紀』承和八年七月癸酉条。

④ 松田時彦「承和八年の伊豆の地震—丹那断層をさぐる」、荻原尊禮編著『古地震—歴史資料と活断層からさぐる』、東京大学出版会、1982 年、第 124—133 頁。

陆奥国向中央朝廷报告了玉造温泉的鸣子火山喷发状况,具体内容是[1]:

> 玉造塞温泉石神,雷响振动,昼夜不止。温泉流河,其色如
> 浆。加以山烧谷塞,石崩折木,更作新沼,沸声如雷。如此奇怪不
> 可胜计。

虽然火山喷发被视为神的作为,但陆奥国的报告描述了火山喷发之时的景象,即地下水沸腾,温泉流动成河,色如酢浆,同时喷石造成树木的损坏,并形成新的潟沼。鸣子火山位于今宫城县的西北部,周围分布着与火山活动有关的火口湖及潟沼。承和四年的鸣子火山喷发,一般认为是地下水蒸气爆发。

鸣子火山喷发不久,伊豆上津岛(神津岛)的天上山也开始喷发。伊豆群岛的许多岛都是火山岛,神津岛就是其中之一。承和五年(838)的七月至九月,河内、三河、远江、骏河、伊豆、甲斐、武藏、上总、美浓、飞骅、信浓、越前、加贺、越中、播磨、纪伊等国,相继向中央朝廷报告,"有物如灰,从天而雨,累日不止"[2],同时平安京也"有物如粉,从天散零,逢雨不销,或降或止",且"东方有声,如伐大鼓"[3]。显然,平安京与地方16国所闻的鸣响以及遭遇的灰雨降落是火山喷发的现象。虽然承和五年的记事并没有明记火山喷发的具体地点,但是在承和七年(840)九月的伊豆国上奏文中,记述了其管内的上津岛火山喷发的详细情况,即:

> 去承和五年七月五日夜出火,上津岛左右海中烧,炎如野火,
> 十二童子相接取炬,下海附火。诸童子履潮如地,入地如水。震
> 上大石,以火烧摧。炎炀达天,其状朦胧,所所焰飞,其间经旬,雨
> 灰满部。[4]

据此得知承和五年七月五日,上津岛发生了火山喷发。从时间上看,与前述的平安京及地方16国降灰雨时间吻合。因此,目前一般认为上津岛的火山喷发,不仅有巨大的鸣响传至本州岛,而且火山灰的降落也是覆盖范围广泛。此外,

---

① 『続日本後紀』承和四年四月戊申条。
② 『続日本後紀』承和五年九月甲申条。
③ 『続日本後紀』承和五年七月癸酉条、乙亥条。
④ 『続日本後紀』承和七年九月乙未条。

上述伊豆国上奏文的叙述虽然含有当时人们对于火山喷火的认识,即十二童子持火炬将火点燃,但是上津岛被火海包围,喷石飞扬,火上云霄,火山灰纷纷降落等火山喷发情景可以说是非常真实的。直至承和七年七月时,上津岛依然处于"云烟覆四而,都不见状"之中[①]。

承和五年的火山喷发,将上津岛原有的繁茂草木及人船泊宿之滨等全部烧毁。根据学者的考察,天上山的火山喷出物在伊豆群岛的许多岛屿都有堆积[②]。尽管承和五年上津岛火山喷发在本州岛引起大范围的火山灰雨降落,但是对于农业的影响似乎并不大,当年"畿内七道俱是丰稔,五谷价贱",更有老农称火山灰为"米花"[③]。

4.平安京的水害

平安京位于山背盆地(京都盆地),选址在山背国的葛野郡和爱宕郡的郡域内。关于平安京的地理位置,延历十三年(794)十月的桓武天皇迁都诏书中,描述道[④]:

> 葛野之大宫地者,山川亦丽,四方国之百姓,往来亦便利。

同年(794)十一月,桓武天皇再次发布诏书[⑤]:

> 此国山河襟带,自然作城。因斯形胜,可制新号。宜改山背国为山城国。又,子来之民,讴歌之辈,异口同辞,号日平安京。
>
> (后略)

在将新都定名为平安京的同时,山背国名也改名为山城国。"形胜"一词透露出平安京都城理念中的风水思想,即所谓的北有北山(玄武),南有小椋池(朱雀),东有鸭川(青龙),西有沿御室川河道的山阴古道(白虎);而"山河襟带"则一语点明了平安京周边环山,河川贯流的自然景观。事实上,平安京之前的京都盆

---

① 『続日本後紀』承和七年九月乙未条。
② 津久井雅志ら「伊豆諸島における9世紀の活発な噴火活動について―テフラと歴史史料による層序の改訂―」、『火山』第51卷第5号、2006年、327-338頁。
③ 『続日本後紀』承和五年九月甲申条。
④ 『日本紀略』延暦十三年十月丁卯条。该诏文是以宣命体记载的,因此本文的引用为现代语译文。
⑤ 『日本紀略』延暦十三年十一月丁丑条。

地,就是高野川、贺茂川、桂川三条河流的泛滥低地。

平城天皇曾经言道:平安京"先帝所建,水陆所凑,道理惟均"①。由此可见,水路交通便利是定都平安京的优点之一。平安京东有贺茂川·鸭川,西有双丘、御室川、桂川,其中东南流向的桂川规限了平安京的西南界。此外,还有纸屋川和堀川从京域内流过。

平安京的左京是鸭川形成的扇状地,平安宫和右京是纸屋川、御室川等流域面积小的河川形成的扇状地及桂川形成的自然堤防地。左右京各有一条贯穿平安京南北的堀川,分别被称为东堀川、西堀川,是具有运河性质的人工河流。开削堀川时,曾经使役囚犯苦作②,东堀川的水源来自贺茂川,其东面是贺茂川·鸭川扇状地。

由于平安京所处的自然环境,每逢大雨或久雨不止时,贺茂川·鸭川与桂川两河就极易泛滥,因此洪水是平安京屡屡遭遇的常发性灾害,例如大同元年(806)八月,霖雨不止,水浸噬河堤,导致平安京的堤沟多处毁害,洪水泛滥③。仁明时代,平安京所遭遇的主要水害,依据《续日本后纪》的记事,可以列表如下。

表 1-11　仁明时代平安京主要水害表

年月	西历	水灾	出典	备注
天长十年闰七月	833	霖雨	天长十年闰七月壬午条	涉旬不息
承和元年七月 　　　八月	834	雨水泛滥 暴雨大风	承和元年七月辛酉条 承和元年八月己亥条、庚子条	树木折拔,民舍损坏。
承和二年七月	835	霖雨	承和二年八月甲戌条	
承和三年五月	836	大风暴雨交切	承和三年五月丙辰条	折树发屋,城中房屋鲜有未坏者。
承和四年九月至十月	837	霖雨	承和四年十月辛卯朔条	谷价踊贵。

---

① 『日本後紀』大同元年七月甲辰条。

② 『日本後紀』延暦十八年六月丙申条。

③ 『日本後紀』大同元年八月是月条、九月癸巳条。

年月	西历	水灾	出典	备注
承和五年八月	838	雨 暴风大雨 降雨殊切	承和五年八月甲辰条 乙巳条 癸丑条	
承和六年八月	839	雨	承和六年八月丙辰条	
承和八年八月 九月	841	雨水殊甚 洪水	承和八年八月丁卯条 九月戊辰朔条	房屋、桥梁受损。
承和十二年七月 九月	845	雨 暴雨大风	承和十二年七月壬申条 九月乙丑条	雨降,数数难晴。 拔树发屋。
承和十四年五月 六月	847	雨久不止 暴雨如悬河,霖雨	承和十四年五月壬午条 六月乙巳条、甲寅条	民饥
承和十五年五月 ～六月 嘉祥元年八月	848	霖雨 雨不息,洪水	嘉祥元年六月戊子朔条、己丑条 嘉祥元年八月己丑条、庚寅条、辛卯条	连雨不停,雨势如建瓴水。 雨势如倒井。人、家畜漂流,桥梁冲垮。
嘉祥二年六月	849	霖雨	嘉祥二年六月癸未朔条	民饥

由表可知,仁明时代的平安京水灾,其诱因主要是霖雨与暴雨。其中,降雨引起洪水的事例有二:

(1)承和八年(841)八月三十日,雨势非常大;翌日(九月一日),平安京发生洪水,"漂流百姓庐舍,京中桥梁及山崎桥尽断绝"[1]。山崎桥是位于平安京西南的山城国山崎乡,横跨淀川的桥。山崎之地处于山城国与摄津国之界,是连通京都盆地与大阪平原的狭窄地带,且近桂川、木津川、淀川三河交汇处,为古代的交通要冲。山崎桥被洪水冲垮,说明淀川也同时泛滥。

(2)嘉祥元年(848)八月三日,降雨通宵不止;四日,雨势更大如倒井,终日不息;至五日,平安京内洪水浩浩,"人畜流损,河阳桥断绝,仅残六间,宇治桥倾

---

[1]　『続日本後紀』承和八年八月丁卯条、九月戊辰朔条。

损",茨田堤处处决口,当时的老人们说,此洪水"倍于大同元年水,可四五尺"①。河阳桥即山崎桥。宇治桥位于平安京之南的山城国宇治,横跨宇治川,是大和地区通向北陆、东国的交通要冲。茨田堤是位于河内国的水利设施,为开发河内平原的低湿地,防止淀川泛滥而筑建的堤防。从山崎桥、宇治桥及茨田堤的受灾程度可以看出,嘉祥元年的洪水,摄津、河内二国也是受灾严重的地区。

与暴雨洪水不同,霖雨虽然不一定造成大水,但对于居住在平安京内的人们来说,可能会因雨交通不便,引发粮价上涨,使得普通民众无粮可食,处于饥饿之中,上表中的承和四年、承和十四年、嘉祥二年事例就是例证。

第四节 《日本文德天皇实录》、《日本三代实录》的灾害记录

一、《日本文德天皇实录》、《日本三代实录》编修事业

1.《日本文德天皇实录》的编纂

《日本文德天皇实录》(以下简称《文德实录》)是叙述文德天皇一代 9 年(850－858)历史的正史,共 10 卷。《文德实录》的编撰经历了两个阶段:第一阶段是清和时代(858－876);第二阶段是阳成时代(876－884)。

在"文德实录序"的叙述中,清和天皇于贞观十三年(871)诏令右大臣从二位藤原基经、中纳言从三位南渊年名、参议正四位大江音人、外从五位下行大外记善渊爱成、正六位上行少内记都良香、散位岛田良臣等数人,"据旧史氏,始就撰修"实录②。但是,贞观十三年时,藤原基经的官位、官职是正三位大纳言、左大将、按察使,南渊年名是正四位下参议、民部卿、春宫大夫、近江守,大江音人是正四位参议、左大辨、勘解由长官,善渊爱成是外从五位下、大外记,都良香是正六位上,少内记。此外,都良香原名为都道言,改名于贞观十四年(872)。也就是说,"文德实录序"所述的藤原基经、南渊年名二人的官位、官职以及都良香之名,都有异于贞观十三年的实际。因此,关于《文德实录》的编纂是否起始于

---

① 『続日本後紀』嘉祥元年八月己丑条・庚寅条・辛卯条。

② 『日本文德天皇実録』序。

贞观十三年,学者的看法不尽相同①。

清和天皇诏令撰修实录之后,经过三四年的时间,《文德实录》的编纂达到了"编录粗略"的程度,然而贞观十八年(876)十一月,27岁的清和天皇以"热病频发,御体疲弱,不堪听朝政"为由②,让位给9岁的皇太子贞明亲王(即阳成天皇),使得《文德实录》的编修暂时搁笔。阳成天皇即位的数月后,南渊年名、大朝音人二人相继去世。

元庆二年(878),以阳成天皇之命,敕令摄政·右大臣藤原基经,命令参议菅原是善等人与参加第一阶段修史的都良香、岛田良臣等人共同"专精实录,潭思必书",重新开启编修正史的事业③。修史新班子的成员,新增了菅原是善等人,而善渊爱成不在其中。菅原是善、都良香、岛田良臣三人皆是文史奇才。然而,元庆三年(879)二月,都良香突然去世,年仅46岁。"文德实录序"评价都良香是"愁斯文之晚成,忘彼命之早殒,注记随手,亡去忽焉"④。都良香去世后,余下的修史人员以"百倍筋力,参合精诚,铭肌不遑,鞅掌从事",终于元庆三年(879)十一月完成《文德实录》。

《文德实录》记录的文德天皇在位期间的史事,起自嘉祥三年(850)三月己亥(二十一日),迄于天安二年(858)八月乙卯(二十七日)。以藤原基经为首的编纂者所遵循的修史原则为"春秋系事,鳞次不愆,动静由衷,毛举无失。唯细微常语,粗小庶机,今之所撰,弃而略焉"⑤,但特点是有关政治、法制的记事少,人物传记的记事多⑥。

2.《日本三代实录》的修撰

《日本三代实录》(以下简称《三代实录》)是继《文德实录》之后的敕撰史书,也是古代日本最后一部正史。根据《三代实录》的序文的叙述,《三代实录》修撰事业起始于宇多时代(887-897),由于"始自贞观,爰及仁和三代,风猷未著篇牍,若缺文之靡补,恐盛典之长亏",于是宇多天皇诏令大纳言源能有、中纳言藤原时平、参议菅原道真、大外记大藏善行、备中掾三统理平等人,"因循旧贯,勒

---

① 坂本太郎「六国史」、「坂本太郎著作集第三卷　六国史」所收、吉川弘文馆、1989年、第191-192页、(初出1970年)。

② 「日本三代実録」貞観十八年十一月廿九日壬寅条。

③ 「日本文德天皇実録」序。

④ 「日本文德天皇実録」序。

⑤ 「日本文德天皇実録」序。

⑥ 坂本太郎「六国史」、「坂本太郎著作集第三卷　六国史」所收、吉川弘文馆、1989年、第197-198页、(初出1970年)。

就撰修"①。关于《三代实录》修撰事业的具体时间，虽然序文并没有言及，但《日本纪略》明确记载为宽平四年(892)五月一日，而依据序文所述的源能有、菅原道真等人的官位、官职，可以推导出《三代实录》修撰事业大致于宽平五年(893)四月至宽平六年(894)八月之间启动②，

《三代实录》修撰事业的推进过程中，不断发生影响修史进度的史事。首先是宽平九年(897)六月，源能有去世；其次，同年(897)七月，宇多天皇让位，醍醐天皇即位。于是，"时属揖让，朝廷务殷，在此际会，暂停刊缉"③。皇位交替后，醍醐天皇敕命左大臣藤原时平、右大臣菅原道真、大外记大藏善行、三统理平 4 人重开《三代实录》修撰事业。但是延喜元年(901)正月，菅原道真在政治权力争斗中失败，被左迁至大宰府，任大宰权帅④。同年(901)二月，三统理平也被任命为越前介，离开了修史事业。由此，《三代实录》编纂者仅剩藤原时平、大藏善行二人。当时，藤原时平身为左大臣，名为《三代实录》修撰事业的首席，但具体参与执笔的程度不详。《本朝书籍目录》、《拾芥介》等后世史料都将《三代实录》完成的大功归于大藏善行，认为《三代实录》是大藏善行的个人之作。

延喜元年(901)八月，《三代实录》修撰完成，其内容叙述清和、阳成、光孝三代天皇治世的 30 年史事，起自天安二年(858)八月至仁和三年(887)八月，共 50卷。关于《三代实录》的修撰原则，《三代实录》序文言道⑤：

> 今之所撰，务归简正，君举必书，纶言退布。五礼沿革，万机变通。祥瑞天之所祚于人主，灾异天之所诫于人主。理烛方策，撮而悉载之。节会仪注，烝尝制度，蕃客朝聘，自余诸事，永式是存。粗举大纲，临时之事，履行成常。聊标凡例，以示有之矣。关委巷之常，乖教世之要，妄诞之语，弃而不取焉。⑥

---

① 『日本三代実録』序。

② 坂本太郎「六国史」、『坂本太郎著作集第三巻　六国史』所収、吉川弘文館、1989 年、第 206－207 頁、(初出 1970 年)。

③ 『日本三代実録』序。

④ 学者出身的菅原道真深得醍醐天皇的信任和重用，升任右大臣，但也招致其他贵族、文人的嫉羡，以及左大臣藤原时平的警惕。延喜元年(901)正月二十五日，菅原道真以欲策划拥立齐世亲王为由，突然被贬，左迁。

⑤ 『日本三代実録』序。

⑥ 『日本三代実録』序。

由此可以看出,《三代实录》承继了其前的诸正史的编纂传统,并且在吸收了中国的起居注方法的同时,重视祥瑞、灾异、年中行事等方面的记述。

二、《文德实录》的灾害记录

《文德实录》记载的灾害,主要有地震、水害、风灾、疫病、旱灾、饥馑等。从灾害记事的叙述方式来看,大致有以下 4 种:

  ①仅简单地记录灾害名称。例如,"地震"、"雨水"、"大雨水"、"雷雨"、"大风"、"天寒雨雪"等。

  ②以简略的文字勾勒自然现象或灾害的实情。例如,嘉祥三年(850)五月癸卯条记载"雨雹,大如鸭卵",仁寿二年(852)七月癸巳条记录"暴风雨,伤禾稼",仁寿二年闰八月乙亥条记述"大风,发屋拔木",等等。

  ③灾害记事之后,附记编纂者选取该记录的缘由。例如,嘉祥三年五月己卯条的"大风,折木杀草,记灾也";齐衡元年(854)三月丁未条的"春寒殒霜,何以书之,记灾也";齐衡元年五月是月条的"甚寒,北山微雪,记灾也",等等。

  ④比较详细地记述破坏力强的自然灾害所造成的受灾程度。

上述 4 种灾害叙述方式,反映出《文德实录》编纂者依据受灾的程度,对灾害叙述采取详略不等的方针,而第③种的叙述方式则是《文德实录》之前的正史所不具有的。此外,《文德实录》的灾害记录,虽有地方灾害的记事,但多数是有关平安京灾害的记事。以下主要围绕地震、水害、疫病三种灾害加以叙述。

1. 地震

《文德实录》的记事中,地震是出现频率最高的自然灾害,每年都发生多次有感地震,尤其是首都平安京。但是有关平安京地震的记事,大多数是仅以"地震"或"地亦震"等寥寥文字简略叙述的。以下列举三例叙述稍详的地震记事。

①《文德实录》嘉祥三年(850)八月辛未条

  地震,从西北来,鸡雉皆惊。

该条记事没有记录地震给平安京造成的损害,说明地震的规模并不大。"从西北来"的具体含义不明,或许是指地震时西北方向有声。但是,"鸡雉皆惊"所述的动物反应,反映出当时的人们已经注意到地震与动物异常之间存在着关联。

②《文德实录》嘉祥三年十月庚申条

> 出羽国言上,地大震裂,山谷易处,压死者众。

该条记事是《文德实录》中唯一详述地方地震的记录。关于地处边境的出羽国在嘉祥三年出羽国大地震中的受灾情况,同年(850)十一月发布的文德天皇诏令也有言及,"邑居震荡","城栅倾颓",即作为律令制国家在边境设置的行政、军事中心的国府城栅在大地震中遭受了严重的破坏①。大地震的37年后,仁和三年(887),出羽国提出迁移国府的请求,其主要理由就是因为嘉祥三年大地震引起的地形变化,"去嘉祥三年,地大震动,形势变改,既成窪泥。加之,海水涨移,迫府六里所,大川崩坏,去隍一町,两端受害,无力隄塞"②。由此可知,大地震的影响不仅当时就造成地面的下沉泥状化,而且在地震之后,还出现海水逐渐逼近,河流溢出泛滥等现象。关于嘉祥三年出羽国大地震的震中,出于对史料的不同解读,学界存在日本海地震说、内陆地震说两种见解,在此赞同内陆地震说的解读③。

③《文德实录》天安元年(857)七月条

> 己亥(四日),雷雨。巽维有声,如雷四五度。辛丑(六日),乾
> 维有声,如雷五六度。又巽维时时有声,如雷。癸卯(八日),地大
> 震,乾巽两维有声,如雷。

该记事详细地记载了地震发生前及地震时的声响及其传来方向。由此显示出《文德实录》的编纂者对于地震现象的描述,已经不局限于地震当日的现象了,而是将地震前观察到的自然现象与地震相联,可以说平安时代对地震的认识更加深入化。

---

① 『日本文德天皇実録』嘉祥三年十一月丙申条。
② 『日本三代実録』仁和三年五月廿日癸巳条。
③ 山本武夫・松田時彦「嘉祥三年(八五〇)出羽国の地震」、荻原尊禮編著『続 古地震—実像と虚像』、第273—283頁。

2.水害

《文德实录》有关灾害的记事中,水害出现的频率仅次于地震。表1-12是平安京洪水及地方水灾的事例。

表1-12　平安京洪水及地方水灾事例表

年月	西历	雨情	出典	备注
嘉祥三年七月	850	大雨	嘉祥三年七月己亥条、九月丁酉条	大水。山崎桥断
仁寿元年八月	851	大雨水	仁寿元年八月己酉条、癸丑条、甲寅条	平安京及畿内五国水灾
仁寿二年七月	852	暴风雨	仁寿二年七月癸巳条	伤禾稼
齐衡元年七月	854	风雨	齐衡元年七月庚戌条	洪水泛滥
天安元年五月	857	霖雨	天安元年五月丙辰条、乙丑条	洪水泛滥。道、桥、堤受灾。
天安二年五月	858	大宰府大风暴雨	天安二年六月己酉条	建筑及农作物受灾
		连雨	天安二年五月甲戌条、乙亥条、庚辰条、辛巳条、壬午条	洪水泛滥。人员及道、桥受灾 河水颇滥
六月		雨	六月丁未是日条	

在此,就齐衡元年、天安元年及天安二年的水灾作进一步的梳理。

①齐衡元年(854)七月庚戌(二十七),平安京"暴风发屋拔木,须臾甚雨,洪水泛溢。当时有识甚有疑怪"①。从当时有识之人甚有疑怪的记载来看,此日的暴风与骤雨属于突发性的自然现象。

②天安元年(857)五月二十日,由于连日的霖雨,平安京中水溢;二十九日,"淫雨未霁,洪水泛滥,道桥流绝,河堤断决"②。五月适逢梅雨季节,阴雨连绵的天气是这一时期的自然现象,但是对于平安京来说,持续的降雨不仅造成京中的积水,而且也导致河流的水位涨溢,引发洪水,冲垮了道路、桥梁与河堤。

③天安二年(858)五月一日,九州岛遭遇大风暴雨,"官舍悉破,青苗朽失",

---

① 『日本文德天皇実録』齐衡元年七月庚戌是日条。

② 『日本文德天皇実録』天安元年五月丙辰条、乙丑条。

大宰府管内的九国二岛皆受到损伤①。十四日，平安京，"雨终夜不止"；十五日，阴雨不止，鸭川与葛野川两河同时泛滥，人马不通②。二十日，平安京再次降雨，"雨下如注，通宵不止"，此后的二十一日与二十二日，连日大雨，最终暴发洪水，"河流盛溢，水势滔滔，平地浩浩，桥梁断绝，道路成川"；东堀川水流入冷然院（天皇的别宫），"庭中如池"；平安宫内，左卫门阵的直庐（侍臣值宿房间）漂流水中，"公卿诸司百寮，各率僚下，或草履，或徒跣"，竞相奔赴水畔，掘土抵挡水流；池中养的观赏鱼也在水中浮荡；左京与右京也是受灾严重，被洪水"流死者众"；直至二十四日，霖雨才停止③。

从③事例可以看出，相比较地方的水灾，《文德实录》对于平安京水灾的记述相当详细，显现出《文德实录》以平安京为叙事中心的特点。另外，上述三事例再次说明了平安京洪水的重要诱因是骤雨、暴雨或霖雨，如若霖雨与暴雨、大雨叠加发生，则水灾的破坏力就会极强。

此外，水害也会引发疾病。例如，仁寿元年（851）五月至六月，畿内地区连雨不断，造成百姓的农业生产的损失，同时畿内五国的不少民众患染水病（水肿病），即"病水者"④。

3. 疫病

《文德实录》所载的有关疫病的记录并不多，其中疫病流行波及范围最广的是仁寿三年（853）的疱疮流行。

仁寿二年（852）十二月，五畿内七道诸国皆请僧侣读金刚般若经，"以资疫神"⑤。由此推测，至少在仁寿二年年底时，疫病就已开始传播、蔓延。至仁寿三年（853）二月，疱疮于平安京及地方诸国流行，患疱疮而病亡的人非常多。关于疱疮的种类，《文德实录》记述道："天平九年及弘仁五年有此疮患，今年复不免此疫而已"⑥。前已叙述，天平九年（737）流行的疱疮，或是天花，或为麻疹，因此仁寿三年的疱疮流行，是天花或麻疹的再流行。《文德实录》中，有关这场疫情的记事主要出现在仁寿三年六月之前，由此推测，疫情在五月底六月初时可能得到了控制。

---

① 『日本文德天皇実録』天安二年六月己酉条。
② 『日本文德天皇実録』天安二年五月甲戌条、乙亥条。
③ 『日本文德天皇実録』天安二年五月庚辰条、辛巳条、壬午条、甲申条。
④ 『日本文德天皇実録』仁寿元年六月甲辰条、丙午条。
⑤ 『日本文德天皇実録』仁寿二年十二月丁亥条。
⑥ 『日本文德天皇実録』仁寿三年二月是月条。

仁寿三年的疫病流行,使朝廷损失了不少有才干的官人,仅《文德实录》记载的病亡者就包括:大和守正五位下丹墀门成、大内记从五位下和气贞臣、备中守从四位上源安、参议正四位下左兵卫督兼近江守藤原助,等等①。此外,仁明天皇的八男成康亲王也是身染疱疮,不治而亡②。

三、《三代实录》的灾害记录

前引的《三代实录》序文所言的编纂方针中,有"灾异天之所诫于人主"之句,显示出《三代实录》编纂者重视灾异记录的特点。因此,六国史中,相比较其他正史,《三代实录》有关灾害的记载最为详细,记事数量也较多,达数百件。

《三代实录》所记载的灾害记录,包括地震、水害、旱灾、饥馑、殒霜、疫病、火山喷发、虫害等。由于篇幅的关系,无法逐一列举《三代实录》记录的每次灾害,并且有关水害、旱灾、饥馑等常发性灾害的记事特点与其他敕撰正史相异不大。另一方面,9世纪后半叶的日本列岛多次遭遇大地震、火山喷发等突发性灾害的袭击,因此,在此主要以大地震、火山喷发、疫病为中心加以阐述。

1.地震

《三代实录》叙述的自然灾害记事中,地震出现的次数最多,反映出9世纪后半叶的日本列岛处于地震活跃期,可以说是小震不断,大震频繁的状况。《三代实录》有关地震的记事,大多是仅记"地震"二字,但对部分大地震的发生,有较略详的记载。表1-13是《三代实录》③记载的大地震事例。

表 1-13　《三代实录》所记大地震事例表

年月	西历	灾情	出典	备注
贞观元年十月	859	地大震	贞观元年十月廿九日辛亥条	
贞观四年十一月	862	地大震动	贞观四年十一月三日丁卯条	
贞观五年六月	863	越中、越后等国地大震	贞观五年六月十七日戊申条	房塌,被压死者众

① 『日本文德天皇実録』仁寿三年三月壬子条、四月甲戌条、戊子条、五月戊午条。

② 『日本文德天皇実録』仁寿三年四月戊寅条。

③ 依据黑板胜美编『新订增補国史大系 4 日本三代実録』(新装版)(吉川弘文館、2000 年)。

续表

年月	西历	灾情	出典	备注
贞观六年	864	地大震动	贞观六年十月十二日乙丑条	
贞观十年七月	868	播磨国地大震动	贞观十年七月十五日丙午条	建筑损坏
贞观十一年五月	869	陆奥国地大震动	贞观十一年五月廿六日癸未条	海啸。溺死者约千人。
贞观十五年四月	873	地大震动	贞观十五年四月十四日戊申条	
贞观十六年十二月	874	地大震动	贞观十六年十二月廿九日癸未条	
元庆元年三月 十月	877	地大震 地大震	元庆元年三月十一日壬子条 元庆元年十月十七日甲申条	
元庆二年九月	878	关东诸国地大震裂	元庆二年九月廿九日辛丑条	房塌,地陷,被压死者众
元庆三年三月 十月	879	地大震动 地大震	元庆三年三月廿二日壬子条 元庆三年十月十四日庚午条	
元庆四年四月 十月 十二月	880	地大震 地大震 出云国地大震 地大震	元庆四年四月二日乙酉条 元庆四年十月十四日甲午条 元庆四年十月廿七日丁未条 元庆四年十二月四日癸未条、六日乙丑条、十二日辛卯条、廿二日辛丑条	余震不断。宫殿受损。宫墙、京中房屋倒塌
仁和二年六月	886	地大震	仁和二年六月十五日癸亥条	
仁和三年七月	887	地大震动	仁和三年七月卅日辛丑条	同日,五畿内七道诸国大震。海啸。余震不断。死伤无数

表中没有指明地点的地震,皆为平安京感受到的大震。《三代实录》记载的大地震中,贞观五年越中越后地震、贞观十年播磨地震、贞观十一年陆奥地震、元庆二年关东地震、元庆四年出云地震、仁和三年南海地震的破坏力最为强烈,

造成的损失也最为严重。

①贞观五年越中・越后地震

越中、越后二国皆位于北陆道,相当于现今的富山、新潟(不包括佐渡岛)二县。贞观五年(863)六月十七日,越中、越后等国"地大震,陵谷易处,水泉涌出",民宅受到冲击,许多人被压死在倒塌的房屋之下;之后,每日余震不断①。由于震中位置不明,因此学者们无法判明此次地震是陆域浅层地震还是日本海东缘部的地震。

②贞观十年播磨地震

贞观十年(868)七月八日,平安京地震动,"内外墙屋,往往颓破"②。七天后,七月十五日,播磨国的报告到达中央,"今月八日地大震动,诸郡官舍、诸定额寺堂塔皆悉颓倒"③。虽然《三代实录》没有记载人员的伤亡,但根据建筑物的损坏程度可以判断,七月八日的地震,其震中在播磨国,并波及平安京及其周边地区。大地震之后,余震不断,"小震不止"④。

贞观十年播磨地震的震中,曾经被推测为今兵库县姬路附近,但是1967年,位于播磨平原北部,沿但马山地南缘的走滑断层——山崎断层被发现,因此目前学界认为,贞观十年播磨地震是由山崎断层活动引发的⑤。

由于与平安京之间存在空间距离,因此地方官员的上报灾情奏文传递到京城需要一定的时间,但从《三代实录》先叙平安京灾情,后述地方受灾情况的灾害叙事结构,不仅可以看出史书的实录性,而且也体现出以人君举动及其周边为中心的编撰指向。

③贞观十一年陆奥地震

《三代实录》贞观十一年(869)五月二十六日条记载:

> 陆奥国地大震动。流光如昼隐映。顷之,人民呼,伏不能起,或屋仆压死,或地裂埋殪。马牛骇奔,或相升踏。城仓库、门橹墙壁颓落颠复,不知其数。海口哮吼,声似雷霆,惊涛涌潮,泝洄涨

---

① 「日本三代実録」貞観五年六月十七日戊申条。

② 「日本三代実録」貞観十年七月八日己亥条。

③ 「日本三代実録」貞観十年七月十五日丙午条。

④ 「日本三代実録」貞観十年閏十二月十日己亥条。

⑤ 藤田和夫「貞観十年の播磨の地震—山崎断層をさぐる」、荻原尊禮編著「古地震—歴史資料と活断層からさぐる」、第134—141頁。

长，忽至城下，去海数十百里，里不辨其涯，原野道路，总为沦溟，

乘船不遑，登山难及。溺死者千许，资产苗稼，殆无孑遗焉。①

通过史料记载可知，大地震发生时，出现地光现象，人无法站立，或被倒塌的房屋压死，或因地裂被埋；牛马等家畜惊恐狂奔，或相互踩踏；陆奥国府多贺城的仓库、门、橹（箭楼）、土墙皆倒塌，不计其数。此次大地震引发海啸，海水形成巨浪，越过海岸线，沿河川逆流而上，瞬间多贺城的城下变成汪洋，海啸造成数十百里的区域被淹，原野、道路被淹，溺死者约千人，资产、农作物也消失在海啸之中。

多贺城遗址位于仙台平原的东北端。仙台平原由七北田川、名取川、阿武隈川等河流的冲积平原及其南的仙台湾岸的海岸平原组成，平原的中心是仙台市。2011 年 3 月 11 日，发生日本东北地方太平洋海域大地震，并引发海啸。"3·11"东日本大震灾之后，许多人称之为贞观十一年陆奥大地震的再现。地质学者通过对东北地方太平洋侧的古海啸堆积物的调查、研究，确定贞观十一年陆奥地震是巨大的地震，推测震级为 8.6 以上及震后出现了地面沉降现象，并且从宫城县至福岛县的广大范围都受到海啸的波及，与 2011 年日本东北地方太平洋海域大地震的海啸浸水区域非常相近②。

④元庆二年关东地震

元庆二年（878）九月二十九日，关东地区的诸国遭遇大地震，"地大震裂"，特别是相模、武藏二国尤为更甚，其后的五、六天，余震不止，"公私屋舍一无全者，或地窪陷，往还不通。百姓压死不可胜记"③。相模国分寺的金色药师像、挟侍菩萨像等佛像也被震坏④。

这次地震被认为是以神奈川县中部至东京都中部为中心的内陆地震，震级 7 级以上，震源是神奈川县中部的伊势原断层⑤。

⑤元庆四年出云地震

① 『日本三代実録』貞観十一年五月廿六日癸未条。
② 澤井祐紀「東北地方太平洋側における古津波堆積物の研究」、『地質学雑誌』第 123 巻第 10 号、2017 年 10 月、第 819—830 頁。岡村行信「西暦 869 年貞観津波の復元と東北地方太平洋沖地震の教訓」、『Synthesiology』第 5 巻第 4 号、2012 年、第 234—242 頁。
③ 『日本三代実録』元慶二年九月廿九日辛丑条。
④ 『日本三代実録』元慶五年十月三日戊寅条。
⑤ 松田時彦「元慶二年（八七八）の相模・武藏地震」、荻原尊禮編著『続 古地震—実像と虚像』、第 155—167 頁。

元庆四年(880),自二月开始,平安京有感地震不断,十月十四日"地大震"①。10多天后,十月二十七日,出云国的报告抵达中央,出云国于十月十四日"地大震动,境内神社、佛寺、官舍及百姓居庐,或转倒,或倾倚,损伤者众",其后,直至二十二日,余震不止,每天白昼一二次,夜三四次,微微震动②。

同年十二月四日夜,平安京再次"地大震动":六日子时,平安京地大震动,自夜间至晨旦,震动16次,平安宫大极殿的西北隅基坛的长石八间破裂,宫城垣墙及平安京内的房屋倒坍甚多,受损无数③。翌日(七日),阴阳寮上奏:"地震之徵,合慎兵贼、饥疫",建言预防次生灾害的发生④。大地震之后,直至翌年(881)十二月,仍是余震不断。

关于发生在元庆四年十月十四日同一天的平安京地震与出云地震之间是否有关联,学界主要有两种假说,一是出云地震波及平安京地震;二是出云地震与平安京地震无关⑤。与此相应,同年十二月的平安京地震或是出云地震的余震,或与出云地震完全无关。

⑥仁和三年南海地震

仁和三年(887)七月三十日下午(申时),发生了南海大地震,平安京也是地大震动,《三代实录》记载的具体状况如下:

> 地大震动,经历数剋震犹不止。天皇出仁寿殿,御紫宸殿南庭。命大藏省立七丈幄二,为御在所。诸司仓屋及东西京庐舍,往往颠覆,压杀者众,有失神顿死者。亥时又震三度。五畿内七道诸国,同日大震。官舍多损,海潮涨陆,溺死者不可胜计。其中摄津国尤甚。夜中东西有声,如雷者二。⑥

据此可知,大地长时间地震动不断,甚至连光孝天皇都无法继续待在仁寿殿建

---

① 『日本三代実録』元慶四年十月十四日甲午条。
② 『日本三代実録』元慶四年十月廿七日丁未条。《三代实录》元庆三年(879)十月廿七日丁未条记载了相同内容,但由于元庆三年十月廿七日的干支实际上是癸未,因此学界认为元庆三年十月廿七日丁未条是错简。
③ 『日本三代実録』元慶四年十二月六日乙丑条。
④ 『日本三代実録』元慶四年十二月七日丙戌条。
⑤ 山本武夫・荻原尊禮「元慶四年の出雲地震—規模の見直し」荻原尊禮編著『古地震—歴史資料と活断層からさぐる』,第142—174頁。
⑥ 『日本三代実録』仁和三年七月卅日辛丑条。

筑之内,避难于紫宸殿的露天南庭,而且命令大藏省搭建帐篷,设置临时御在所。大地震造成诸官司的仓库建筑及平安京内的房屋处处坍塌,被压死者众多,亦有人因受惊吓而死亡,例如木工寮将领秦千本检校修造职院,恰逢地震,"惊恐地震,失神而死"①。

除了平安京以外,日本列岛的各地也都同时感受到大地震。畿内及七道诸国的官舍多遭损坏,加上地震的次生灾害海啸登陆,无数人被海水吞没溺死,其中摄津国受海啸之灾最为严重。大地震之后,余震频繁发生,其中不乏较大的余震,例如仁和三年八月五日,白昼已地震 5 次,然而至夜晚,又是大震,平安京的民众纷纷跑到房屋之外,居于街中②。平安京民众经历大震后,又在不断余震之中恐慌不安,地震对民众生活的巨大影响略见一斑。同年八月二十日,日本列岛又大范围遭遇大风洪水,有 30 余国先后受地震、洪水之重灾③。

仁和三年大地震被认为是巨大的南海海槽。考古学者在爱知县稻泽市地藏越遗址发现了 9 世纪后半叶的喷砂,由此地震学者提出仁和三年大地震存在南海地震与东海地震同时发生的可能性④。

2.火山喷发

9 世纪中期以后,不仅地震频发,而且日本列岛的火山活动也十分活跃。《三代实录》记录的火山喷发如表 1-14 所示。

表 1-14　《三代实录》所记火山喷发事例表

年月	西历	火山喷发	出典	备注
贞观六年五月	864	富士山喷发	贞观六年五月廿五日庚戌条、七月十七日辛丑条、八月五日己未条	湖中生物皆死,百姓房屋被埋
贞观九年正月五月	867	鹤见山喷发 阿苏山喷发	贞观九年二月廿六日丙申条 贞观九年八月六日壬申条	道路堵塞,鱼死无数
贞观十三年四月	871	鸟海山喷发	贞观十三年五月十六日辛酉条	鱼死,田地受损

① 『日本三代実録』仁和三年八月六日丁未条。

② 『日本三代実録』仁和三年八月五日丙午条。

③ 『類聚三代格』卷 17・赦除事・仁和四年五月廿八日詔。

④ 石橋克彦「文献史料からみた東海・南海巨大地震—1.14 世紀前半までのまとめ」,『地学雑誌』第 108 卷 4 号,1999 年、第 399—423 頁。寒川旭『地震の日本史』、中公新書、2007 年、第 52 頁。

续表

年月	西历	火山喷发	出典	备注
贞观十六年三月	874	开闻岳喷发	贞观十六年七月二日戊子条、廿九日乙卯条	禾稼枯损,鱼鳖死无数
仁和元年七月～八月	885	开闻山喷发	仁和元年十月九日庚申条	火山灰埋没田地
仁和二年五月	886	火山喷发	仁和二年八月四日庚戌条	安房国降火山灰,稼苗草木凋枯,马牛食之而亡。

《三代实录》编纂者对于火山喷发的编撰,包括地方国司报告的火山喷发情景、当地受灾状况,以及中央朝廷的占卜、奉神等应对举措。在此,仅以《三代实录》记载的地方报告为基本,拟择取若干火山活动之例叙述火山喷发状况。

①贞观六年富士山火山喷发。

贞观六年(864)五月,富士山火山喷发。在火山喷发10多天后,骏河国向中央报告了富士山喷发的情况:

> 骏河国言,富士郡正三位浅间大神大山火。其势甚炽,烧山方一二许里。光炎高廿许丈,大有声如雷。地震三度,历十余日火犹不灭。焦岩崩岭,沙石如雨,烟云郁蒸,人不得近。大山西北有本栖水海,所烧岩石流埋海中,远卅许里,广三四许里,高二三许丈。火焰遂属甲斐国堺。[①]

据此可知,火山爆发时,火焰高达二十多丈,声响如雷,同时伴有地震,并且沙石如雨降落,烟雾高温;富士山西北有本栖湖,熔岩流入湖中;火山爆发的火焰不仅在骏河国一侧,也燃烧至甲斐国境内。

富士山火山爆发两个月后,甲斐国也向中央报告了富士山喷发的状况:

> 骏河国富士大山,忽有暴火,烧碎岗峦,草木焦杀。土砾石流,埋八代郡本栖并划两水海。水热如汤,鱼鳖皆死。百姓居宅,

① 『日本三代実録』貞観六年五月廿五日庚戌条。

与海共埋,或有宅无人,其数难记。两海以东,亦有水海,名曰河口海,火焰赴向河口海、本栖、䂖等海。未烧埋之前,地大震动,雷电暴雨,云雾晦冥,山野难辨,然后有此灾异焉。①

甲斐国报告中的"海"是指由于火山活动而形成的湖。甲斐国的报告可以说是骏河国报告的补充,使人能够更加完整地了解火山喷发状况。即富士山喷发造成的土砾石流(熔岩流)不仅流入本栖湖,而且也埋入䂖湖中,同时无数民众的房屋也被埋没至湖底;一部分火焰、熔岩流奔向本栖、䂖两湖以东的河口湖;熔岩流埋入湖水之前,引发地震、雷电、暴雨、烟雾等现象。富士山的喷火持续达一年半以上,直至翌年(865)十二月仍然未停止②。

②贞观九年鹤见山喷发

鹤见火山位于九州东北部,是由鹤见岳、内山、大平山、伽蓝岳、鬼箕山等组成的火山群。根据《三代实录》的记载,鹤见山顶上有三池,平时三池水的颜色各异,一池泥水色青,一池色黑,一池色赤,但是贞观九年(867)正月二十日,"池震动,其声如雷,俄而如流黄,遍满国内。磐石飞乱,上下无数,石大者方丈,小者如甕。昼黑云蒸,夜炎火炽。沙泥雪散,积于数里。池中元出温泉,泉水沸腾,自成河流。山脚道路,往还不通。温泉之水,入于众流,鱼醉死者无万数。其震动之声经历三日"③。这是明记有关鹤见火山爆发的最早历史记录。

贞观九年鹤见山喷火被认为可能是伽蓝岳的喷发,属于地下水蒸气喷发,同时伴有土石流、火碎石落下等次生灾害④。同年(867)四月,因鹤见火山喷发,中央朝廷命令丰后国镇谢火男、火卖二神。由此推测,直至贞观九年四月,鹤见火山极有可能始终喷火。从上表可以看出,贞观九年五月,九州的另一火山,位于鹤见火山西南方向的阿苏山也发生了火山爆发,"十一日夜奇光照耀;十二日朝震动乃崩,广五十许丈,长二百五十许丈"⑤。

③贞观十三年鸟海山喷发

贞观十三年(871)五月,有关出羽国饱海郡的火山爆发的报告,自出羽国传

---

① 『日本三代実録』貞観六年七月十七日辛丑条。
② 『日本三代実録』貞観七年十二月九日丙辰条。
③ 『日本三代実録』貞観九年二月廿六日丙申条。
④ 藤沢康弘ら「九州北東部,鶴見火山の最近3万年間の噴火活動」、『地質学雑誌』第108巻1号、2002年1月、48—58頁。
⑤ 『日本三代実録』貞観九年八月六日壬申条。

递至中央朝廷,具体内容部分抄录如下①:

> 出羽国司言,从三位勋五等大物忌神社在饱海郡山上。岩石壁立,人迹稀到,夏冬戴雪,秃无草木。去四月八日山上有火,烧土石,又有声如雷。自山所出之河,泥水泛滥,其色青黑,臭气充满,人不堪闻。死鱼多浮,拥塞不流。有两大蛇,长各十许丈,相连流出,入于海口,小蛇随者不知其数。缘河苗稼流损者多,或浮浊水,草木臭朽而不生。闻于古老,未尝有如此之异,但弘仁年中山中见火。

据此可知,同年(871)四月,位于饱海郡的火山爆发,引发火山泥流等次生灾害,山上的积雪融化,青黑色的泥水,臭气冲天,污染着河川流域,人不堪闻,鱼死无数,农作物受灾严重,草木不生。由于饱海郡大物忌神社位于今山形县饱海郡鸟海山的山顶上,因此上述的贞观十三年火山喷发,一般认为是鸟海山喷发。从出羽国的报告内容可知,弘仁年间(810－824)时,鸟海山也发生过喷发,但规模及受灾程度都不及贞观十三年喷发之大。

④开闻山喷发

开闻山是位于鹿儿岛县萨摩半岛最南端的火山,分别于贞观十六年(874)、仁和元年(885)喷发。根据大宰府的报告,贞观十六年三月四日夜晚,"雷霆发响,通霄震动,迟明天气阴蒙,昼暗如夜,于时雨沙,色如聚墨,终日不止,积地之厚,或处五寸,或处可一寸余。比及昏暮,沙变成雨,禾稼得之,皆致枯损。河水和沙,更为卢浊,鱼鳖死者无数。人民有得食死鱼者,或死或病"②。大宰府的报告描述了火山喷发的状况,也陈述了火山灰降临,农作物枯损,河流污染,鱼鳖死亡,民众因食死鱼中毒而病或亡等次生灾害,但却没有提及喷发的火山名。然而,在《三代实录》记载的另一份相近时间的大宰府报告中,提及以下内容③:

> 大宰府言,萨摩国从四位上开闻神山顶,有火自烧,烟薰满天,沙如雨,震动之声闻百余里,近社百姓震恐失精。

---

① 『日本三代実録』貞観十三年五月十六日辛酉条。
② 『日本三代実録』貞観十六年七月廿九日乙卯条。
③ 『日本三代実録』貞観十六年七月二日戊子条。

该报告叙述了开闻山火山喷发的状况,即烟雾漫天,降落火碎沙石雨,民众惊恐。一般认为,大宰府的两份报告叙述的是同一次开闻山喷发[①]。因史料所限,贞观十六年的开闻山喷火何时停止,无法而知。

仁和元年(885)七月十二日,开闻山再次喷发,萨摩国"沙石如雨";十三日,开闻山其北的肥前国有火山灰降落,造成"水陆田苗稼、草木枝叶,皆悉焦枯",恰遇降雨,枯苗才得以挽救;八月十一日,开闻山又一次爆发,"震声如雷,烧炎甚炽,雨砂满地,昼而犹夜";翌日(十二日),辰时至子时,"雷电,砂降未止,砂石积地,或处一尺已下,或处五六寸上。田野埋瘗、人民骚动"[②]。开闻山的连续喷发对周边的农业生产及民众生活产生了极大的影响。

3. 平安京的灾害

与地方灾害信息依靠地方国司报告不同,首都平安京所遇的灾害,中央朝廷可以迅速掌握。《三代实录》记录的平安京灾害包括地震、风雨灾、水害、疫病、饥馑等。在此,就风雨灾、疫病流行略举二三例。

(1)风雨灾

根据《三代实录》的记载,平安京频频遭遇风雨灾,具体如表1-15。

表 1-15 《三代实录》记载平安京风雨灾害表

年月	西历	自然现象	出典	备注
贞观元年六月 八月 九月	859	雷雨大风 大风雨 大风暴雨	贞观元年六月廿二日条 贞观元年八月十二日条 贞观元年九月九日条、 十四日条、十八日条	折木发屋。 京师房屋被风坏损者多。 九日发屋折树
贞观二年七月 九月 十一月	860	大风暴雨 风雨 烈风暴雨	贞观二年七月廿一日条 贞观二年九月十五日条 贞观二年十一月十六日 条	平安京洪水
贞观三年七月	861	大风雨	贞观三年七月十一日条	
贞观五年十月	863	大风雷雨	贞观五年十月十五日条	
贞观七年六月 七月	865	大风雷雨 大风雨	贞观七年六月十六日条 贞观七年七月十七日条	房屋树木损坏 折树发屋

① 藤野直樹・小林哲夫「開聞岳火山の噴火史」、『火山』第 42 卷 3 号、1997 年 6 月、195—211 頁。

② 『日本三代実録』仁和元年十月九日庚申条。

年月	西历	自然现象	出典	备注
贞观八年八月	866	暴风雷雨	贞观八年八月廿三日条	
贞观九年九月	867	大风雨	贞观九年九月十四日条	折树发屋
贞观十一年七月 八月 十一月	869	风雨 大风暴雨 雷电风雨	贞观十一年七月十四日条 贞观十一年八月廿四日条 贞观十一年十一月三日条	折树发屋
贞观十四年三月 八月	872	大风雨 大风雨	贞观十四年三月十日条 贞观十四年八月四日条	民屋多被损坏
贞观十六年八月	874	大风雨	贞观十六年八月廿四日条	折树发屋,洪水,死者无数
贞观十七年七月	875	雷电风雨	贞观十七年七月十日条	拔树坏庐舍
元庆二年八月	878	大风雨	元庆二年八月十八日条	河水泛溢,颇损田地
元庆六年十二月	882	暴风雨	元庆六年十二月十七日条	
元庆七年三月	883	大风雨水	元庆七年三月廿七日条	
元庆八年正月 四月	884	暴风雨雹 大风雨	元庆八年正月四日条 元庆八年四月十四日条、十五日条	
仁和元年 闰三月	885	大风暴雨	仁和元年闰三月廿日条	
仁和二年三月 八月 十二月	886	大风雨电 大风雨 风雨惨烈	仁和二年三月八日条、十三日条 仁和二年八月七日条 仁和二年十二月十四日条	东寺塔遭雷击火烧。 洪水。
仁和三年八月	887	大风雨	仁和三年八月廿日条	拔树发屋,被压死者众。洪水泛滥

从上表可以看出,遭遇风雨灾时,风灾对建筑的破坏性较大,而雨水则可能造成平安京内的洪水。以下着重详述风雨引发的洪水之例。

①贞观二年(860)九月十四日,大风,吹折树木,平安京内的许多民众房屋都受到损坏。此日是否降雨,史料并没有记录,但是翌日(十五日)有如下记载①:

> 风雨未止,都城东西两河洪水,人马不通。诸国滨海之地,潮水涨溢,人畜被害。

根据"风雨未止"的记载,可以推测十四日时已有降雨过程。十五日,平安京的鸭川、桂川两河同时洪水,造成京内道路淹没,人与马车都无法通过。此次风雨灾的范围并不限于平安京,诸国的沿海地区也都遭遇潮水涨溢,民众与家畜都受灾。由此推断贞观二年九月的风雨似是受台风的影响。

②贞观十六年(874)八月廿四日,平安京遭遇了大风雨。大风吹折了树木,损坏了建筑。根据《三代实录》的记载可知,此次风雨造成了如下灾害②:

> a.平安宫内的知名植物,紫宸殿前的樱树、东宫的红梅树、侍从局的大梨树等树木皆被吹倒;
>
> b.平安宫内外的官舍,以及京内民众的房屋几乎没有不受影响的建筑,都不同程度地遭到损坏;
>
> c.平安京及其周边的河流暴涨七八尺,水流迅激,直冲城下,大小桥梁皆被冲垮;
>
> d.平安京内的朱雀大路的丰财坊门倒塌,守门的兵士及其妻子、孩子4人被压死;
>
> e.鸭川、桂川两河泛滥,河水荡荡,百姓及牛马被淹溺,死者不计其数;
>
> f.与度(宇治川、桂川、木津川三河交汇处,位于今京都市伏见区的西南)渡口周边的三十余家,以及山崎桥南的四十余家的房屋被洪水漂流,许多居住在屋中的人也随河流而被漂走。有一妇人带着两个小孩在小仓房中,门扇被河水冲下,妇人举手向岸上的人求救,人人号哭,想方设法救助,然而水势太汹涌,最终无

---

① 『日本三代実録』貞観二年九月十五日壬戌条。
② 『日本三代実録』貞観十六年八月廿四日庚辰条。

法解救,小仓房撞至桥柱,仓坏人亡。

与前述的嘉祥元年洪水相比,贞观十六年八月的洪水水位高度多出了六尺有余,其水势更为凶险[①]。除了平安京以外,其他诸国也遭受风水之灾,"邻河之乡,鼠居鸟树之上。滨水之地,鱼行人道之中。老弱没亡,不待其死。田园淹损,或破其生"[②]。从大风雨发生的时间来看,贞观十六年八月大风雨似乎也与台风有关。

③仁和三年(887)八月,处在仁和三年南海地震的频频余震之中的平安京,于二十日又遭遇大风雨。大风吹倒树木,吹坏房屋,平安京内的建筑多有倒塌,压死众多的民众;同时,鸭川、葛野川两河洪水泛滥,京内道路被淹没,人马不通[③]。此次风雨是否与台风有关,因史料所限,无法确定。但是地震与风雨灾,对于平安京的人们来说,可谓是灾上之灾,而6天后的二十六日,光孝天皇病逝。风雨灾与天皇逝去的记事,虽然存在偶然性,但也不排除《三代实录》编纂者有意识择取的可能性。

(2)疫病流行

清和、阳成、光孝三代天皇时期(859—887),平安京的疫病流行如表1-16所示,主要集中于贞观年间(859—876),疫病名是赤痢与咳逆病。

表 1-16　《三代实录》所记的平安京疫病流行

年月	西历	疫病	出典	备注
贞观三年八月	861	赤痢	贞观三年八月是月条	儿童多患染此病,死者众
贞观四年冬末~贞观五年春	862 863	咳逆病	贞观五年正月廿七条、三月四日条	平安京及各地,死者甚众
贞观六年	864	咳逆病	贞观七年四月五日条	天下患病
贞观十四年正月	872	咳逆病	贞观十四年正月廿日条	死亡者众

①赤痢,便血的痢疾[④]。即使在当今的日本,赤痢也被国家规定为需要预防

---

①　『日本三代実録』貞観十六年八月廿四日庚辰是日条。

②　『日本三代実録』貞観十六年十月廿三日戊寅条。

③　『日本三代実録』仁和三年八月廿日辛酉条。

④　隋・巢元方《诸病源候总论》卷十七・赤痢候:"此由肠胃虚弱,为风邪所伤,则挟热,热乘于血,则流渗入肠,与痢相杂下,故为赤痢"。

的传染病。贞观三年(861)八月,平安京及其周边的梨树、李树开花。不知是否与气候异常有关,就在八月,平安京流行赤痢传染病,尤其是 10 岁以下的儿童,染病者众多,许多人被传染后,不治而亡①。

②咳逆,是指咳嗽而气逆上,"咳病因肺虚感微寒所成,寒博于气,气不得宣,胃逆聚还肺,肺则胀满,气遂不下,故为咳逆"②。据此判断,平安京流行的咳逆病属于呼吸道传染病。贞观四年(862)冬末至贞观五年(863)春季,发生了全国性的流行咳逆病,平安京也不例外,病亡者众多。贞观四年冬末至贞观五年春的咳逆病流行原因不明,但是贞观五年春季少雨,三月至五月依旧天寒,并时有霖降或大风③。因此,咳逆病的流行似乎也与异常气候有关。从史料记载推断,贞观五年的咳逆病流行,似乎止步于春季。但是,贞观六年(864),再次出现"天下患咳逆病"④,或许贞观五年并没有完全控制住疫情。

贞观十四年(872)正月,平安京及其周边又一次开始流行咳逆病,病亡者众多。当时具有"摄行天下之政"地位的太政大臣藤原良房也染上咳逆病,自二月十五日起,从宫中的住处搬出,至自己的私邸,居家养病⑤。由于渤海国的使节于贞观十三年十二月抵达日本,因此当咳逆病流行时,当时的人们将咳逆病流行的源头指向渤海使节,平安京流传着"渤海客来,异土毒气之令然焉"的谣言⑥。显然,灾害不仅会连锁性地衍生出次生灾害,而且也会影响政治、对外关系等层面。

敕撰正史的六国史,其所载的灾害记事是中央朝廷所掌握的灾害信息的一部分。除了首都京城遭遇的灾害以外,地方上的灾害信息依靠地方国司的报告,对于发生在地方的小规模、小范围的灾害,如若国司不上奏的话,中央朝廷也就无法获知信息。又,即使地方报告了灾害,如若中央朝廷并没有发布相关诏书或下达应灾举措,则在以人君为中心的正史编纂时,也可能不被记录入正史之内。因此六国史所见的灾害并不是古代日本所遇灾害的全部。此外,六国史记述灾害的文言表现具有洗练性或定式性修辞的特点,例如在六国史中,"折

---

① 『日本三代実録』貞観三年八月是月条。

② 隋・巢元方《诸病源候总论》卷十四・咳逆候。

③ 『日本三代実録』貞観五年三月十五日丁丑条、四月十一日癸卯条、五月七日己巳条。

④ 『日本三代実録』貞観七年四月五日乙卯条。

⑤ 『日本三代実録』貞観十四年三月七日丁丑条。

⑥ 『日本三代実録』貞観十四年正月廿日辛卯是日条。

木发屋"一句常常被用来描述大风所造成的灾情,但今人仅从这四个字是无法了解或区分不同时间的不同风灾所造成的不同程度的灾害的。因此在研究古代灾害史时,史料的特点也是需要特别加以注意的。

第二章　日本古代国家的
应灾机制与应灾措施

　　大宝年间（701—703），大宝律令完成并实施，由此古代日本进入律令制国家体制。在律令制统治体系中，官僚体制是保障国家行政运转的主干，包括官僚机构、官人任用、评定升迁、给予体系等等。当遭遇灾害时，官僚机构成为中央和地方应灾体系的中枢。因此，在叙述古代国家的应灾机制之前，有必要对令制规定的官僚机构的基本组成作一简略梳理。

第一节　律令制国家的官制机构

　　律令制国家的官僚机构大致分为中央官僚机构与地方行政机构两大部分，其中，中央官僚机构由二官、八省、五卫府、一台等机构组成；地方行政机构则是国—郡—里三级机构①。

一、中央官僚机构

1. 二官

（1）神祇官

神祇官是掌管祭祀及其行政的机构。律令规定中，神祇官排列在太政官之前，由此显示出神祇信仰在国家统治理念中的重要地位。但在实际的官僚行政体系中，神祇官的地位是低于太政官的。神祇官设有伯（长官）、大副和少副（次官）、大祐和少祐（第三等官）、大史和少史（第四等官）。四等官之下设有神部和

---

① 灵龟年间（715—717），增加乡一级行政单位，地方行政变为国—郡—乡—里四级结构。天平十二年（740）左右，里一级行政单位被取消，地方行政再次恢复至三级结构，即国—郡—乡。

卜部,负责祭祀等杂务。

神祇官的主要职责是:"掌神祇祭祀、祝部神户名籍、大尝、镇魂、御巫、卜兆、总判官事"①。其中,"大尝"与"镇魂"是宫中神祇祭祀中的二祭祀,之所以在神祇官的职责中已有"神祇祭祀"之语,还要单列此二祭祀,是因为二祭祀与天皇有关,所谓"殊为人主,不及群庶"②。

(2)太政官

太政官是律令制国家的最高机构,总揽国政,被视为"社稷之镇守,国家之管辖","奉主命而施号令,退奸伪而进贤良,百官之所以法则,万民之所以瞻仰"机构③。太政官组织大致可以分为以下三个层次:

  a.审议国政的议政官组织,由太政大臣(1人)、左大臣(1人)、右大臣(1人)、大纳言(4人)构成④。

  b.秘书局性质的组织,由少纳言(3人)、大外记(2人)、少外记(2人)、史生(10人)构成⑤。

  c.事务局性质的左、右辨官局,由左右大辨(各1人)、左右中辨(各1人)、左右少辨(各1人)、左右大史(各2人)、左右少史(各2人)、左右史生(各10人)、左右官掌(各2人)、左右史部(各80人)、左右直丁(各4人)构成,具体负责议政官与诸司、诸国之间的行政事务联络等事务⑥。

2.八省

八省是太政官属下的行政机关。各省大多下设职、寮、司等官司。省、职、寮每一级官司均设有四等官职,即,省是卿(长官)、大辅和少辅(次官)、大丞和少丞(第三等官)、大录和少录(第四等官);职是大夫(长官)、亮(次官)、大进和少进(第三等官)、大属和少属(第四等官);寮是头(长官)、助(次官)、允(第三等

---

① 養老職員令。

② 『令集解』職員令・神祇官令解。

③ 『令集解』職員令・太政官令釈。

④ 庆云二年(705)以后,令外官中纳言成为议政官的成员。八世纪中叶以后,令外官参议也成为构成议政官的成员。

⑤ 少纳言职掌奏宣小事,请进内印,监视外印踏印等。大外记、少外职掌勘正诏书,勘造奏文,勘署文案,检出稽失等。史生职掌誊写、装潢公文等。

⑥ 左辨官局担当与中务、式部、治部、民部四省的事务联络,右辨官局担当与兵部、刑部、大藏、宫内四省的事务联络。

官)、大属和少属(第四等官)①。司一级的官职皆不设次官,只有正(长官)、佑(第三等官)、令史(第四等官)②。

各省的职掌分别如下:

(1)中务省,近侍天皇,掌管与天皇、后宫有关的事务,包括侍从、献替、宫中礼仪、审查诏敕文案、受纳上表、宣旨、劳问、监修国史、女官名帐、考课、叙位、诸国户籍、租调帐和僧尼名籍等。中务省的官职,除四等官以外,还设有职事官,包括内记(起草诏敕)、监物(监察出纳)、主铃(内印、驿铃、传符)、典钥(出纳的钥匙)等。中务省的下属机构有一职、六寮、三司:

一职　中宫职,担当与皇后有关的事务;

六寮　左(右)大舍人寮,指挥大舍人,侍奉天皇;

　　　图书寮,保管宫中图书,担当国史编纂;

　　　内藏寮,调度、保管天皇的宝物及日常用品;

　　　缝殿寮,主管女官及宫人的考课及衣服裁缝;

　　　阴阳寮,掌天文、气象,时间;

三司　画工司,负责宫中的绘画、彩色;

　　　内药司,负责宫中医疗;

　　　内礼司,负责宫中的礼仪,禁察违法行为。

(2)式部省,掌管文官的人事、培养、行赏等事务,包括文官的名帐、考课、叙位、任官、礼仪、论功封赏、朝集、学校等。"式部之任,务重他省",其中"铨衡人物,黜陟优劣"是其最重要的职责③。

式部省的下属机构有二寮,其中大学寮是培养官人的机构;散位寮则掌管散位即有位阶无官职者的名帐。

(3)治部省,掌管姓氏、继嗣、婚姻、祥瑞、丧葬、国忌、蕃客(外国使节)、僧尼等事务。治部省的官职,除四等官以外,还设有职事官即大解部和少解部,具体负责与氏姓、系谱有关的诉讼等事务。治部省的下属机构有二寮、二司:

二寮　雅乐寮,掌管宫廷音乐,包括文武雅曲、舞、杂乐,以及男女乐人、音声人名帐等;

　　　玄蕃寮,具体管理佛事及对外接待事务,包括掌管佛寺、僧侣名籍、供斋;朝廷接见外国使节的仪式、宴请,以及外国使节下榻馆舍的管

---

① 寮有大寮、小寮之分,小寮的第三等官为允;大寮的第三等官为大允和少允。

② 司有大司、中司和小司之分,中、小司的第四等官为令史;大司的第四等官为大令史和少令史。

③ 『続日本纪』和铜六年四月丁巳条。

理等；

二司　诸陵司,掌管天皇家陵墓及陵户名帐；

丧仪司,掌管丧葬仪式及用具。

(4)民部省,主管全国的民政事务,特别是财政事务的机构。据令文规定,民部省的具体事务,包括诸国户口名籍、赋役、家人、奴婢、桥道、津济、渠池、山川、薮泽、诸国田地等。民部省是掌管土地、户籍、租税等国家经济命脉的极其重要的官司,其长官、次官往往由熟悉实际事务的有力贵族担任。民部省的下属机构有二寮,即主计寮、主税寮。主计寮是中央财政预算机构。主税寮是主管国家财政收支,包括"仓廪出纳,诸国田租"[①],并监督检查地方财政收支。

(5)兵部省,掌管军政事务,包括武官人事,即武官的名帐、考课、叙位、任官,以及兵士名帐、差发兵士、兵器、仪仗、城隍、烽火等。兵部省的下属机构有五司：

兵马司,主管饲养官马的诸国牧、军马、邮驿以及公私牛马；

造兵司,负责兵器制造和兵器制作工匠的户籍管理等；

鼓吹司,负责训练军事或丧葬上的鼓角等事；

主船司,掌管全国的公私船只；

主鹰司,负责调教狩猎用的鹰、犬等。

从兵部省的五司的职掌可知,全国性的交通通信手段,如驿制、公私的牛马、船只以及烽火等,皆由该省负责。

(6)刑部省,负责审判、行刑的司法行政事务机构。刑部卿的职责范围包括：诉讼审理、判决、决疑案、判别良贱、囚禁等。刑部省的官职,除了四等官以外,还设有判事(确定疑犯的罪名、判定诉讼),解部(负责审讯、拷问疑犯)。

刑部省的下属机构有二司：一是赃赎司,管理犯罪者的赃物、赎物及没收的遗失物等；二是囚狱司,负责拘禁犯人、执行与监督刑罚。

(7)大藏省,管理国库物资的收纳与支出。"掌出纳、诸国调及钱、金银、珠玉、铜铁、骨角齿、羽毛、漆、帐幕、权衡度量、卖买估价、诸方贡献杂物等"[②]。大藏省内的官职,除了四等官以外,还设有主钥(出纳的责任者)、价长(检查物价的合理)、典履(掌管靴履·鞍具的制造)、典革(掌管革的染作)等职事官。大藏省的下属机构有五司：

---

① 養老職員令·主税寮条。

② 養老職員令·大藏省条。

典铸司,掌管铸造金、银、铜、铁、涂饰、琉璃、玉器以及工户户口名籍;

扫部司,掌管朝廷行事的会场准备;

漆部司,担当漆制品的制作;

缝部司,掌管官费衣服的缝制;

织部司,掌管锦、绫、䌷、罗等纤维品的织造及染色等。

(8)宫内省,负责宫廷所有庶务的机构,包括天皇和皇室的吃、穿、住、行。宫内省的下属机构为一职、四寮、十三司:

一职　大膳职,负责朝廷宴会的烹调;

四寮　木工寮,负责土木建筑;

　　　大炊寮,负责收纳诸国贡上的精米等谷类、分配粮食给诸司;

　　　主殿寮,负责殿舍、日用器具的管理;

　　　典药寮,负责官人的医疗及培养医师、种采草药;

十三司　正亲司,掌管皇亲名籍;

　　　　内膳司,负责天皇膳食;

　　　　造酒司,负责酒、醋的酿造;

　　　　锻冶司,负责金属器的制造和管理锻户;

　　　　官奴司,负责官有奴婢的管理与役使;

　　　　园池司,管理宫中苑池及种植供天皇食用的蔬菜、果树;

　　　　土工司,负责涂壁、造瓦、烧石灰等土工事;

　　　　采女司,管理采女;

　　　　主水司,掌管供天皇饮用的水、冰;

　　　　主油司,管理诸国贡上的油脂;

　　　　扫部司,负责宫中诸行事的会场布置、扫除;

　　　　笘陶司,管理莒陶器皿;

　　　　内染司,负责供天皇用的杂染。

3.五卫府

五卫府是朝廷的军事力量,共同担负天皇的近卫及宫城的守卫等职能。五卫府各设督、佐、尉、志四等官职[1]。

(1)卫门府,担当外门(宫城门)和中门(宫门)的警卫、礼仪,并掌管记载着

---

[1]　左兵卫府和右兵卫府四等官名称,大宝令与养老令所载不尽相同。大宝令是率(长官)、翼(次官)、直(第三等官)和志(第四等官)。而养老令是督、佐、尉、志。

被许可出入诸门的人名簿(门籍)和物的品名、数量的文书(门牓)。卫门府的下属机构是隼人司,掌管在朝廷勤务的隼人(九州南部的少数族)。

(2)左右卫士府,负责中门(宫门)和宫城内诸官衙的警卫,以及天皇行幸车驾的前后列仗等。

(3)左右兵卫府,负责天皇的近卫,例如内门(阁门)的警备,天皇行幸时车驾的左右守护等。

卫门府与左右卫士府的卫士,均来自于地方诸国军团的兵士,但是令制没有具体规定各国上京的卫士人数。兵卫府的兵卫,来自地方的郡司子弟.令制规定:"凡兵卫者,国司简郡司子弟,强干便于弓马者"①,左右兵卫府各拥有400人兵卫②。

4.弹正台

弹正台是日本律令制国家模仿唐代御史台而设置的肃正风纪、纠弹非违的官僚机构。令制下的弹正台组织结构是长官尹(1人),次官弼(1人),三等官大忠(1人)、少忠(2人),四等官大疏(1人)、少疏(1人),巡察弹正(10人),史生(6人),使部(30人),直丁(2人)③。其中,尹、弼,负责肃清风俗,弹奏内外非违事;大忠、少忠,掌管巡察内外,纠弹非违等事;大疏、少疏及巡察弹正是巡察内外,纠弹非违④。

弹正台的纠弹非违,其所及对象范围不只局限于官人,例如令制规定:"凡在京有大营造,役丁匠之处,皆令弹正巡行,若有非违,随事弹纠"⑤。平安时代以后,弹正台的职掌有所变化,如弼以下的官职,每月巡察京中,勘弹东西市、诸寺的非违以及客馆、路桥的破损污秽之处;忠以下的官职,每日纠察"宫城内外非违及污秽者"⑥。

中央官制中,除了二官、八省、一台以外,还设有左马寮、右马寮、左兵库、右兵库和内兵库。左右马寮各设头、助、允、属四等官,掌管饲养、调教官马的

---

① 養老軍防令·兵衞条。
② 養老職員令·兵衞府条。
③ 『令義解』職員令·弹正台条。
④ 关于"内外"的范围,尹、弼的职掌范围是京城内外,即"内者,左右两京。外者,五畿七道";大忠、少忠等的职掌范围是宫城内外,即"内者,宫城以内。外者,左右两京"(『令義解』職員令·弹正台条)。
⑤ 養老賦役令·营造条。
⑥ 『延喜式』弹正台式。『類聚三代格』卷四·加减諸司官員并廢置事·天长三年太政官符。

事务①。

令制下的兵库是管理朝廷兵库武器的官司。其中,左右兵库掌管仪仗及实战用的武器;内兵库则掌管天皇用的武器。左右兵库各设头、助、允、属四等官职;内兵库设正、佑、令史官职。

以上所述的中央官司之间,太政官虽位于八省、弹正台、卫府等诸官司之上,但并不是"所管——被管"的直接上下级隶属关系,而是因政务存在的"因事管隶"的统属关系②。

二、地方行政机构

1. 国司与郡司

前已叙述,律令制下的地方行政机构有国、郡、里。根据行政区域规模等要素,国有大国、上国、中国、下国之分。国的地方行政官(国司),由中央派遣,任期6年(后改为4年)。一般而言,每国的国司官职设有守、介、掾、目四等官,其中,大国,守1人,介1人,大掾1人,少掾1人,大目1人,少目1人;上国,守1人,介1人,掾1人,目1人;中国,守1人,掾1人,目1人;下国,守1人,目1人。国司(守)的职掌涵盖民政、裁判、征税、军事、交通、宗教等诸多方面,包括③:

祠社、户口簿帐、字养百姓、劝课农桑、纠察所部、贡举、孝义、田宅、良贱、诉讼、租调、仓廪、徭役、兵士、器仗、鼓吹、邮驿、传马、烽候、城牧、过所、公私马牛、阑遗杂物,及寺、僧尼名籍事。

国守每年须巡行一次其所管辖的诸郡,"观风俗,问百年,录囚徒,理冤枉,详察政刑得失,知百姓所患苦,敦喻五教,劝务农功",同时考察郡司的政绩等④。

国司所在的官衙——国府一般由国厅、曹司、国司馆、正仓院、国府厨、驿家

① 正史中亦见"马寮监"官名(『続日本紀』和銅四年十二月壬寅条),一般认为这是位于左马寮和右马寮之上,统一监管二寮的官职。
② 井上光貞ら編『日本思想大系3 律令』公式令補注11a,岩波書店、1976年、646—648頁。
③ 養老職員令・大国条。
④ 養老戸令・国守巡行条。

或国府津等设施构成①。其中，国厅作为国府的政务、礼仪空间，是举行日常政务、仪式、飨宴等场所；曹司是处理具体行政事务的官舍；国司馆是国司的居住空间；正仓院是国家性质的仓库群；国府厨是负责国府官人膳食的厨房；驿家是陆上交通的驿制的设施；国府津是水上交通的港口。国府设置在交通要道上，是律令制交通体系的组成元素，以便于中央与地方之间的信息传递。

国之下的郡，也有大郡、上郡、中郡、下郡、小郡之分②。各郡郡司的构成、定员和官位等，与其郡等级相关。其中，大郡，大领1人，少领1人，主政3人，主帐3人；上郡，大领1人，少领1人，主政2人，主帐2人；中郡，大领1人，少领1人，主政1人，主帐1人；下郡，大领1人，少领1人，主帐1人；小郡，领1人，主帐1人。大领和少领的职掌是"抚养所部、检察郡事"；主政负责"纠判郡内，审署文案，勾稽失，察非违"；主帐则职掌"受事上抄，勘署文案，检出稽失，读申公文"③。

郡司处于律令制国家官僚机构体系的末端。郡的行政长官（郡司），大多出自当地的地方豪族阶层。此外，根据律令制规定，诸国须向中央贡送兵卫或采女。兵卫或采女皆是郡司的子弟。这些兵卫或采女成为中央权威者与郡司（地方豪族）之间的直接联系通道，这也是9世纪以后的王臣家与郡司能够联合对抗国司统治的缘由之一④。

郡司的任期，律令制并没有明确规定，这似乎意味着是可以终身在任的。但实际上，郡司是10年左右一交替的⑤。郡司的每年勤务考评，由国司进行，评定结果以文书的形式呈送中央。

郡府所在的官衙，史料上称为郡家，而考古学者则称之为郡衙。根据史料和考古发掘，学界一般认为，郡家（郡衙）由郡厅、曹司、郡司馆、正仓院、厨、驿家等设施构成。其中，郡厅是郡家的政务、礼仪空间；曹司为处理具体行政事务的官舍；郡司馆是郡司的居住空间；正仓院是国家性质的仓库群；厨是负责郡家官

---

① 佐藤信「宫都・国府・郡家」，朝尾直弘ら編『岩波講座 日本通史』第4卷，岩波書店1994年，第115—145頁。

② 大郡下属20～16个里；上郡15～12个里；中郡11～8个里；下郡7～4个里；小郡3～2个里（養老戶令・定郡条）。

③ 養老職員令・大郡条。

④ 鐘江宏之「郡司と古代村落」，大津透等編『岩波講座 日本歴史』第3卷・古代3，岩波書店、2014年，第179—212頁。

⑤ 須原祥二「八世紀の郡司制度と在地」，『史学雑誌』第105卷第7号，1996年，第77—104頁、第159—160頁。

人膳食的厨房;驿家是驿制设施。郡家与国府一样,皆位于交通要道,是律令制交通体系的一部分。

国府和郡家作为地方官衙,是律令制国家对地方统治的可视性象征及行政空间,具有政治、财政、宗教·祭祀、文书行政、膳食供给、生产、交通等机能[①]。

前已提及,地方各国建有军团。由于兵部省是掌管有关兵士征发、武器管理等事宜的中央官厅,因此军团位于太政官—兵部省—国司—军团这一行政指挥体系的末端。平时由所在国的国司掌管。一个军团的兵士数最多可达1千人。军团的长官是大毅,次官是少毅。军团的下属建制是旅、队。即50名兵士编成一队,由一位队正(五十长)统领;一旅由二个队构成,由一位旅帅(百长)统领,二个旅设一位校尉(二百长)。此外,每一个军团还配置一名精通书、算的事务官职(主帐)。大毅、少毅出自当地的豪族层。兵士是征集的壮丁。

2. 京职、摄津职、大宰府

在律令制国家的地方行政设置中,京职、摄津职、大宰府是不同于其他诸国的行政机构。

(1)京职

京城作为天皇宫城的所在地,是王权统治的政治中心。掌管京城内的民政、征税、断案、治安等的行政机构是京职,分为左京职和右京职。以京内中央的南北大道——朱雀大路为基准,大道以东属左京职辖区,大道以西属右京职辖区。左京职和右京职各由大夫、亮、大进·少进、大属·少属四等官构成。令制规定,京职(大夫)的具体职责如下[②]:

> 掌左京(或右京)户口名籍、字养百姓、纠察所部、贡举、孝义、
> 田宅、杂徭、良贱、诉讼、市廛、度量、仓廪、租调、兵士、器仗、道桥、
> 过所、阑遗杂物,僧尼名籍事。

若与前述的国司职责相比,京职大夫的职责少了祠社、劝课农桑、鼓吹、邮驿、传马、烽候等内容,多了市廛、度量、道桥等事项。这是与京城所具有的都市性格

---

① 佐藤信「地方官衙と在地の社会」,佐藤信編『日本の時代史 4　律令国家と天平文化』,吉川弘文館 2002年,第145—179頁。

② 養老職員令·左京職·大夫条。

相适应的。由于朝廷所在,天皇及皇族、贵族所居,因此"兴崇礼教,禁断盗贼"①是左右京职大夫、亮的最重要的任务。根据《延喜式》可知,如若左右京职不禁止所管辖的京中百姓的"丧葬盛饰奢僭及淫祀之类"的旧习,就要受到弹正台的弹劾②。京职内,除了四等官以外,还设置坊令之职,每四坊设坊令一名,负责"检校户口、督察奸非、催驱赋徭"③。

为了保证京内的社会治安,左右京职各领兵士 200 余名。兵士以 20 人为 1 番,每番轮值 15 天,平常护卫宫城,巡查京内,纠察非违,抓捕犯人等,而天皇行幸之时,则"先驱驰道"④。

左京和右京各设一市,即东市和西市,由东、西市司分别管理市内的秩序,负责监督财货交易、器物真伪、度量轻重、买卖估价,以及纠察非法等事,市内一旦出现非违之事,市司有权捉捕、断罪,以保证"市廛不扰,奸滥不行"⑤。

(2)摄津职

摄津国管内的难波津是濑户内海航路的起点,也是流经大阪平原的大和川与淀川汇流的入海口,作为古代日本的海运与水运的交汇点,自古以来就是交通要冲,是律令制国家的重要港口。六世纪以后,倭王权不仅在难波设置了难波屯仓,而且还建造了接待外国使节的住宿设施等。大化改新后的孝德新王权也将宫都迁至难波。此外,天武十二年(683)十二月,天武天皇发布诏令宣布实施陪都制,在难波之地建造副都——难波宫⑥。

由于难波地区的历史地位非同一般,因此律令制国家对摄津国采取特别对待,准照京职建制,设置摄津职⑦,掌管这一地区的行政事务。与京职相同,摄津职由大夫、亮、大进・少进、大属・少属四等官构成。令制规定摄津职(大夫)的职责是⑧:

> 祠社、户口薄帐、字养百姓、劝课农桑、纠察所部、贡举、孝义、

---

① 養老考課令。

② 『延喜式』弾正台式。

③ 養老戸令・京条。

④ 『類聚三代格』軍毅兵士鎮兵事・延暦廿年四月廿七日太政官符。

⑤ 養老考課令。

⑥ 《日本书纪》天武十二年十二月庚午条:"凡都城宫室非一处,必造两参。故先欲都难波。是以百寮者各往之请家地"。

⑦ 延历十二年(793),随着难波宫的废弃,摄津职被取消,取而代之的是摄津国司。

⑧ 養老職員令・摂津職・大夫条。

田宅、良贱、诉讼、市廛、度量轻重、仓廪、租调、杂徭、兵士、器仗、
道桥、津济、过所、上下公使、邮驿、传马、阑遗杂物，检校舟具，及
寺、僧尼名籍事。

与国司和京职的职掌相比，津济（难波津）、上下公使（从难波津出入的外国使节）、检校舟具（难波津的官船）是摄津职独具的职掌。

（3）大宰府

九州地区是日本列岛与大陆交往的重要门户。八世纪中叶以后，大宰府成为"人物殷繁，天下之一都会"[①]，不仅是当地的政治中心，而且还是贸易、文化的汇合中心。在律令体制中，大宰府是规模最大的地方行政机构，主要掌管外交、军事及管辖九州地区的诸国、诸岛等事宜，素有"远之朝廷"的称呼[②]。大宰府的行政机构主要由主神（1人）、帅（1人）、大贰（1人）、少贰（2人）、大监（2人）、少监（2人）、大典（2人）、少典（2人）、大判事（1人）、少判事（1人）、大令史（1人）、少令史（1人）、大工（1人）、少工（2人）、博士（1人）、阴阳师（1人）、医师（2人）、算师（1人）、防人正（1人）、防人佑（1人）、令史（1人）、主船（1人）、主厨（1人）等组成。

大宰府的官人组成，与其他地方行政机构的不同点有：一是设有主神一职，掌管大宰府辖区内的诸祭祀事务；二是大宰府的长官大宰帅，根据位阶制的规定，是相当于四品亲王或从三位诸王、诸臣的官职。令制规定大宰帅的职掌如下[③]：

掌祠社、户口簿帐、字养百姓、劝课农桑、纠察所部、贡举、孝义、田宅、良贱、诉讼、租调、仓廪、徭役、兵士、器仗、鼓吹、邮驿、传马、烽候、城牧、过所、公私马牛、阑遗杂物，及寺、僧尼名籍、蕃客、归化、飨燕事。

其中，"蕃客、归化（移民）、飨燕（飨宴）"是与国家的对外关系及对外政策、方针有关的特殊职责。与之相应，大宰府也设有招待外国使节的客馆（筑紫馆）[④]。

---

① 『続日本紀』神護景雲三年十月甲辰条。
② 『万葉集』3－302。
③ 養老職員令・大宰府・帅条。
④ 九世纪以后，客馆（筑紫馆）改称为鸿胪馆。

根据上述官僚机构的设置及职掌可以看出,日本古代国家不存在专门应对灾害的常置机构。一旦灾害发生,需要各机构协同应灾。

第二节　律令制国家的应灾机制

一、信息传递机制

在律令制国家的应灾机制中,无论是灾害信息的上传,还是应灾措施的下达都需要借助信息传递体系实现。

1.行政公文的种类

前述的律令制国家设置的官僚机构,是构成官僚体制的部件。为了保障整个官僚体制的正常运转,各官僚机构通过之间行政文书联络,实现共同协调工作。

律令制国家的公文种类有诏书、敕旨、奏(论奏、奏事、便奏)、皇太子令、启、奏弹、飞驿(下式、上式)、解、移、符、牒、辞、位记(敕授位记、奏授位记、判授位记)、计会(太政官会诸国及诸司、诸国应官会、诸司应官会)、过所等。

(1)诏书、敕旨作为天皇的命令发布,具有绝对的权威性。根据《令义解》的释解,"临时大事为诏,寻常小事为敕"。在律令制国家的应灾体系中,不少言及灾害的天皇命令是以"敕"形式发布的,从中显示出古代日本灾害的常发性,而敕令的内容直接关乎社会与百姓的安危。

如前所述,中务省的职责之一是负责起草、审查诏敕文案,因此诏书、敕旨的起草是由中务省承担的。根据养老公式令的规定,一般情况下,诏书的作成流程是:近侍天皇的女官(内侍)向中务省传达天皇之意;中务省的内记官在天皇的御所起草诏书文本,起草完毕后,经天皇审定(御画),文本交中务省;中务省收到文本后,首先抄写一份,将原案存档,然后中务省的卿、大辅、少辅在抄本上署名,正式作为案文,押盖中务省印,送太政官;太政官接到案文后,太政大臣、左大臣、右大臣、大纳言在案文上署名,上奏天皇(覆奏),再次确认天皇的意志;天皇认可(御画可)后,文本返回太政官;太政官将原本存档,抄写诏书一份,向诸司、诸国发布诏书。太政官发布诏书的形式有二:对于中央官僚机构,是诏书并附上执行诏书之令的太政官符(盖太政官印);但对地方官衙则以太政官符形式下达,即引用诏书的太政官符(盖天皇御玺印)。

敕旨的发布方式与诏书相同,但是作成流程相对简单,无须天皇御画及太政大臣、左右大臣、大纳言等公卿的署名，也无须太政官的覆奏。

虽然存在天皇与太政官之间相互制约的确认与再确认的过程，但是诏敕的下达路径可以大略地归纳为天皇—太政官——诸司、诸国。

（2）奏是太政官上奏天皇，请求天皇裁可的文书。养老公式令规定，依据所奏之事的轻重，奏有论奏、奏事、便奏三种形式。大事为论奏[①]，中事为奏事，小事为便奏[②]。

（3）符是上级机构对其管辖下的下级机构下达的文书。其中，太政官下达中央各官司及大宰府、地方诸国司的文书，称为太政官符，简称"官符"。太政官符是仅次于天皇诏敕的中央行政命令。

（4）牒、辞、解是自下向上的上呈文书。其中，牒是四等官以上的官人向官衙提出的文书[③]。辞是不属于四等官的下级官人向官衙提出的文书。解是在具有统属关系的官衙之间，下级机构向其上级机构提出的文书，但在实际运用中，官人以解的形式向官衙提出文书的情况也很多。

（5）移是非上下统属关系的官衙与官衙之间的往来文书。例如，八省的省与省之间，诸国的国与国之间的往来文书。

由上述可知，中央朝廷与地方官衙之间的往来行政公文主要有太政官符（下达文书）、解（上呈文书）等，因此地方的灾害信息与朝廷的应灾措施也是通过这些行政文书实现上传下达的。

2. 中央与地方之间的驿传体系

中央朝廷与地方官衙之间的文书、信息传递，需要依靠中央与地方之间的交通体系。律令制国家的基本交通体系是以首都为中心，呈放射状向外延伸的通向地方诸国的道路交通网，其代表性的道路就是"七道"，即东海道、东山道、北陆道、山阴道、山阳道、南海道、西海道。各道上，每相隔一定距离就设置一驿家，故亦称驿路、驿道。

驿传制是模仿唐代驿传制而建立的律令制国家交通体制。奈良时代，除主干大道设置驿站外，在其他支路上也设置驿站。但平安时代以后，则基本上沿

---

① 养老公式令列举的论奏所及事宜包括大祭祀，支度国用，增减官员，断流罪以上及除名，废置国郡，差发兵马一百匹以上，用藏物五百端以上、钱二百贯以上、仓粮五百石以上、奴婢廿人以上、马五十匹以上、牛五十头以上。

② 养老公式令列举的便奏所及事宜有请进铃印及赐衣服、盐、酒、果食，并给医药。

③ 牒也用于僧纲、三纲与官衙之间的往来文书。

七道的主干道路设驿站。关于驿站的设置,有如下原则^①:

> 凡诸道须置驿者,每卅里置一驿,若地势阻险及无水草处,随
> 便安置,不限里数。

也就是说,除非特殊地形,基本上是三十里置一驿站。每一驿站设置驿长一人,从服务于驿站的驿户中挑选能干者担任。驿长受国司管辖。驿站均配有驿马,是朝廷使者往返于京城和地方诸国间所用的交通工具,即^②:

> 凡诸道置驿马,大路廿匹,中路十匹,小路五匹。使稀之处,
> 国司量置,不必须足,皆取筋骨强壮者充。

除了驿马以外,还有传马^③,二者的区别是"事急者乘驿(马),事缓者乘传马"^④。关于驿站及驿马、传马数,依据《延喜式》兵部省所规定的数字统计,平安时代日本,全国的驿站总数是 401,其中畿内 9,东海道 55,东山道 86,北陆道 40,山阴道 36,山阳道 56,南海 22,西海道 97;驿马的总数是 3486 匹,其中畿内 93,东海道 465,东山道 826,北陆道 203,山阴道 230,山阳道 954,南海道 110,西海道 605;传马的总数是 697 匹,其中东海道 170,东山道 221,北陆道 66,山阴道 75,西海道 165。

　　乘驿马或传马,都需要有许可证——驿铃(驿马)、传符(传马)。而拥有驿铃、传符发放许可权的机构,中央是太政官,地方是国司^⑤。令制规定"凡国有急速大事,遣使驰驿",所谓"驰驿"就是一日行十驿以上(返程亦同)^⑥,大约三百里

---

① 養老厩牧令。
② 養老厩牧令。
③ 关于传马,以往一般认为是国府与各郡、郡与郡之间联络时所用的交通工具,但近年来的研究表明,传马不仅是国府与所属各郡,郡与郡之间联络时所用的交通工具,而且也是朝廷与地方联系的主要交通工具之一。
④ 『令集解』公式令所引「穴記」。
⑤ 养老公式令规定,"凡在京诸司有事须乘驿马者,皆本司申太政官,奏给","凡诸国给铃者,大宰府廿口,三关及陆奥国各四口,大上国三口,中下国二口"。
⑥ 古代日本的驿传方式,事急时,除了驰驿以外,还有飞驿方式,即"每驿代人马往,不见行程"(『令集解』公式令所引「朱記」)。"事缓者乘传马",系指送递相对不急的文件时,一般采用一日八驿方式(返还六驿以下)。

以上，又规定"凡国有大瑞及军机、灾异、疫疾、境外消息者，各遣使驰驿申上"①。因此，自然灾害、疫病流行等灾害发生时，地方各国必须利用驿马，以最快的速度上报中央，以便中央朝廷掌握相关信息。

除了陆路驿站外，在河川之岸还设有水驿。水驿不配马，可根据具体忙闲状况，置船2～4艘，并随船配丁。但如果是水陆两用的驿站，则船马并置。此外，还存在津渡，配置舟船，以运送过往者与货物，如尾张、美浓两国的界河墨俣河，就设有津渡，置有渡船。又如，延历四年（785）三国川开通后，山崎津（港）成为山城、河内、摄津三国之间的淀川水运要津，"自西自东自南自北往返之者，莫不率由此路"②，或曰"往返于山阳、西海、南海三道之者，莫不遵此路"③。

以上是律令制国家设置的信息传递体制的概况。现以天长七年（830）出羽地震为例，叙述灾害发生后信息传递实态。

前已叙述，天长七年（830）正月三日，出羽国秋田城发生大地震后，镇秋田城国司藤原行则在地震当日就书写了向上级报告灾情的牒文。然而，藤原行则的牒文尽管是以驰驿方式传递的，但到达中央朝廷的时间却是天长七年正月二十八日，途中经历了20余日。《类聚国史》记载④：

> （天长七年正月）癸卯（廿八日），出羽国驿传奏云：镇秋田城国司正六位上行介藤原朝臣行则，今月三日酉时牒称，今日辰刻，大地震动。（中略）夫边要之固，以城为本，今已颓落，何支非常，仍须差诸郡援兵，相副见兵备不虞者。臣未审商量，事在意外，仍且差援兵五百人配遣，准今驰驿言上。但损物色目细录追上。

藤原行则牒文有关灾情的内容，第一章已有引用，在此不再赘述。接到藤原行则牒文之后，淳和天皇特别派遣使臣前往灾区，并于同年（830）四月二十五日，发布有关出羽国地震的诏令，对严重灾情表示关切，自责治政有亏，并指示救援措施⑤：

---

① 養老公式令。
② 『本朝文粹』第九·詩序二·（江以言）見遊女詩序。
③ 『朝野群載』卷三·文筆下·遊女記。
④ 『類聚国史』卷171·地震·天长七年正月癸卯条。
⑤ 『類聚国史』卷171·地震·天长七年四月戊辰条。

　　诏曰,朕以菲昧、祇膺瑶图,黉畏三灵,忧勤四海,景化未孚,
皇猷尚郁,咎徵之喷,不招而臻。如闻,出羽国地震为灾,山河致
变,城宇颓毁,人物损伤,百姓无辜,奄遭非命。诚以政道有亏,降
斯灵谴,朕之寡德,惭乎天下。静念厥咎,甚倍纳隍。夫汉朝山
崩,据修德以攘灾,周郊地震,感善言而弭患。然则,剋己济民之
道,何能不师古哉。所以,特降使臣,就加存抚。其百姓居业震陷
者,使等与所在官吏议量,脱当年租调,并不论民夷,开仓廪赈,助
修屋宇,勿使失职。压亡之伦,早从葬埋。务施宽恩,式称朕意。

上述的藤原行则书写牒文—驰驿呈送抵京—淳和天皇发布诏令的过程,显示出
灾害信息由地方到中央,应灾措施从中央反馈到地方的上传下达的基本信息传
递通道。即,第一,当大灾害发生后,当地的地方国司第一时间以牒文方式写向
中央朝廷报告灾情,内容包括财物损失、人员伤亡等信息;第二,牒文完成后,利
用驿传体系的驰驿,以最快的速度将牒文传递至京城;第三,朝廷接到地方国司
的有关灾情的牒文之后,通过太政官的议政官讨论应灾措施,然后上奏天皇;天
皇最后确定派遣特使及赈给等措施,以诏敕的方式由太政官下达地方。

　　依据信息传递通道节点,对天长七年出羽地震时的藤原行则牒文传递时间
可作如下梳理:

　　　　①"今月三日酉时牒称",即牒文完成于天长七(830)年正月
　　三日傍晚时分。
　　　　②"(正月)癸卯(廿八日)出羽国驿奏云",表明正月二十八
　　日,出羽国通过驰驿传递的牒文抵达了朝廷。
　　　　③"四月戊辰(廿五日),诏曰",反映出朝廷对藤原行则牒文
　　作出最终回应的时间是四月二十五日。

大地震发生于正月三日的上午(辰刻),当日傍晚牒文完成,说明藤原行则遵守
职责,第一时间向中央报告灾情。牒文从正月三日傍晚至正月二十八日抵达首
都平安京,相隔 25 天;而从正月二十八日至四月二十五日,中间相隔近三个月。
前已叙述,天长七年出羽地震造成山崩地裂、河水泛滥,而且震后风雪相并、余
震不止,据此可以想象,出羽国的各驿站在震灾中遭受到不同程度的破坏,因此
在交通不畅通的情况下,25 天是藤原行则牒文从震后秋田传递至平安京的最快

速度。与之相比,中央朝廷接收到藤原行则牒文后,直至出台应灾措施,则是花费了较长时间。

中央朝廷确定应对措施较慢的现象,在其他大地震时也曾出现。例如,嘉祥三年(850)出羽地震,《文德天皇实录》没有明记地震发生的具体时间,但同年十月中旬,中央朝廷得到了出羽国报告地震灾情的牒文,而中央朝廷应对措施的宣布,则是事隔一个多月,于十一月二十三日才发布文德天皇的诏令①。又如,贞观十一年(869)陆奥地震发生于五月二十六日,虽然陆奥国报告灾情的牒文到达平安京的时间不详,但直至九月七日,中央朝廷才派遣"陆奥国地震使",十月十三日发布清和天皇的有关陆奥地震的诏令,显然从地震发生至中央朝廷派遣特使,时间长达三个月,而从派遣特使至诏书发布,时间又隔了一个月②。

对于日本古代国家来说,出羽国、陆奥国都是面向少数族虾夷的边塞重镇,距离政治中心的平安京路途遥远,加之地震必然影响受灾地区的驿传制机能,因此地方报告灾情的牒文其传递费时长是可以理解的,但中央朝廷的应对措施出台及天皇的诏书发布却存在时间上的相对延迟,似乎反映出中央朝廷对于发生在边疆的自然灾害的无能为力。

二、中央官僚机构的应灾机能

当灾害发生时,中央官僚机构的应灾机能是由若干机构共同协调来实现的,其中关联性比较密切的机构包括太政官、神祇官、民部省、阴阳寮、典药寮等③。此外,朝廷可能也会临时任命"使"前往受灾地区处理相关事宜,如贞观十一年陆奥地震,中央朝廷任命从五位上的纪春枝为"陆奥国地震使",以及判官1人、主典1人④。在此主要以太政官、阴阳寮、典药寮为例阐述中央官僚机构的应灾机能。

1. 太政官

如前所述,太政官是律令制国家的政治中枢机构,统领律令制国家的总务,应对灾害事宜自然也在其职责范畴之内。太政官不但是应灾措施的决策机构,而且也是承上启下者,将灾情与地方请求上呈天皇,同时又将天皇的指示下达

---

① 『文德天皇実録』嘉祥三年十月庚申条、十一月丙申条。

② 『日本三代実録』貞観十一年五月廿六日癸未条、九月七日辛酉条、十月十三日丁酉条。

③ 如后所述,律令制国家的应灾措施中,常有奉币神祇祈愿和赈给受灾地区或受灾民众,前者的执行与神祇官,后者的执行与民部省密切相关。

④ 『日本三代実録』貞観十一年九月七日辛酉条。

至相关中央机构和地方国司。作为与应灾关系最密切的国家行政机构，体现太政官应灾机能的实例殊多，现仅举一例，即天平九年（737）疱疮大流行时，六月二十六日，太政官向东海、东山、北陆、山阴、山阳、南海等诸道诸国司发布了太政官符，内容是"合卧疫之日治身及禁食物等事七条"，具体抄录如下[①]：

一　凡是疫病名赤班疮。初发之时，既似虐疾，未出前，卧床之苦或三四日，或五六日。疮出之间，亦经三四日。支（肢）体府藏，太热如烧。当是之时，欲饮冷水^{固忍莫饮}。疮入欲愈，热气渐息，痢患更发，早不疗治，遂成血痢^{痢发之时，或前或后，无有定时}。其共发之病，亦有四种，或咳嗽^{志夫岐}，或呕逆^{多麻比}，或吐血，或鼻血。此等之中，痢是最急。宜知此意，能勤救治。

一　以肱巾并绵，能勒腹腰，必令温和，勿使冷寒。

一　铺设既薄，无卧地上。唯于床上，敷箦席得卧息。

一　粥饘并煎饭粟等汁，温冷任意，可用好之。但莫食鲜鱼完（丸）及杂生果菜。又不得饮水吃冰。固可戒慎。其及痢之时，能煮韭葱可多食。若成赤白痢者，糯粉和八九，沸令煎，温饮再三。又糯糒、粳糒以汤饘食之。若有不止者，用五六度，无有息缓^{其糒春碎，勿令全粗}。

一　凡此病者，定恶饭食，必宜强吃。始从患发，炙火海松并捣盐屡含口中。若口舌虽烂，可用良之。

一　病愈之后虽经廿日，不得辄吃鲜鱼完（丸）、生果菜，并饮水及洗浴、房室、强行、步当风雨。若有过犯，霍乱必发，更亦下痢，所谓势发^{更劲之病，名曰劳发}。俞附扁鹊，岂得禁断。廿日以后，若欲吃鱼完（丸），先能煎炙，然后可食，余干鲣坚鱼之类，煎否皆良^{干腊赤好}。但鲭及阿迟等鱼者，虽有干腊，慎不可食^{年鱼者，煎炙不可食}，其苏蜜并豉等不在禁例。

一　凡欲治疫病，不可用丸散等药。若有胸热者，仅得人参汤。

以前，四月已来，京及畿内悉卧疫病，多有死亡。明知诸国百姓亦遭此患，仍条件状，国传送之，至宜写取，即差郡司主帐以上

---

① 『類聚符宣抄』第三・疾疫・天平九年六月廿六日太政官符。

> 一人充使,早达前所,无有留滞。其国司巡行部内,告示百姓。若
> 无粥饘等料者,国量宜赈给官物,具状申送。今便以官印印之,符
> 到奉行。

上述7条内容非常具体,不仅叙述患染疱疮之后的各种病状,也包括患者的起居指导、食疗方案及各禁忌注意事项等,而且指示国郡司将太政官符的内容广泛告知辖内的百姓,以帮助患者尽早康复,减少疫病流行所造成的损失。由此可见,在灾害发生之时,太政官作为国家的行政中枢,通过太政官符将中央所掌握的应灾知识及信息,自上而下地共享给地方的国郡司,以提高医疗水平及医疗条件都比不上首都的地方的应灾能力,从而达到中央指导、支持地方抗灾的目的。

2. 阴阳寮

隶属中务省的阴阳寮,其长官阴阳头的职责是"掌天文、历数、风云气色,有异密封奏闻事"①。因此,可以说阴阳寮被赋予了通过卜筮及天文历数的推算等手段,预测灾异或解释灾异原因的防灾、应灾职能。以下通过若干事例略见阴阳寮在国家防灾中的作用。

a. 承和九年(842)五月,由于出现"物怪"现象,阴阳寮受命卜筮,结果是"疫气告咎";于是,仁明天皇敕令:"五畿内、七道诸国及大宰府,敬祭疫神,以御咎徵也",也就是命令全国各地做好预防疫病的祭神事宜②。

b. 承和十五年(848)六月,阴阳寮预言当年将有秋雨灾害,如若不预防,则会影响同年农作物的收成;于是仁明天皇敕令"五畿内、七道诸国,奉币于名神,以防止雨害"③。

c. 贞观五年(863)三月,出现春旱、霜降,阴阳寮卜筮可能会发生全国性疫病流行。为了防止疫病流行的发生,清和天皇诏令各国念诵佛经,所谓"夫销祸者能仁无上之法,招福者大乘不二之德,宜仰诸国,以安居中,讲说经王"④。

d. 贞观九年(867)正月,神祇官、阴阳寮同时预言疫病流行,即"天下可忧疫疠",为此中央朝廷命令五畿七道诸国转读《仁王般若经》,"并修鬼气祭",预防

---

① 養老職員令·陰陽寮。
② 『續日本後紀』承和九年五月庚申条。
③ 『續日本後紀』承和十五年六月丁酉条。
④ 『日本三大実録』貞観五年三月十五日丁丑条。

疫病流行①。

　　e. 贞观十三年(871)十二月，因当年是暖冬，"众木冬华"，而"昔有此异，天下大疫"，阴阳寮预测翌年(872)可能会有疫病流行；于是，朝廷命令地方诸国祭祀当地之神，并于国分寺、国分尼寺转读佛经，有意识地采取防止灾害发生措施②。

　　f. 贞观十七年(875)十一月，阴阳寮依据《黄帝九宫经》推算出贞观十八年(876)为三合(大岁、客气、太阴)年，并上奏道："《黄帝九宫经》曰，毒气流行，水旱摄并，苗稼伤残，灾火为殃，寇盗大起，兵丧疾疫竞并起。实是虽当五行之理运，而弭灾之术，既在祈祷，夫祸福之应，譬犹影响，吉凶之变，慎与不慎也。当此时，人君修德施仁，自然销灾致福"；根据阴阳寮的奏文，朝廷以清和天皇诏书颁布天下，"令读般若心经，既免其灾，即是本朝之殷鉴也"③。

　　除了建言防灾以外，当灾害发生后，由阴阳寮的卜筮，结果也会直接影响朝廷的应灾措施。例如，贞观六年(864)富士山火山爆发时，同年八月五日，朝廷下文甲斐国国司④：

> 　　骏河国富士山火，彼国言上。决之著龟云，浅间名神祢宜祝
> 等不勤斋敬之所致也。仍应镇谢之状告知国讫，宜亦奉币解
> 谢焉。

据此可知，中央朝廷接到骏河国有关富士山喷发的报告后，由阴阳寮卜筮，结果是因为慢待了浅间明神，故而导致火山喷发。于是，中央朝廷指示甲斐国国司奉币祭祀浅间明神，请求神停止火山喷发。

　　关于卜筮的权威性，承和十一年(844)八月，在中央政治核心层曾经有过议论。当时，世间出现"物怪"，阴阳寮的卜筮结果是"先灵之祟"所致，但由于嵯峨天皇(786－842)在世时，曾反对每有灾异等怪事，动辄归因于先灵作祟的做法，因此群臣之间出现信奉龟筮之辞，还是遵循嵯峨遗诫的争论，最终的结论是以"卜筮所告，不可不信，君父之命，量宜取舍"之理，遵信龟筮之辞⑤。此次争论与

──────────

① 『日本三大実録』貞観九年正月廿六日丁卯条。

② 『日本三代実録』貞観十三年十二月十四日乙卯条。

③ 『日本三代実録』貞観十七年十一月十五日甲午条。

④ 『日本三代実録』貞観六年八月五日己未条。

⑤ 『続日本後紀』承和十一年八月乙酉条。

当时的各政治势力之间的较量有着密切的关联,但也反映出卜筮对于当时人们的灾害认知起着不可低估的作用。也就是说,阴阳寮及其技术官人(阴阳师等)是律令制国家防灾应灾体系的重要组成部分。

除了阴阳寮以外,神祇官也可以进行占卜。例如,贞观十四年(872)七月,骏河国出现蛇吞佛经之异事,于是神祇官占卜预言,当年冬或翌年春,骏河国将"有失火、疫疠之灾",由此朝廷命令骏河国的国司镇谢神祇[1]。

令制规定中,设置阴阳师的机构有中务省和大宰府,因此大宰府虽为地方机构,但也可以举行卜筮。例如,贞观六年(864)十月三日夜,位于九州的阿苏山开始喷发,"有声震动,池水沸腾空中,东南洒落。其落东方者,如布延缦,广十许町,水色如浆黏着草木。虽经旬日,不消解";或是受火山喷发的影响,同一天的夜晚,比卖神岭的三尊高四丈许的石神像,有二尊石神像崩塌;于是大宰府以龟甲卜筮,结果是"应有水疫之灾",预测火山喷发后,将有水害和疫病等次生灾害,反映出卜筮在预防灾害连发方面的作用[2]。

3. 典药寮

隶属宫内省的典药寮,除了以典药头为首的四等官以外,还有医师10名、医博士1名、医生40名、针师5名、针博士1名、针生20名、案(按)摩师2名、案(按)摩博士1名、案(按)摩生10名、咒禁师2名、咒禁博士1名、咒禁生6名、药园师2名、药园生6名等专业技术人员。其中,医博士、针博士、案(按)摩博士、咒禁博士分别选自医师、针师、案(按)摩师、咒禁师中的优秀者,其职责分别是教授医生、针生、案(按)摩生、咒禁生。另一方面,典药寮长官典药头的职责是"掌诸药物,疗疾病及药园事"[3]。因此,典药寮是集诊治疾病、栽培。采制草药、培养医学人才的专门机构。

由于天皇、后妃、东宫的诊疗是由中务省的内药司担任的,因此典药寮作为宫内省的下属机构,其诊疗对象主要是五位以上的官人。令制规定,五位以上官人及致仕者,若患染疾病且奏闻,则典药寮"遣医为疗","量病给药"[4]。此外,典药寮每年"量合伤寒、时气、虐.利、伤中、金创、诸杂药以拟治疗"[5]。由此,典药寮的职责有二:一是诊治五位以上官人的疾病;二是每年采集草药,制作治疗

[1] 『日本三代実録』貞観十四年七月廿九日丁酉条。
[2] 『日本三代実録』貞観六年十二月廿六日己卯条。
[3] 養老職員令・典薬寮条。
[4] 養老医疾令。
[5] 養老医疾令。

伤寒、流行疾疫、疟、痢、腑脏之疾、刀剑之伤以及其他诸病之药。

典药寮虽是以服务中央官僚机构的上级官人为主的医疗机构,但每当疾疫流行之时,也会奉旨参与救治活动,提供预防或治疗方案等,发挥防病、治病的指导作用。有关典药寮参与救治病疫的具体史料所见不多,但是《续日本纪》记载了天平胜宝八岁(756)四月,平城京及畿内疹疾流行时,典药寮医师受命与禅师、官人共同救治染患疹疾之人①。又,《朝野群载》记载了天平九年疱疮大流行时,典药寮提出的疱疮治方勘文,具体如下②:

　　典药寮勘申　疱疮治方事
　　伤寒后禁食
　　　勿饮水损心胞掌灸不能卧
　　　大饮食,病后致死
　　　又勿食肥鱼、腻鱼鲙、生鱼类、鲤鲔虾蛆鲭鲹年鱼鲈,令
　　　泄痢不复救
　　　又五辛食之,目精失不明。又诸生菜菓菁上为热蛚
　　　又生鱼食之勿酒饮,泄利(痢)难治。又油脂物,难治
　　　又蒜与鲙合食,令人损。芷与鲙合食,病后发
　　　又饮酒,阴阳复病,必死。食生药(菜),阴阴复病,死
　　　病愈后大忌,大食、饮酒,醉饮水汗出无忌
　　伤寒豌豆病治方
　　　初发觉欲作,则煮大黄五两服之
　　　又青木香二两,水三升,煮取一升,顿服。又取好蜜通身
　　　麻子疮上
　　　又黄连三两,以水二升煮取八合,服之。又小豆粉和鸡
　　　子白,付之
　　　又取月(奶)汁,水和浴之
　　　又妇人月布拭小儿
　　豌豆疮灭瘢
　　　以黄土末涂上　又鹰矢粉土干和猪脂涂上　又胡粉付

①　『続日本紀』天平勝宝八歳四月壬子条。

②　『朝野群載』巻21・雑文上・凶事。

　　上　又白蠟末付之　又蜜付之

右依　宣旨勘申

　　天平九年六月　　日　　　　　　　　　　　　　　　　　　头

　　该典药寮勘文与前述的天平九年六月二十六日太政官符"合卧疫之日治身及禁食物等事七条"几乎是同时期的文书,后者是在前者内容基础上而作成的,二者的治方都可看到中国医学的影响①。关于伤寒,《令义解》的解释是"伤寒者,冬伤于寒即病者也"②,但有学者认为典药寮勘文所言的伤寒实际上是热病的总称③。天平九年典药寮勘文由三部分构成,一是伤寒治疗法,主要是关于患病时的饮食要求,特别是戒饮酒和油脂食物;二是伤寒疱疮治疗法,主要是药物治疗,涉及的药物有大黄、青木香、黄连、蜜、小豆粉、人乳汁等;三是疱疮瘢痕治疗法,提出药物敷贴法。其中,疱疮瘢痕治疗法不见天平九年六月二十六日太政官符中,显然瘢痕治疗法不是面向普通民众需求的。当疫病流行时,典药寮提供的治疗疫病药方,对于国家的疫病控制措施来说,无疑发挥着重要作用。对于医疗条件都比不上首都的地方而言,无疑是具有指导作用的。

　　不过,与天平九年六月二十六日太政官符中出现的人参汤同样,典药寮勘文的治疗方法,也有不少贵重药材或食材,如青木香、好蜜等。因此,除了皇族、贵族、殷实之家以外,下级官人及庶民是难有经济实力照方配药自治的。也就是说,在古代日本,面对同样的疫病,不同阶层之间存在着医疗资源的不平等。

　　除了上述机构以外,其他中央官僚机构,大多没有被赋予法定的应灾职责,但在实际中,当发生灾害时,这些机构及其官人也会受命执行抗灾任务。例如,左右卫门府,其职责是护卫京城的城门,但弘仁十四(823)年十月二十一日亥时,位于平安宫内的大藏省仓库十四间长殿突然失火,火势迅猛,弹正尹葛原亲王、右卫门督纪百继等人到场指挥扑火,紧急集合卫士灭火,三十余名勇士爬上北长殿奋力扑救,终将烈火扑灭④。又如,贞观十七年(875)六月,遭遇大旱,朝廷采取了奉币诸神,诵念佛经等祈祷佛神等措施,但均未见效,旱情依旧,因有传说"神泉池中有神龙,昔年炎旱,焦草烁石,决水干池,发钟鼓声,应时雷雨,必然之验也",于是朝廷命令右卫门权佐藤原远经率领左右卫门府的官人、卫士等

---

① 　新村拓『日本医疗社会史の研究』、法政大学出版局、1985 年、184—186 頁。
② 　『令义解』医疫令。
③ 　富士川游『日本疾病史』上、吐凤堂书店,1912 年、5—8 頁。
④ 　『类聚国史』卷 173·災異·火·弘仁十四年十月辛丑条。

前往平安京的神泉苑,放出池水,同时雅乐头纪有常也受命率领诸乐人,"泛龙舟,陈钟鼓",或歌或舞祈雨①。

又,玄蕃寮是掌管全国佛教寺院、僧侣名簿和对外事务的机构,但当灾害降临之时,寮属官员也可能受命承担应灾相关事宜。例如,贞观十六年(874)八月初,伊势国司报告伊势国发生了蝗灾,蝗虫头赤如丹,背部青黑,腹斑驳,大的有1.5寸,小的有1寸,大量聚集,一天能侵食禾稼四、五町田地,蝗虫飞过的地方,"无有遗穗",为此八月十三日,朝廷派遣玄蕃头弘道王为使,前往伊势神宫奉币祭祀,"祷去灾蝗"②。

此外,律令制国家中也存在令制规定之外的应灾机构。天平二年(730)四月,在信仰佛教的光明子皇后的推动下,设置了以一般民众为对象的医疗机构——皇后宫职施药院,"以疗养天下饥病之徒"③。平安时代,平安京也设有官方性质的施药院,但具体成立时间不详。根据《日本后纪》记载,嵯峨天皇于弘仁二年(811)将山城国乙训郡药园1町赐给施药院,因此至少在弘仁二年时,施药院既已存在④。天长二年(825),施药院使司机构设立,其中使、判官、主典、医师各1人⑤。之后,施药院使司的官人定员数不断增加,至承和十四年(847),施药院的职员组成是别当2人、知院事1人、权判官1人、主典2人、医师1人、史生4人,而施药院使和医师多来自典药寮⑥。延长八年(930)二月,疫病流行,平安京的病者多卧街头,无人收养,无人救治,面对如此状况,检非违使及左右京职受命将病人安置在施药院等救济机构⑦。显然,灾害之时,平时的救济机构转化为应灾机构。

三、检非违使的应灾机能

9世纪以后,律令官制开始发生变化,其中最明显的就是出现令制规定以外的官僚机构,即所谓的令外官。检非违使就是代表性的令外官之一。由于检非违使是体现律令官制演变后的中央朝廷应灾机制的一部分,故在此首先对检非

① 『日本三代実録』貞観十七年六月廿三日甲戌条。

② 『日本三代実録』貞観十六年八月丁巳朔条、己巳十三日条。

③ 『続日本紀』天平宝字四年六月乙丑条。

④ 『日本後紀』弘仁二年二月庚午条。

⑤ 『類聚国史』卷107・天長二年十一月庚午条。

⑥ 新村拓「悲田院と施薬院」、『日本医療社会史の研究』、法政大学出版局、1985年、第8—13頁。

⑦ 『扶桑略記』卷廿四・裏書・延長八年二月十四日条。『政事要略』卷70・糺弾雑事・延辰八年二月十三日宣旨。

违使作一简要概述。

1. 检非违使的出现①

由于史料的欠乏,检非违使之称始用的具体时间无法确定。依据现存的文献史料,检非违使初现于弘仁七年(816)②。律令官制中,以"使"为名的官职原本多是临时性的职务③,因此,弘仁七年时的检非违使,极有可能是临时性设置的职务④。但是,弘仁十一年(820)以后,检非违使开始频频出现在太政官符或者宣旨之中。例如弘仁十一年十一月廿五日的太政官符⑤:

> 右得刑部省解称:(中略)今犯罪之辈相续不绝,赃赎未纳逐年弥多,迫征之吏徒疲催勘。负赎之人无心进纳,既狎前断不畏后科。望请,在京官人抑留位禄季禄,杂色人等令检非违使催征,在外诸人抑留朝集使返抄令济其事。谨请官裁者。大纳言正三位兼行左近卫大将、陆奥出羽按察使藤原朝臣冬嗣宣,依请,宣令刑部省移式部、大藏等省,其禄物者令大藏省准赎铜数便即折留宛刑部省。其应抑留返抄诸国及犯罪官人并赎铜数依件移送。又下宣旨检非违使毕,亦宜同移之。

根据符文的内容可知,当时,犯罪人不纳赎物(赎罪用的物品)的现象日益增多,官吏疲于催征,但徒劳无功;对此,刑部省提出了应对措施的具体方案,并通过上申文书("解")请太政官裁决。太政官依请下达命令:对于未纳赎物的在京犯罪官人,命令刑部省直接以公文书("移")通函至式部省、大藏省等官司,扣留犯罪官人的俸禄,以抵其未纳的赎物;对于未纳赎物的其他在京人员("杂色人"),命令检非违使催征。从刑部省动议由检非违使催征未纳赎物来看,当时检非违使已经存在,而非因此事临时设置的官职。另外,值得留意的是,给检非违使的命令是以宣旨的方式下达的。平安时代的宣旨有两种:一是前已叙述的天皇敕

---

① 详见拙稿"日本平安时代检非违使与律令制国家"(《历史研究》2013 年第 2 期,第 171—181 页)。

② 《文德天皇实录》嘉祥三年(850)十一月己卯条记载了从四位下治部大辅兴世书主的传记,其中有:"书主,右京人也。本姓吉田连,其先出自百济","(弘仁)七年二月,转为左卫门大尉,兼行检非违使事"的记载。根据此条史料可知,至晚于弘仁七年,检非违使之称即已存在。

③ 和田英松『修訂官職要解』平安時代・緒使,明治書院,1926 年,第 170—176 頁。

④ 大饗亮「検非違使の成立」,『律令制下の司法と警察——検非違使制度を中心として』,大学教育社,1979 年,第 33—71 頁。

⑤ 『類聚三代格』断罪贖銅事・弘仁十一年十一月廿五日太政官符。

旨,天皇的意志由后宫的内侍官或者天皇的近侍(藏人)传宣至太政官,然后以太政官的命令——太政官符或官牒的形式下达至诸司、诸国等;二是官宣旨,即对于没有必要上奏天皇的事项,由太政官的议政官审议,其审议决定直接以太政官符或官牒的形式下达至诸司、诸国等,官宣旨的特点是行文中不写"奉敕"二字①。上述的弘仁十一年十一月廿五日太政官符,全文中未见"奉敕"二字,表明对于刑部省上申的事项,太政官是直接作出相关决定的,并未上奏天皇。由此推测,太政官下达给检非违使的宣旨是官宣旨。因此,检非违使具有依宣旨而行动的特点。同时,检非违使被赋予与弹正台相同的纠弹职权,不过同样是必须根据临时宣旨行使该权限②。

弘仁十一年以后,检非违使一职日益重要,成为常设之职。关于检非违使的职员构成,贞观十三年(871)的《贞观式》的卫门府式规定:佐1人,尉1人,志1人,火长5人,官人从2人(佐从和尉从各1人),志从1人,案主1人③。这一职员构成是在《弘仁式》卫门府式中的"检校右京非违者"条项的基础上发展而成的,并且继承了检校京内非违的职能④。延长五年(927)完成的《延喜式》,其规定的检非违使的职员构成是:佐1人,尉1人,志1人,府生1人,火长9人(其中看督长2人,案主1人,佐从2人,尉从2人,志从1人,府生从1人)⑤。此外,承和元年(834),当时的参议、从四位上的左大辨、左中将文室秋津被任命为兼任检非违使长官——别当,由此检非违使的官职组成与律令制规定的诸官司相同,为四等官制,即别当(长官)、佐(次官)、尉(三等官)、志(四等官)。检非违使的官厅——检非违使厅也随之成立,最终完成从"临时之职"向"常置官司"的转化⑥。

---

① 今江廣道「宣旨」、飯倉晴武ら編『日本古文書学講座』第3卷・古代篇Ⅱ、雄山閣1979年、第65—94頁。

② 『類聚三代格』断罪贖銅事・天長九年七月九日太政官符。

③ 『政事要略』卷61・糾弾雑事・貞観式条。

④ 《贞观式》卫门府式规定的开首有"前式凡检校右京非违者"一语,"前式"二字表明该条规定是对《弘仁式》卫门府式・检校右京非违条的修订。《贞观式》的编纂方针是仅收录弘仁十一年(820)至贞观十年(868)期间对《弘仁式》修订与增补的部分;如果是修订《弘仁式》的条文,则以"前式"二字表示《弘仁式》已存在该条文(虎尾俊哉『延喜式』、吉川弘文館、1964年、第43—52頁)。

⑤ 『延喜式』左衛門府・検非違条。

⑥ 宽平六年(894),因为"囚徒满狱,科决犹迟",故"定左右检非违使厅每日行政";翌年,再次重申左右检非违使厅"行其政,不可隔日"(『政事要略』卷六十一・糺弾雑事・寛平七年二月廿一日別当宣)。天历元年(947),废右检非违使厅,以左检非违使厅为检非违使厅(『政事要略』卷六十一・糾弾雑事・天暦元年六月廿九日別当宣)。

2.检非违使的防灾应灾职能

检非违使自设置以来,一直被视为是"国家之枢机,历代以为重职"的官职①,在维持社会秩序中起着重要的作用。顾名思义,检非违使的主要职责是检察非违之事。"非违"一语的含义是"非者,非法也。违者,违法也"②,或是"非,非法也;违,违制也"③。检非违使从平安时代一直延续至室町时代,随着政治与社会背景的不同,其职掌也有所变化。上述的《贞观式》和《延喜式》规定的检非违使的组织结构,虽然在名称和定员人数方面略有不同,但是检察京内非违的职掌始终没有变化,即"巡检京中"是检非违使自成立以来的基本职能之一。

检非违使出现之前,平安京内的治安秩序,白昼由京职维持,夜间由卫府巡察④;当京职管理不力时,中央官僚机构或者卫府临时介入的情况也时有发生。此外,弹正台也担负着巡察京中、纠弹非违的职责。在由京职、卫府、弹正台构成的首都治安维持体系之外,增设检非违使之职的缘由是与弘仁年间的社会状况密切相关的。

检非违使常置化的弘仁年间(810—824),特别是弘仁三年(812)以后,自然灾害接踵不断,饥馑、疫病频频袭击平安京。弘仁六年(815),京中的接待外国使节的客馆,也成为疾病民众的寄身之处,"遭丧之人,以为隐处,破坏舍垣,污秽庭路",由于关乎日本的形象,朝廷命令弹正台并京职共同整顿京容⑤。弘仁九年(818)发生饥馑时,饿死在京中道路两旁的饥民触目皆是,朝廷只有下令督促左右京职掩埋路边的遗骸,可见京职的机能已达极限。面对饥馑、疫病,虽然朝廷采取了赈济等应对措施,但是频频的灾害给平安京的治安带来不安稳的因素。弘仁十三年(822)二月七日太政官符就明言,当时的"两京之内犯盗者众",贼盗律规定的量刑已无法起到惩肃的作用,必须加大对犯盗者的打击力度⑥。弘仁十四(823)年,平安宫的大藏省仓库——长殿,两度遭遇窃盗放火⑦。平安

① 『職原抄』下・検非違使条(『群書類聚』第五輯・官職部二)。
② 『令集解』職員令・弾正台条「朱記」。
③ 『政事要略』卷 61・糺弾雑事・弾正職条。
④ 令制规定下的卫府是五卫府,进入平安时代后,发展演变为六卫府制(左右近卫府、左右卫门府、左右兵卫府)。左、右近卫府成立于大同二年(807)。翌年(808),卫门府被取消,并入卫士府。弘仁二年(811),左右卫士府改称为左右卫门府。因此,检非违使的根基——卫门府,实际上是令制规定的卫门府和左右卫士府的综合体。
⑤ 『日本後紀』弘仁六年三月癸酉条。
⑥ 『類聚三代格』断罪贖銅事・弘仁十三年二月七日太政官符。
⑦ 『類聚国史』卷 173・災異七(火)・弘仁十四年十月辛丑条、十一月壬申条。

宫是象征天皇权威的建筑,盗贼如此胆大,不仅可以窥见当时京内治安的实态,而且也显示出京内治安维持体系的力不从心。在如此社会背景下,以维持京内秩序为主要职掌的检非违使应需而生,补充对律令制京内治安维持体系的力量。由于禁断盗贼,需要一定的军事能力,而卫门府的官衙又位于宫外①,最便于捕盗囚盗,因此检非违使出自卫门府,也反映出律令制国家在设置新职务时的考量。

除了巡检京中以外,检非违使还有拷决犯盗、纠弹非违等基本职能。"拷决犯盗"的职掌,意味着检非违使的执法对象包括犯有强盗或窃盗罪的人。9 世纪中叶以后,检非违使成为总辖犯盗罪人的机构。另外,检非违使自成立以来被赋予的另一重要职掌,就是具有与弹正台相同的纠弹非违的职权。关于这一点,《检非违使式》有明确规定:"凡使之所掌,准弹正弹事,并依临时宣旨行之"②。又,《延喜式》规定弹正台,"凡新有立制宣旨者,告示检非违使"③。在弹正台的职责中,纠弹非违虽然始终是弹正台的大要务,但并不是弹正台的唯一职事④。检非违使与弹正台相同的职能虽是纠弹职掌,但须依据临时宣旨行使。现存的文献史料中,检非违使在禁色、衣服装束、乘车骑马等方面纠察非违的事例比较多。例如,贞观年以后,平安宫、平安京频频发生火灾,无论是贵族还是普通民众都是人心惶惶,因此深红之色,当时被称为"火色",甚至仁和年间(885－889)作为防火措施,禁止深红色,敕令检非违使纠察穿着深红色衣者⑤。显然,检非违使的纠弹职能在京城的防灾方面也发挥着一定的作用。

除了上述执法职能以外,检非违使还承担着许多临时政务,其中就包括具体施行中央朝廷的应灾措施,举例如下:

> a. 承和四年(837)十月,因阴雨连绵,谷价飞涨,平安京内的饥饿、疾病者众多,仁明天皇敕令检非违使与京职、左右卫门府的官人一同对京中饥病者进行人数统计,并加以赈恤⑥。
>
> b. 嘉祥元年(848)八月,平安京遭遇水害,检非违使的官人受

---

① 『拾芥抄』宫城部。
② 『政事要略』卷 61・糺弹雜事・昌泰三年八月十三日勘文。
③ 『延喜式』弹正台式。
④ 《政事要略》收录的昌泰三年八月十三日勘文中,有"使式既称准弹正弹事。台式非必为弹事"之句(『政事要略』卷 61・糺弹雜事)。
⑤ 『政事要略』卷 67・糺弹雜事・请禁深红衣服奏议。
⑥ 『続日本後紀』承和四年十月辛卯朔条。

命随左大臣源常一同巡察京中受灾情况①。

　　c.仁寿元年(851)八月,平安京水灾,检非违使的官人受命负责实施京师的赈灾②。

从以上事例可以看出,当平安京遇到水害、饥馑等灾害时,检非违使是直接将中央最高权力核心层的赈灾措施传达至灾民的机构、官人。

四、地方行政机构的应灾机能

在日本古代国家的防灾应灾机制中,地方行政机构的国司、郡司占有重要的位置,尤其是国司起着上启下达的作用,如弘仁五年(814)七月发布的应对旱灾敕令所言,应灾措施的施行与效果关键在国司,即"祸福所兴,必由国吏"③。

关于国司、郡司的防灾应灾职能,令制中有着一系列规定,除了前已叙述的国司须在受灾后的第一时间内遣使驰驿向中央朝廷报告灾情以外,还有"凡遭水旱灾蝗,不熟之处,少粮应须赈给者,国郡检实,预申太政官奏闻"④;"凡田,有水旱虫霜,不熟之处,国司检实,具录申官"⑤;"凡近大水(河)有堤防之处,国郡司以时检行,若须修理,每秋收讫,量功多少,自近及远,差人夫修理;若暴水横溢,毁坏堤防,交为人患者,先即修营,不拘时限。应役五百人以上者,且役且申,所役不得过五日"⑥。显然,国司、郡司的防灾应灾职能不仅仅体现在应对地震、火山喷火等突发灾害的发生,而是日常性地应对水灾、旱灾等常发性灾害的预防与发生。在此,仅就地方行政机构对于疫病流行的应灾机能略作叙述。

根据令制规定,地方诸国的国司设有医师 1 人,医生若干人(大国 10 人,上国 8 人,中国 6 人,下国 4 人),国医师的职掌除了医疗以外,还承担医生的教育,"教授医方,及生徒课业年限,并准典药寮教习法,其余杂治,行用有效者,亦兼习之"⑦。"业术优长、情愿入仕"的国医生也有可能被中央机构录用⑧。

国医师的选任,以选用当地有才术之人为原则,若当国无适任者,则可任用

---

① 『続日本後紀』嘉祥元年八月壬辰条。

② 『文徳天皇実録』仁寿元年八月甲寅条。

③ 『日本後紀』弘仁五年七月庚午条。

④ 養老戸令。

⑤ 養老賦役令。

⑥ 養老営繕令。

⑦ 養老職員令、医疾令。『令義解』考課令・国博士条。

⑧ 養老医疾令。

其他国之人,若其他国亦无合适人选,则取京人补任①。律令制国家成立初期,地方人才不足,为此,和铜元年(708)规定"诸国博士、医师等,自朝遣补者,考选一准史生例,考第各从本色,若取土人及傍国者,并依令条"②,说明京人国医师比当地人国医师存在晋升快的可能,显示出从中央派遣人才补任国医师的情况较多③。国医师补任之后,"无故不得辄解"④。

与典药寮同样,地方诸国也须每年采集、制作治疗伤寒、流行疾疫、疟、痢、腑脏之疾、刀剑之伤以及其他诸病的药。地方国师的诊病方式,不限于在机构内的坐诊,也有"巡患之家"治疗⑤。

前已叙述,大宰府是古代日本对外交流的窗口,管辖9国3岛,其行政机构的规模大于其他诸国的国司,因此医师的设置人数也异于诸国,拥有医师2人,并且规定医师的职掌是"诊候疗病"⑥及"教诸国医生"⑦。承和元年(834)二月二日,新罗人等漂着大宰府辖内的海岸,被当地人射伤,之后大宰府医师受命治疗受伤的新罗人等⑧。由此可见,大宰府医师的医疗对象还泛及外国人士。但是,大宰府管内的诸国中,壹岐、对马首次有医师补任是天平三年(731)⑨;日向、大隅、萨摩及壹岐、多襼等国、岛的国医师一旦补任,就是终身制⑩;筑后、肥前、肥后、丰前、丰后5国直至承和十二年(845)都没有设置医师⑪。由此折射出古代日本的地方医疗人员的严重不足。

在地方医力不足的情况下,增加国医师定员人数及挽留辞任国医师则至关重要。例如,承和十二年(845)七月,筑后、肥前、肥后、丰前、丰后5国各减史生1人,而置医师1人,由典药学生及第者补任⑫。又如,依然是承和十二年,中央朝廷接到大宰府的上言,具体叙及大宰府壹岐岛医师外大初位下蕨野胜真吉请

---

① 『令集解』選叙令。

② 『続日本紀』和銅元年四月癸酉条。

③ 新村拓「令制地方医療行政の成立と展開」、『古代医療官人制の研究—典薬寮の構造』、法政大学出版局、2005 年、192－194 頁。

④ 養老選叙令。

⑤ 養老医疾令。

⑥ 養老職員令。

⑦ 『令集解』職員令・太宰府・博士条・釈説

⑧ 『続日本後紀』承和元年二月癸未条。

⑨ 『続日本紀』天平三年十二月乙酉条。

⑩ 『続日本紀』宝亀二年十二月丁卯条。

⑪ 『続日本後記』承和十二年七月丙寅条。

⑫ 『続日本後記』承和十二年七月丙寅条。

辞国医师事,其辞职原因是"谨案格式,内番上者,以六考为选限,外番上者,以八考为选限。真吉在任之日,全得六考,至于叙位被赐外阶,准据格式,恐有讹舛",也就是说依照弘仁六年(815)七月二十五日格的"博士、医师教授之劳,良有殊别,迁代成选,并以六考为期"规定,国医师六考合格者可以改授内位,然而蕨野胜真吉在任中六考全得却被授外位,故提出辞状;对此,大宰府进行了核查,发现不仅蕨野胜真吉一人,其他国师也存在相同情况,于是大宰府上申中央,请求对蕨野胜真吉换赐内位,且大隅、萨摩、日向、壹岐、对马等国、岛医师都准此例;最终,大宰府的请求得到了中央朝廷的准可[①]。大宰府极力确保地方医力的努力略见一斑。

由于地方医师人数少,可以想象当疫病大流行时,仅依靠地方的国医师是无法阻止疫病的流行脚步的,因此中央须从上向下传达疫病的治疗方法,由国医师照方实施医疗,并且必要时派遣中央医师增援地方的救治力量。天平八年(736)的《萨麻(摩)国正税帐》中,可见"疾病人壹百肆拾捌人给药酒柒斗叁升贰合别五合、人别六合;八十八人、人别四合"的记录[②],由于天平八年的九州岛恰逢豌豆疮流行,因此萨摩国很可能是依照中央下达的药方发放治病之药。

此外,灾疫之时,身怀医疗之技的僧侣也是重要的医疗力量,时时成为中央或地方政府的倚重。承和六年(839),诸国疾疫流行,百姓多有夭折,在仁明天皇的敕令中明确使用"僧医"称呼,命令各国的国分寺转读般若经祈祷消灾且"遣僧医,随道治养"[③]。

第三节　古代国家的应灾措施

日本古代国家的应灾措施,是与当时的灾害认知与治政理念密切相关的,因此除了具体的应灾措施以外,亦有举行祈愿神、佛攘灾等信仰行事。本节依据文献史料,对日本古代国家的主要应灾措施加以归纳。

一、祈祷措施

1. 祈神

在古代日本,自然灾害的发生常常被认为是神祇所为,如掌管地震的地震

---

① 『続日本後記』承和十二年六月壬午条。
② 『大日本古文書』(編年文書)2—16。
③ 『続日本後記』承和六年閏正月丙午条。

神,掌管雨·旱的山川名神,掌管疫病的疫神等等,因此遣使奉币诸神,祈求消灾的举措是非常重要的应灾措施。在此,以旱灾为例说明祈神的应灾措施。

旱灾是古代日本的常发性灾害,因此文献史料中频频可见祈雨记事。但是不同时代,所祭之神也有所不同,列举7世纪至9世纪的若干事例如下:

(1)天武五年(676)夏,大旱,遣使四方捧币帛,祈诸神祇①。

(2)持统六年(692)五月,旱,遣大夫谒者祠名山岳渎请雨②。

(3)文武二年(698)五月,诸国旱,奉币帛于诸社,遣使于京畿,祈雨于名山大川③。

(4)灵龟元年(715)六月,亢旱,遣使奉币于诸社,祈雨于名山大川④。

(5)天平十九年(747)六月～七月,京师亢旱,奉币帛名山,祈雨诸社⑤。

(6)天平宝字七年(763)五月,旱,奉币帛畿内群神,尤其对丹生河上神加奉黑毛马⑥。

(7)宝龟二年(771)六月,奉黑毛马于丹生川上神⑦。

(8)大同三年(808)五月,旱,奉黑马于丹生川上雨师神,祈雨⑧。

(9)弘仁九年(818)七月,旱,遣使山城国贵布祢神社、大和国室生山上龙穴等处,祈雨⑨。

(10)弘仁十年(819)七月,炎旱,奉黑马于丹生川上雨师神,祈雨;遣使于伊势大神宫、大和国大后山陵,奉币祈雨⑩。

(11)弘仁十四年(823)六月,差使奉币贵布祢、乙训、广濑、龙

① 『日本書紀』天武五年六月是夏条。

② 『日本書紀』持统六年五月辛巳条。

③ 『続日本紀』文武二年五月庚申朔条、甲子条。

④ 『続日本紀』靈龟元年六月壬戌条、癸亥条。

⑤ 『続日本紀』天平十九年七月辛巳条。

⑥ 『続日本紀』天平宝字七年五月庚午条。

⑦ 『続日本紀』宝龟二年六月乙丑条。

⑧ 『日本後紀』大同三年五月壬寅条。

⑨ 『日本紀略』弘仁九年七月丙申条。

⑩ 『日本紀略』弘仁十年七月戊寅条、癸巳条。

田四神,又奉币帛马于吉野河上雨师神社,祈雨①。

(12)承和三年(836)六月,旱,奉币松尾、贺茂御祖、住吉、垂水等神社,祈雨②。

(13)承和六年(839)春,不雨,颁币于松尾、贺茂上下、贵布祢、丹生川上雨师、住吉诸社,并遣使奉币伊势神宫和山城国宇治、绶熹、大和国石成、须知等社,及神功皇后山陵,祈雨③。

(14)承和十二年(845)四月~五月,不雨,奉币于畿内名神,并令畿内七道诸国奉币于名神,祈雨④。

(15)仁寿二年(852)七月,遣使奉币贺茂、松尾、稻荷、贵布祢等社,祈雨⑤。

(16)贞观三年(861)五月,不雨,遣使于近京名神七社,奉币祈雨⑥。

(17)贞观十七年(875)六月~七月,不雨,遣使贺茂御祖、贺茂别雷、松尾、稻荷、乙训、贵布祢、木岛、大和国丹生川上、春日神社及伊势神宫等,祈雨。其中,丹生川上奉黑马⑦。

(18)元庆二年(878)五月~六月,亢旱,班币名山大川及贺茂御祖、贺茂别雷、松尾、稻荷、贵布祢、丹生川上、乙训、水主神社祈雨。其中丹生川上加奉黑马⑧。

上述所举祈雨事例多是针对京师及畿内地区发生的旱灾,从中可以看出:

①祈雨对象的变化,7世纪主要是名山大川,8世纪,名山大川之外,丹生河(川)上神从畿内群神脱颖而出,地位渐渐特殊。9世纪,尽管奉币名山大川祈雨的记事依然存在,但是祈雨对象逐渐趋向固定的神祇;尤其是9世纪后半叶,平安京周边的贺茂御祖、贺茂别雷、松尾、稻荷、乙训、贵布祢、丹生川上等神社成为主要的祈雨神社;如若旱灾严重时,也向伊势神宫、春日神社等奉币祈雨。

---

① 『日本紀略』弘仁十四年六月丁亥条。
② 『続日本後紀』承和三年六月癸卯条。
③ 『続日本後紀』承和六年四月戊辰条、壬申条、丙子条。
④ 『続日本後紀』承和十二年四月癸卯条、五月丙辰条。
⑤ 『文徳天皇実録』仁寿二年七月乙亥条。
⑥ 『日本三代実録』貞観三年五月十五日戊子条。
⑦ 『日本三代実録』貞観十七年六月三日甲寅条、八日己未条、七月二日壬午条。
⑧ 『日本三代実録』元慶二年六月三日丁卯条。

②9世纪前半叶,祈雨对象的变化似也与政治有关联,例如与大同年间(806—810)相比,弘仁年间(810—824),作为祈雨对象的神祇数增加许多,而且事例(11)提及的广濑、龙田二神是天武、持统时期的重要神祇,显示出嵯峨天皇治政时期,对神祇体系的继承与改革。

2. 求佛

在佛教传入日本列岛伊始,就被认为与灾害有着密切关联(后述),并且佛教也主张诵读佛经可消除一切灾障,忧愁疾疫皆可歼殄,因此当灾害发生时,在祈神的同时,作为应灾措施之一,中央朝廷也往往命令僧侣举行诵经、修法、法会等,祈求佛的法力平息灾害。以下以若干事例略见祈佛消灾行事。

　　(1)天平十七年(745)四月二十七日的美浓国大地震,余震不断。五月后,更是地震异常,地裂水涌的现象处处可见,尤其是一日至十日连续10天,地震日夜不止。这一时期正是圣武天皇几番迁都的时期,如前所述,频繁的地震,促使圣武天皇决意返迁回平城京。同时,推崇佛教的圣武天皇命令京师诸寺僧侣转读最胜王经,又令大安寺、药师寺、元兴寺、兴福寺4寺的僧侣读大集经,并让僧侣在平城宫读大般若经,祈求佛的法力平息地震①。

　　(2)弘仁九年(818)七月,关东地区大地震;九月,疫病流行。面对灾害频发,嵯峨天皇发布诏令,依照圣武天皇的前例,"令天下诸国,设斋屈僧,於金光明寺,转读金刚般若波罗密经五日,兼遣修禊法,除去不祥",欲借助佛之力移去灾害②。

　　(3)仁寿三年(853)二月至五月的全国性疱疮流行,死者众多。为了攘除疫病流行,三月,百名僧人在大极殿,连续3天转读大般若经;五月,诏令十七个寺院读大般若经3天,同时命令大宰府管内的诸寺读大般若经③。

　　(4)延长七年(929)三月,平安京及其周边诸国疫病流行,死者充斥着平安京的路街。当时朝廷听说密教中有"除疫死法",就命令天台宗的座主尊意"早修此法,攘灾疫者"。于是,尊意率领

---

① 『続日本紀』天平十七年五月己未条、乙丑条、丁卯条。
② 『類聚国史』卷11・祈祷・弘仁九年九月辛卯条。
③ 『文徳天皇実録』仁寿三年三月壬子条、五月庚子条、壬寅条。

30位僧侣在平安宫的丰乐院,7天昼夜不断地修不动法①。

从上述事例可以看出,举行弭灾诵经的场所除了寺院以外,还有平城宫、平安宫等象征着国家政治中心的空间;常常被诵读的息灾佛经是般若经(金刚般若经、大般若经、仁王经),古代的人们认为"般若之力不可思议",可以"拯夫沉病,兼防未然"②。

二、经济措施

在以农桑生产为主要经济支柱的古代国家,农业是"天下之本也"③。地震、干旱、洪涝、台风、疫疾、虫灾等灾害,不仅可能造成灾区民众一时间没有维持生存的食物,而且灾害常常使得田地受损、劳动力减少,进而影响农作物的收成,更可能陷入次生灾害——饥馑的困境。因此,重振灾后经济,是国家应灾措施中的重中之重。

1. 赈给

赈灾措施首要是赈粮,使灾民能够维持生计。赈灾所用粮食主要来自设置在各国的义仓及正仓。关于义仓,令制规定:"凡一位以下及百姓杂色人等,皆取户粟,以为义仓","与田租同时收毕"④。"义仓之物,给养穷民,预为储备"⑤。另一方面,正仓是国、郡存放民众交纳的田租(稻谷)的官仓。和铜七年(714),对于正仓的规模作了规定,即诸国造正仓的规模标准分为大、中、小三等,大者可以储四千斛,中者可以储三千斛,小者可以储二千斛⑥。

文献史料中,有关灾害时的开仓廪赈的记事屡屡可见,在此仅列举数例以窥见一斑。

(1)养老三年(719)九月,因诸国遭遇旱饥荒,元正天皇诏令打开义仓赈体恤⑦。

---

① 『扶桑略記』延長七年三月条。不动法是以不动明王为本尊,祈祷息灾的修法。
② 『類聚国史』卷173・疾疫・承和二年四月丁丑条。
③ 『続日本紀』神護景雲元年四月癸卯条。
④ 養老賦役令。
⑤ 『続日本紀』慶雲三年二月庚寅条。
⑥ 『続日本紀』和銅七年四月壬午条。
⑦ 『続日本紀』養老三年九月丁丑条。

（2）天长七年（830）出羽国地震，中央朝廷命令"不论民夷，开仓廪赈给"①。

（3）天安二年（858）五月，平安京遭遇洪水之灾，淹死者众多，左右两京穷苦百姓生计艰困，中央朝廷调集谷仓院的谷二千斛，民部廪院的米五百斛，大膳职的盐二十五斛赈济京中灾民②。

（4）贞观八年（866）四月，尾张、阿波两国受风涝之灾，百姓饥馑。为此，尾张国正税稻六万束、阿波国正税稻八万束以借贷的方式，赈济饥馑百姓③。

（5）贞观九年（867），因前一年（866）的旱灾，平安京及周边地区发生了饥馑，中央朝廷命令以米 320 石、粆 2000 石、盐 35 斛、新钱 100 贯赈济平安京的饥民④。

（6）贞观十六（874）年八月，平安京遭遇大风雨之灾，京内成河，官舍民宅受灾，死者不计其数。九月，中央朝廷命令开仓廪赈给受灾最为严重的 3159 家⑤。

（7）元庆二年（878），因前一年（877）亢旱的原因，京师及畿内诸国发生饥馑，尤以河内、和泉二国最为甚。于是，中央朝廷以阳成天皇敕令形式，调拨播磨国不动谷六千斛，转充和泉国，班给和泉国的百姓；以备前国的不动谷一万斛，运充河内国，班给河内国的百姓⑥。

在上述事例中，用于赈给的稻谷来源有二：一是受灾地区的当地官仓；二是灾区官仓的存粮无法满足赈济的需求，动用国家之力调拨其他地区的官仓稻谷。

9 世纪以后，实际上还存在第三个赈给稻谷来源，即借富豪之谷赈恤。例如，弘仁十年（819），因"频年不稔，百姓饥馑，仓廪空尽，无物赈禀，穷民临饥，必忘廉耻"，朝廷"遣使畿内，实录富豪之贮，借贷困穷之徒，秋收之时，依数俾报"⑦。又如，天长十年（833）五月，大和国上书朝廷，因"频年不登，例举有欠"，

---

① 『類聚国史』卷 83・免租税・天长七年四月戊辰条。

② 『文德天皇实录』天安二年五月己丑条。

③ 『日本三代实录』贞观八年四月七日辛巳条。

④ 『日本三代实录』贞观九年二月十七日丁亥条。

⑤ 『日本三代实录』贞观十六年九月七日壬辰条。

⑥ 『日本三代实录』元慶二年正月十五日辛亥条、二月廿八日甲午条。

⑦ 『類聚国史』卷 84・借貸・弘仁十年二月戊辰条。

请求准弘仁十年的借富赈贫之法，"借国中富人稻三万八千束,将赈饥民";大和国的请求得到中央朝廷的允许,但仁明天皇也敕令指示,强调有借有还的原则,即:

> 夫富豪所贮,是贫窭之资也。如闻,先来所行,吏非其人,只事借用,无意返给,所以贫富俱弊。周急怜绝,宜至秋收,特遣使者,悉令返给。[①]

"富豪所贮,是贫窭之资"一句道出了社会财富不均等是日本古代国家统治理念中的重要组成部分,其中也内含国家应灾措施的考量。借富豪之谷,贷与饥馑百姓的赈济方法,一方面在灾害发生之时,通过物资的流动,暂时缩小了不同阶层的差距;另一方面,富豪阶层也被赋予了赈灾的社会性义务。同样的以富济贫应灾措施也发生在承和五年(838)四月,仁明天皇敕令,遣使大和国,"实录富豪之资,借贷困穷之辈,至秋收时,依员俾报"[②],当时由于前一年(837)遭遇疫病与旱灾,大和国发生了饥馑。可以说,富豪的财富是古代国家应灾机制中不可欠缺的部分。

2. 减免赋役

减免赋役是古代国家应灾的基本措施之一。在令制规定中,就有灾害之时减免赋役的相关规定,即当田地遭遇水、旱、虫、霜等灾歉收时,"十分损五分以上,免租;损七分,免租调;损八分以上,课役俱免;若桑麻损尽者,各免调,其已役已输者,听折来年"[③]。此外,庆云三年九月廿日格规定,"凡田有水旱虫霜不熟之处,应免调庸者,四十九户以下,国司检实处分;五十户以上,申太政官;三百户以上,奏闻"[④]。据此可知,律令制国家的应灾机制,是根据受灾的程度,相应地减免租、调、庸、役,而且依据减免赋役的户数多少,拥有减免决定权的官衙或人物分别是国司、太政官及天皇。

因灾害而减免赋役的记事在文献史料中屡屡可见,在此仅列举数例,略见减免赋役应灾措施的实施。

---

① 『続日本後紀』天長十年五月壬子条。
② 『続日本後紀』承和五年四月己丑条。
③ 養老賦役令。
④ 『類聚三代格』巻15・損田并租地子事・慶雲三年九月廿日勅。

（1）养老五年（721）三月，"旱涝不调，农桑有损，遂使衣食乏短，致有饥寒"。对此，元正天皇敕令，全国性地减免课役，以助生产恢复，同时"左右两京及畿内五国，并免今岁之调。自余七道诸国，亦停当年之役"①。

（2）天平神护元年（765），因往年旱灾，造成岁谷不登，致使平城京及诸国饥馑，尤其是备前、备中、备后三国"多年亢旱，荒弊尤深，因兹所负正税不得进纳"。为此，称德天皇敕令，准允备前、备中、备后三国的天平宝字八年（764）以前的未纳官稻，"咸悉免之"②。同时，对于正遭遇旱灾的参河、下总、常陆、上野、下野5国，免除当年的调庸十分之七八③。

（3）延历二十四（805）年十二月，由于疫病流行，"颇损农桑"，经过公卿奏议，桓武天皇准允，为了灾后能够及早恢复农业生产，施行减（停）征役丁、免除当年庸等措施，其中包括：a. 原已决定加征的1281名仕丁，依数停止；b. 减少中央官僚机构中的劳役人数或待遇，即卫门府卫士400人，减70人；左右卫士府各六百人，各减100人；隼人男女各40人，各减20人；雅乐歌女50人，减30人；仕女110人，减28人；停卜部之男女廝丁等粮；c. 统一诸国贡调脚夫的役限，即原本各地征役天数不一，或五天或三天，造成"役限不均，劳逸各殊"，故统一为役限二天，"以同苦乐"；d. 变更备后国8郡的调物品种，即将备后国的神石、奴可、三上、惠苏、甲努、世罗、三谿、三次等8郡的调丝改为锹铁；e. 免除伊贺、伊势、尾张、近江、美浓、若狭、越前、越中、丹波、丹后、但马、因幡、播磨、美作、备前、备中、备后、纪伊、阿波、讃岐、伊豫等国的当年的庸④。

（4）贞观三年（861），出云国的出云、大原两郡遭到风水灾及霜灾的袭击，受灾严重。翌年（862），中央朝廷免出云国两郡的课役一年⑤。

（5）贞观四年（862），常陆国的河内、信太、鹿岛、那贺、多珂5

---

① 『続日本紀』養老五年三月癸丑条。
② 『続日本紀』天平神護元年三月癸巳条。
③ 『続日本紀』天平神護元年三月乙未条。
④ 『日本後紀』延暦廿四年十二月壬寅条。
⑤ 『日本三代実録』貞観四年二月十六日乙卯条。

郡频年遭遇水旱疾病灾害。朝廷决定免除 5 郡的赋税徭役
两年①。

上述事例中,既有减免灾害发生当年赋役的事例,也有减免灾害发生之后的数
年赋役。9 世纪以后,迟纳或未纳调庸的现象频频发生,因此作为应灾措施,亦
有减免灾害发生之前的未纳赋税的事例。

3. 控制米价

每当遭遇农业歉收或发生饥馑时,米价必然高涨,尤其是京中的民众难以
生存,直接影响社会的稳定,因此古代国家常常采用行政手段,通过向市场投放
官仓稻谷的措施,抑制米价的腾贵。例如,天平神护元年(765)二月,平城京饥
馑,米价暴涨,于是向京城的东西市投放左京职、右京职正仓的籼各二千斛,每
斗米价仅为百钱;四月,平城京的米价依然踊贵,再次以左京职、右京职正仓的
稻谷各 1000 石贱价投放东西市②。又如,延历八年(789),美浓、尾张、三河等国
因前一年(788)的五谷歉收而发生饥馑,虽然实施了赈恤的应灾措施,但民众仍
难以维持生计,为此中央朝廷"遣使开仓廪,准贱时价糴与百姓"③。

9 世纪以后,为了平稳灾时的米价,开始出现临时性的官营的常平所等设
施,出售平价之米。贞观九年(867),平安京及周边地区饥馑,粮价高腾,至四
月,米价贵至米一斛(一斛=100 升)值钱 1400 文,对此朝廷采取"官糴以救俗
弊"的措施,在东西京始置常平所,出售廉价的官米,米一升只值钱 8 文,即一斛
值 800 文,"京邑之人来买者如云"④。元庆二年(878),因前一年(877)的亢旱,
平城京及畿内诸国发生饥馑,面对灾情,政治核心层的公卿议定在东西京设置
常平司,出售官米,并以藤原敏行、伴春雄、纪卷雄三人为"卖常平所米使"。

4. 推助灾后农业生产的恢复

灾害发生后,赈给只是暂时的措施,而尽快使民众恢复农业生产,则是古代
国家殊为重视之事。其中,借贷给民众稻谷就是常见的措施之一。例如,持统
六年(692)闰五月,洪水泛滥,朝廷遣使至地方进行稟贷对于稟贷之后尚不能生
计者,允许灾民为了自救在国有的山林池泽捕鱼、采集食物。又如,天平四年

---

① 『日本三代実録』貞観四年七月二日己巳条。
② 『続日本紀』天平神護元年二月庚寅条,四月丁丑条。
③ 『続日本紀』延暦八年四月辛酉条。
④ 『日本三代実録』貞観九年四月廿二日辛卯条。

(732)，和泉监及纪伊、淡路、阿波等国因干旱而五谷不登，翌年(733)闰三月，圣武天皇敕令无息借贷官稻给民众，以延续农业生产。再如自天平神护元年起(765)，和泉国连年饥馑，至天平神护三年(768)二月，因五谷不登，和泉国的民众已无稻种耕作，为此朝廷从赞岐国调运稻谷四万余束至和泉国，以充水稻生产的种籽①。

除了借贷稻谷措施以外，也有通过颁发可以作为通货的物品促进生产活动恢复的事例。天平十九年(747)二月，因前一年(746)亢旱，年谷不稔，而"为赐大臣以下诸司才长上②以上税布并盐各有差"，其目的是帮助民众恢复生产③。

水利设施及水源是农业生产恢复的基本前提。宝龟十年(779)七月，骏河国暴雨成灾，冲毁庐舍、堤防，许多口分田被流埋，至十一月，骏河国上言需要征劳役单功④ 63200 余人修筑被水灾破坏的堤防，对此朝廷下令对修筑堤防的役夫给予公粮支付，而一般的徭役是役夫自带食量的，显示出对于灾后的重建事业的重视，从国家的层面给以助力⑤。又如，延历七年(788)四月，畿内诸国亢旱累月，沟池乏水，百姓无法耕种，于是桓武天皇敕令畿内诸国，"不问王臣家，田有水之处，恣任百姓，拥令播种，勿失农时"⑥。尽管没有史料说明桓武政府的这项措施实施的效果，但是不论身分制，准允普通民众在受灾期间可以使用王臣家的田中之水，反映出在灾害面前，为了恢复农业生产，不同阶层、不同身份之间的隔阂暂时被弱化，施以某种程度上的协作。

相比较水田耕作，陆田种植在防旱涝、抗旱涝方面具有一定的有利性，前述的用于赈灾的义仓储存的粮食就是粟。灵龟元年(715)十月，元正天皇诏令，鼓励民众陆田种植麦粟，以应旱涝之灾，其中言道⑦：

> 今诸国百姓未尽产术，唯趣水泽之种，不知陆田之利，或遭涝旱，更无余谷，秋稼若罢，多致饥馑。此乃非唯百姓懈懒，固由国司不存教导。宜令百姓兼种麦禾，男夫一人二段。凡粟之为物，支久不败，于诸谷中最是精好。宜以此状遍告天下，尽力耕种，莫

---

① 『続日本紀』神護景雲元年二月壬寅条。
② 才长上，即才伎长上，是中央诸官司内具有特殊技能长上(常勤)。
③ 『続日本紀』天平十九年二月丁卯条。
④ 单功是指一人一日的工作量。
⑤ 『続日本紀』宝龟十年十一月辛巳条。
⑥ 『続日本紀』延暦七年四月戊子条。
⑦ 『続日本紀』靈龟元年十月乙卯条。

> 失时候，自余杂谷，任力课之。若有百姓输粟转稻者听之。

兼种麦粟的男夫一人班给二段田，这与令制规定的男子口分田（水田）面积相同①，且交纳田租时，允许以粟代稻，可见朝廷针对陆田种植麦粟出台了优遇政策②。但实际上，律令制国家的班田只限于水田，陆田是需要农民自己开垦的，因此普通民众不愿陆田耕作也是情有可原的。养老六年（722）五月至七月，天旱无雨，苗稼不登，为防备旱灾之后的饥荒，元正天皇诏令诸国国司劝导民众种植树木、晚稻、荞麦及大麦、小麦，"藏置储积，以备年荒"③。可以说，推动种植农作物品种多样化，以备灾年之需或灾时借以自救，一直是古代国家的防灾措施。

三、源自中国古代灾异思想的措施

随着律令制国家成立，中国古代的灾异思想也开始被用于解释、说明灾害的发生或原因，这一点在应灾措施中也有所反映。

1. 自省治政

中国的天人感应思想认为，灾害的发生是人政有失在自然界的反映，即是政事有失的表象。因此，当遭遇灾害时，为稳定社会，维持治政为民的思想与形象是非常重要的。在古代日本天皇有关灾害的诏敕中，常常有自省治政的内容。由于有关天皇反省自身之德的罪己部分，本书设章专述，故在此仅就严政措施加以略述。

养老五年（721）正月二十四日、二十五日平城京连续两日地震。两天后的正月二十七日，元正天皇发布诏令，其中有以下内容④：

> 至公无私，国士之常风。以忠事君，臣子之恒道焉。（中略）
> 文武庶僚，自今以去，若有风雨雷震之异，各存极言忠正之志。

---

① 段是土地面积的单位，长30步，宽12步，面积为360步（1步大约为3.3平方米）。
② 令制规定的粟稻换算率是粟1斗相当于稻2斗或麦1斗5升，至天平六年（734）格则为粟2斗相当于稻3束（斗），天平八年四月格又重新规定，粟1斗相当于稻1斗。由此可见，尽管随着时代的推移，粟与稻的换算率有所变化，但在律令制国家，粟的地位始终没有低于稻（養老賦役令。『令集解』賦役令・令释、古記）。
③ 『続日本紀』養老六年七月戊子条。
④ 『続日本紀』養老五年正月甲戌条。

又，天平六年（734）四月七日畿内七道地震后，圣武天皇于四月十七日下达诏令[①]：

> 地震之灾，恐由政事有阙，凡厥庶寮勉理职事，自今以后，若不改励，随其状迹，必将贬黜焉。

在上述的元正天皇与圣武天皇的诏令中，都将地震的发生与政事有阙相联，强调臣下的责任，要求臣下以忠事君，尽职尽责。

天平宝字七年（763）是灾害频发之年，日本列岛自东至西大范围地发生饥馑、疫病，同时畿内及山阳、南海道诸国旱灾，并且正仓的火灾事件增多，社会处于不稳的状态。对此，同年九月一日，淳仁天皇下达敕令[②]：

> 疫死多数，水旱不时，神火屡至，徒损官物。此者，国郡司等不恭於国神之咎也。又一旬亢旱，致无水苦。数日霖雨，抱流亡嗟。此者，国郡司等使民失时，不修堤堰之过也。自今以后，若有此色，自目已上宜悉迁替，不须久居劳扰百姓。更简良材，速可登用。遂使拙者归田，贤者在官，各修其职，务无民忧。

淳仁敕令首先将灾害频发的原因归于国司、郡司等地方官员的行政有失，即不恭敬国神之咎与不修堤堰之过；其次为了整顿怠政，强调如若今后再有如此情况发生，则国司主典以上官人将全部被替换，重新录用良才，任命贤者为官。值得注意的是，敕令对不修堤堰之过的列举，反映出古代国家的中央最高权力核心层，已经对人为因素引发的灾害，即人为灾害具有一定的认识。

9世纪以后，吏治与灾害之间的关系更是屡屡被强调。例如，弘仁四年（813）五月的嵯峨天皇敕令包含了如下内容[③]：

> 治国之要在于富民，民有其蓄，凶年是防。故禹水九年，人无饥色；汤旱七岁，民不失业。今诸国之吏，深乖委寄，或差役失时，妨废农要，或专事侵渔，无心抚字。因此黎元失业，饥馑自随。非

---

① 『続日本紀』天平六年四月戊申条。

② 『続日本紀』天平宝字七年九月庚子朔条。

③ 『類聚国史』卷173・疾疫・弘仁四年五月丙子条。

> 缘灾祲，常告民饥，仍年年赈给，仓廪殆罄。倘有灾害，何以相济？
> 不治之弊，一至于此。宜自今以后，非有田业损害及有疾疫等，不
> 得辄请赈给。

该敕令首先引用中国的禹汤典故，阐述灾害之后，次生灾害的防止取决于官吏的治政；其次指出弘仁四年的地方官人多为懒政、怠政，且尚未达到灾害程度之时也频频奏报饥荒，依赖国家的赈济措施，致使仓库存粮不足，一旦遭遇真正的灾害，将会无粮救济；最后明确规定只有在农作物歉收及疫病流行时才能采取赈给措施。由此可以看出，灾害之时，中央与地方之间的微妙差异，地方希望借国家财政之力应灾，而中央则希望地方尽量以一己之力应对普通灾害。

又如，弘仁五年（814）七月二十五日，嵯峨天皇敕令下达畿内诸国及近江、丹波等国[①]：

> 顷年旱灾频发，稼苗多损，国司黙然，百姓受害，其孝妇含冤，
> 东海蒙枯旱之忧。能吏行县，徐州致甘雨之喜，然则祸福所兴，必
> 由国吏。自今以后，若有旱者。官长洁斋，自祷嘉澍，务致肃敬，
> 不得狎污。如不应者，乃言上之。立为恒例。

"顷年旱灾频发"一句似乎是指平安京及周边地区于弘仁三年（812）遭遇旱灾事。此外，弘仁五年五月，畿内地区发生了虫害，当时或许亦是干旱气象。嵯峨天皇的敕令重申了在面对旱灾引发的农作物受损的情况下，吏治的有为或无为直接影响百姓的受灾程度以及灾后的重建，并要求国司官人必须肃敬神祇，尽职尽能，否则予以处分。

2. 大赦

在古代国家的应灾措施中，大赦是常见的措施，既能树立天皇恩布宽仁以救民患的形象，也可以减轻灾害之时管理犯人的经济负担。但是，作为应灾措施的大赦，一般情况下，实施对象的范围不超过常赦的范围，即不赦免犯下八虐、杀人、强盗、盗窃等罪的犯人。其中，八虐之罪包括谋反、谋大逆、谋叛、恶逆、不道、大不敬、不孝、不义，被认为是动摇律令制国家统治秩序的罪行。

根据文献史料，古代日本的应灾大赦事例，除改元大赦以外，可以列表

---

① 『日本後紀』弘仁五年七月庚午条。

如下：

表 2-1　古代日本应灾大赦事例表

年月	西历	灾	赦	备注
庆云二年八月	705	庆云二年六月~八月亢旱，饥荒	大赦天下	《续日本纪》庆云二年八月戊午条
养老六年七月	722	五月~七月干旱	大赦天下	《续日本纪》养老六年七月丙子条
天平四年七月	732	春夏亢旱不雨	赦天下	《续日本纪》天平四年七月丙午条
天平七年五月闰十一月	735	灾变数见，疫病不已	大赦天下	《续日本纪》天平七年五月戊寅条、闰十一月戊戌条
天平九年五月、七月	737	旱灾、疫病流行、农作物受灾	大赦天下	《续日本纪》天平九年五月壬辰条、七月乙未条
宝龟四年四月	773	灾异屡臻	大赦天下	《续日本纪》宝龟四年四月壬戌条
天应元年七月	781	夏炎旱	赦	《续日本纪》天应元年七月壬戌条
延历元年七月	782	疫病	大赦天下	《续日本纪》延历元年七月丙午条
延历九年闰三月	790	灾变未息	大赦天下	《续日本纪》延历九年闰三月壬午条
仁寿三年四月	853	疫病流行	赦	《文德实录》仁寿三年四月丙戌条
延喜十年七月	910	炎旱	赦天下	《日本纪略》延喜十年七月十日条
延喜十五年五月 十月	915	旱 疫病流行	赦囚23人 大赦天下	《扶桑略记》里书·延喜十五年五月廿八日戊子条 《日本纪略》延喜十五年十月廿六日条
延长八年二月	930	前一年（929）风雨灾，当年疫病流行	大赦天下	《日本纪略》延长八年二月廿四日条
天历元年九月	947	疫病流行	大赦	《日本纪略》天历元年九月五日丙辰条
天延三年四月	975	三合之厄之病	大赦天下	《日本纪略》天延三年四月七日己酉条
永延元年五月	987	旱	赦	《日本纪略》永延元年五月廿九日庚寅条
正历四年八月	993	疫病流行	赦	《日本纪略》正历四年八月十一日丙寅条
正历五年三月、五月	994	疫病流行	大赦天下	《日本纪略》正历五年三月廿六日戊寅条、五月廿六日丁丑条
宽弘二年十一月	1005	雷电	非常赦	《日本纪略》宽弘二年十一月十一日乙卯条

续表

年月	西历	灾	赦	备注
宽仁四年四月	1020	疫病流行	大赦天下	《日本纪略》宽仁四年四月廿二日癸卯条
长元五年三月	1032	地震、雷鸣	大赦天下	《日本纪略》长元五年三月五日丙子条
康平四年五月	1061	地震	恩赦	《扶桑略记》康平四年五月八日条

其中,庆云二年(705),畿内地区亢旱饥荒,文武天皇于八月诏令大赦,具体内容如下[1]:

> 诏曰,阴阳失度,炎旱弥旬,百姓饥荒,或陷罪网。宜大赦天下,与民更新。死罪已下,罪无轻重,咸赦除之。老病鳏寡惸独,不能自存者,量加赈恤。其八虐常赦所不免,不在赦限。又免诸国调之半。

由诏令可知,面对旱灾饥荒,朝廷出台的应灾措施并非单一的措施,而是大赦与赈恤、减免调等诸措施组合同时实施。诏令中的"大赦天下,与民更新"一语道出了大赦的意义,即攘除灾害影响,建立新的稳定社会。

如若说灾害是失政的表象,那么实施大赦则是体现天皇德治形象的重要措施。天平六年(734)四月七日,畿内七道地震之后,圣武天皇诏令宣布大赦天下,其目的是"令存宽宥而登仁寿,荡瑕秽而许自新"[2]。又如,天平七年(735)五月,圣武天皇敕令:"灾异频兴,咎徵仍见,战战兢兢,责在予矣。思缓死愍穷以存宽恤,可大赦天下"[3]。由此可见在自省灾害责任之后,通过大赦天下来表现天皇的体恤、施恩子民的姿态。

3.改元

因灾害而改元的措施,源于中国王朝。《续日本纪》就有"昔者周王遇旱,有云汉之诗。汉帝祈雨,兴改元之诏。人君之愿,载感上天"的叙述[4],折射出古代日本的统治阶层通过汉籍,知晓中国古代王朝的灾异改元事例。但是在日本古代的历史发展历程中,以灾害为由的改元,却出现相对较晚,是在 10 世纪以后,

---

① 『続日本紀』慶雲二年八月戊午条。
② 『続日本紀』天平六年七月辛未条。
③ 『続日本紀』天平七年五月戊寅条。
④ 『続日本紀』霊亀元年六月壬戌条。

然而事例不在少数。以下列举若干事例窥见一斑。

(1)延喜二十三年(923)正月以来,平安京咳病流行,后又遭遇水灾。至闰四月醍醐天皇诏令,因"水潦疾疫",改延喜二十三年为延长元年,同时实施大赦①。

(2)天历十年(956),天下大旱。翌年(957)更是旱灾、水灾交替接踵而至。于是十月,以"水旱灾"为由,村上天皇诏令改天历十一年为天德元年,并有赦令②。

(3)应和四年(964)七月,因旱灾并且适逢甲子年,改应和四年为康宝元年③。

(4)天禄四年(973),地震、台风、水灾等灾害相继发生。十二月,因"天变、地震",改天禄四年为天延元年,并有赦令④。

(5)天延四年(976),平安京及周边地区遭遇大地震、风雨灾。七月,圆融天皇诏书"依灾并地震",改天延四年为贞元元年,同时下达赦令⑤。

(6)永延三年(989)六月,疫病流行。八月八日,为"攘彗星、天变、地震之灾异",改永延三年为永祚元年⑥。可是,就在改元的数日后,八月十三日平安京遭遇前所未有的风雨灾,房屋倒塌,洪水高涨,人、畜、田地被淹没,死亡者众多。翌年(990),又遇大风洪水、地震,于是十一月,以"大风天变"为由,一条天皇诏令改永祚二年为正历元年,大赦天下⑦。

(7)正历五年(994),疫病在日本自西向东蔓延。翌年(995),疫情仍未得到控制。二月,一条天皇诏令"依疾疫天变",改正历六年为长德元年,大赦天下⑧。

(8)长德四年(998)夏秋,平安京疱疮流行,死者甚多。翌年

---

① 『日本紀略』延長元年閏四月十一日乙酉条。
② 『日本紀略』天德元年十月廿七日庚辰条。
③ 『扶桑略記』応和四年七月癸未条。
④ 『日本紀略』天延元年十二月廿日庚子条。
⑤ 『日本紀略』貞元元年七月十三日戊寅条。
⑥ 『日本紀略』永祚元年八月八日丙辰条。
⑦ 『日本紀略』正暦元年十一月七日戊寅条。
⑧ 『日本紀略』長德元年二月廿二日戊戌条。

(999)正月,以"天变、炎旱灾"为由,一条天皇诏令改长德五年为长保元年,大赦天下①。

(9)长保六年(1004)七月以后,遭遇旱灾。七月二十日,因"灾变",改元宽弘,并大赦天下②。

上述事例中,(2)(3)例是村上天皇在位期间,(4)(5)例是圆融天皇在位期间,(6)(7)(8)(9)是一条天皇在位期间。直至中世,在位的天皇数次以灾害为由改元的事例时时可见,由此反映出 10 世纪以后,改元成为朝廷的重要应灾措施。

以上从祈神佛攘灾、灾后经济恢复及严格吏治、大赦、改元等方面论述了古代日本国家层面的应灾措施。除此之外,朝廷也鼓励富裕阶层以私有的财力资助社会应灾活动,例如个人以私粮救济受灾者等。天平宝字八年(764),由于往年的水旱之灾造成多地发生饥馑,平城京的东西市头,聚集着许多乞丐人,弹正台正八位上的官人土师岛村,拿出自己的蓄粮救济了穷困者十余人;为此,淳仁天皇诏令奖励土师岛村,授位一阶,并宣布:如若有相同情况,一年内救济二十人以上者,加位一阶,救济五十人者,加位二阶③。又如,天平神护元年(765),饥荒使得米价腾贵,虽然为了抑制米价,官仓的稻米被投入市场,但似乎见效不大;六月,称德天皇发布如下敕令④:

> 天下诸国郡司六位以下及白丁,糶米三百石,叙位一阶。每加二百石,进一阶叙。其絁六百疋、糸一千六百斤、调庸绵六千屯、调布一千二百端、商布三千五百段,也各叙阶准上。又令诸司六位已下杂任已上者,糶米二百石,叙位一阶。每加一百五十石,进一阶叙。他物也准此。皆限七月廿九日于东西市出卖。唯五位以上及正六位上,别奏其名。

即,为了控制市场的米价,推行私人出卖米絁等授阶法,鼓励六位以下的官人及富裕民众将个人所蓄之米,投入市场,以达到降低米价的目的。

---

① 『日本紀略』長保元年正月十三日丁卯条。
② 『日本紀略』宽弘元年七月廿日壬寅条。
③ 『続日本紀』天平宝字八年三月己未条。
④ 『続日本紀』天平神護元年六月癸酉条。

第三章　灾害与古代日本社会、
对外关系的脆弱性

在古代日本，王的称号从倭王、大王向天皇的演变，是经过多次的内政改革及对外关系调整等而循序渐进发展的。以天皇为顶点的律令政治体制成立后，天皇的权威性亦达到了"夫有天下之富者朕也，有天下之势者朕也"的程度①。但是，无论是政治体制还是社会内部，实际上始终潜藏着不稳定的因素，因此每当灾害，尤其是大灾害发生时，都可能会长时间或短时间地波及政治、经济、社会及对外关系等方面。本章拟从灾害史的视角，通过若干具体事例探究灾害对古代日本社会及对外关系的影响。

第一节　灾害与政治

一、养老五年的灾害与元正女皇的应灾诏令

元正女皇于灵龟元年（715）九月继承皇位，之后便不时地面临着灾害与不祥的袭来。养老三年（719）秋季，全国诸国遭遇了旱灾、饥荒。翌年（720），"咎徵屡见，水旱并臻，平民流没，秋稼不登，国家骚然"，原因被归于当年是"多事"的庚申年，所谓"岁在申年，常有事故"②。同年（720），元正女皇所寄重的重臣藤原不比等病亡。

藤原不比等死后，天武天皇之孙长屋王从大纳言晋升至右大臣，成为众臣的首席。长屋王自大宝四年（704）开始登上政治舞台，至养老二年（718），其政

---

① 『続日本紀』天平十五年十月辛巳条。
② 『続日本紀』養老五年二月甲午条。

治地位仅次于藤原不比等,是政治舞台上的举足轻重的人物。甚至连藤原不比等也无法忽视长屋王的势力,将自己的一个女儿嫁与长屋王。另一方面,藤原不比等的儿子们在其父亲死后,尽管受到元正天皇的宠爱和重用,官至要职,长子藤原武智麻吕与次子藤原房前也都进入了朝廷的决策机构,参与议政,但在当时,他们的势力尚不足以撼动长屋王的政治地位。

养老五年(721)正月,新年初始,三日出现雷鸣;二十四日、二十五日,平城京连日发生地震;两天后,元正天皇诏令①:

> 至公无私,国士之常风。以忠事君,臣子之恒道焉。当须各勤所职,退食自公,康哉之歌不远,隆平之基斯在。灾异消上,休徵叶下。宜文武庶僚,自今以去,若有风雨雷震之异,各存极言、忠正之志。又诏曰,文人武士,国家所重。医卜方术,古今斯崇。宜擢於百僚之内,优游学业,堪为师范者,特加赏赐,劝励后生。

元正诏令首先强调臣下要"以忠事君"、"各勤所职",且灾害之时,须抱有"忠正之志";同时,在赏赐学术技艺优秀者的内容中,不仅强调文人、武士是国家所重,而且明言医卜、方术是"古今斯崇"。所谓的"医"是"疗病","卜"是"灼龟"②,"占候医卜,效验多者,为方术之最"③。据此推断,基于对众臣的忠诚度的担忧,元正诏令意图确保灾害时救援的医疗人员力量以及文武官僚的忠心,以预防灾害可能带来的政治或社会不稳。

同年(721)二月七日,平城京又发生了有感地震。十五日,大藏省仓库无故有声自鸣。十六日,出现日晕,如同白虹贯日。相继出现的地震、仓库自鸣、白虹贯日,虽都属于自然现象,但却被视为不祥之兆,于是二月十六日,元正天皇召见左右大辨及八省卿等官员于殿前,下达诏令④:

> 朕德菲薄,导民不明,夙兴以求,夜寐以思,身居紫宫,心在黔首,无委卿等,何化天下。国家之事,有益万机,必可奏闻。如有

---

① 『統日本紀』養老五年正月甲戌条。诏书中的"退食自公"句,源自《诗经·召南·羔羊》:"退食自公,委蛇委蛇";其中的"康哉之歌"源自《书经·益稷》:"乃庚赓载歌曰:元首明哉,股肱良哉,庶事康哉。"

② 『令義解』考课令。

③ 養老考課令。

④ 『統日本紀』養老五年二月癸巳条。

不纳,重为极谏。汝无面从,退有后言。

翌日(十七日),再次发布命令公卿等直言政事之诏,部分内容抄录如下①:

> 去年灾异之余,延及今岁,亦犹风云气色,有违于常。朕心恐
> 惧,日夜不休。然闻之旧典,王者政令不便事,天地谴责以示咎
> 徵,或有不善,则致之异乎。今汝臣等位高任大,岂得不罄忠情
> 乎? 故有政令不便事,悉陈无讳,直言尽意,无有所隐,朕将亲览。

上述二诏的主要内容是在咎徵之兆——灾异出现的情势下,命令臣下向政治核心层谏言,以改正王政的不足,防范王权统治的不稳。二月十七日诏令认为当时的灾异现象是前一年(720)灾异的延续,因此格外担忧。换句话说,尽管养老五年初的平城京地震并没有造成大的损害,但由于养老四年水旱灾害的影响依然延续,农业的歉收影响着民众的生活,因此元正朝廷对于新出现的地震及异常之兆极其敏感,无法掉以轻心。三月七日,元正天皇敕令再次下达②:

> 敕曰,朕君临四海,抚育百姓,思欲家之贮积,人之安乐。何
> 期,顷者旱涝不调,农桑有损,遂使衣食乏短。致有饥寒。言念于
> 兹,良增恻隐。今减课役,用助产业。其左右两京及畿内五国,并
> 免今岁之调,自余七道诸国亦停当年之役。

针对前一年(720)农作物歉收,造成民众饥寒交迫的情况,宣布"减课役,用助产业"的应灾措施,免除平城京与畿内地区的当年调及其他地方诸国的当年之役。两天后,即三月九日,又发布了限制王公卿士及豪富之民畜马的诏令,其中的内容有③:

> 制节谨度,禁防奢淫,为政所先,百王不易之道也。王公卿士
> 及豪富之民多畜健马,竞求亡限,非唯损失家财,遂致相争斗乱,
> 其为条例令限禁焉。

---

① 『続日本紀』養老五年二月甲午条。
② 『続日本紀』養老五年三月癸丑条。
③ 『続日本紀』養老五年三月乙卯条。

从"相争斗乱"之语可以看出，王臣公卿及豪富之民的"多畜健马"与政治、社会不安稳有关联。类似的限制畜马规定，在后世的天平宝字元年（757）六月，橘奈良麻吕之乱前的不安定政治情势中，也曾以淳仁天皇诏敕形式下达。因此，仅从诏令的内容来看，似乎与应灾措施并不存在关联，但是在灾异不断发生的历史背景下，限制畜马的元正天皇诏令与前述的灾害影响具有相连动的一面，包含着防止政治、社会不安稳的目的。

养老五年（721）五月三日，因元明太上天皇身体不豫，大赦天下；六日，允许得度僧尼 100 人，并赐物予佛门之人[①]。据此推测，元明太上天皇极有可能在五月之前就身体不适了。元明太上天皇虽然是已经退位的天皇，但对于当时的政治依然具有相当的影响力[②]。因此养老五年，当灾害或被视为异常事态的自然现象发生时，所下达的元正天皇诏令内容，不仅是出台减免受灾民众调役等具体的应灾措施，而且对文武官人也再三强调"忠诚事君"，加强对官僚的控制，反映出在藤原不比等死后，元明太上天皇的患病使得当时的政治飘浮着不安的气氛。如此政治情势下的灾异发生，必然增添以元正天皇为中心的王权的格外不安，故而谨慎应对，防止政治不稳局面出现，以确保皇位传递至天武天皇直系的首皇子（圣武天皇）手里。

二、天平九年疫病流行的次生灾害——藤原广嗣之乱

神龟六年（729）二月的"长屋王之变"之后，同年八月，以大瑞（龟）出现为名，年号从"神龟"改为"天平"，其改元的目的是祈望"天下平，百官安"[③]。然而天平年间却是灾害频频，社会不稳。例如，天平二年（730）六月，平城京及其周边地区遭遇旱灾，朝廷预测当年年谷不登，遣使检校百姓的生产，但是至九月，平城京及诸国已是"多有盗贼，或捉人家劫掠，或在海中侵夺，蠹害百姓莫甚于此"，并且加之在平城京东侧的山谷中，"聚集多人妖言惑众，多则万人，少乃数千，如此徒深违宪法，若更因循，为害滋甚"[④]。天平四年（732）时，夏季亢旱，百川水少，百姓无法耕作；八月，又遭遇大风雨灾，百姓的庐舍及各处的寺院堂塔

---

① 『続日本紀』養老五年五月壬子条。
② 养老五年（721）十月，病重的元明太上天皇担心自己过世后出现政局不稳，召唤长屋王与藤原房前至自己的病榻前，托嘱后事，其政治影响力可以窥见一斑。
③ 『続日本紀』天平元年八月癸亥条。
④ 『続日本紀』天平二年九月庚辰条。

皆受损害。翌年(733),受天平四年的旱灾影响,五谷不登,使得平城京、芳野监、赞岐、淡路、大倭、河内、和泉监、纪伊、阿波等许多地方都诱发了次生灾害饥馑,而饥馑又引发了疫病流行,次生灾害连锁发生。天平六年(734)四月,畿内七道大地震。翌年(735)开始,就发生了对圣武王权影响极大的疫病流行。

前已叙述,天平七年(735)夏季,在大宰府管辖的地区内,流行豌豆疮,死亡者众多。为了救治染病的民众,圣武朝廷采取了派遣使节赈给灾民,并为灾区送去汤药治疗等应对措施。此外,圣武天皇还诏令奉币给大宰府的神社,向诸神祇祈祷,同时命令大宰府内的诸寺诵读金刚般若经;为了防止疫病从大宰府向东蔓延至本州岛,命令自长门国(今山口县)以东的诸国的国司官人斋戒,举行道飨祭祀仪式。但是,疫病的蔓延并没有停止住脚步,自夏至冬,豌豆疮始终流行。这一年的疫病流行是否波及平城京?文献史料并没有明记。但一品新田部亲王、正四位贺茂朝臣比卖、知太政大臣事一品舍人亲王相继离世。

天平九年(737)四月,大宰府管辖内的诸国再次发生疫疮蔓延,致使众多百姓死亡。圣武朝廷采取与天平七年相同的应对措施,然而祈祷山川、奠祭神祇等都没有奏效。首都平城京也是疫疮肆虐,加之干旱,田苗枯萎,农业生产受到极大的损害。在这种状况下,圣武天皇发布诏令,叹及"朕以不德,实致兹灾。思布宽仁,以救民患"①,并大赦天下。可是,疫病依然猖獗,死亡者数不胜数,尤其是众多贵族的病亡,给圣武王权的核心层带来极大的影响。同时藤原不比等的4个儿子(藤原武智麻吕、藤原房前、藤原麻吕、藤原宇合)相继被疫病夺去生命,使得藤原氏的政治势力落入低谷。

藤原氏四兄弟死后,圣武天皇开始重用非藤原氏势力的人。皇族出身的橘诸兄成为中央决策机构的首班。橘诸兄原是葛城王与皇后光明子(后世通称为"光明皇后",以下使用通称)是同母异父兄妹,天平八年(736)被赐其母之姓橘宿祢,降为臣籍。为庆祝赐姓一事,元正太上天皇、圣武天皇和光明皇后曾经在皇后宫设宴款待橘诸兄,由此可见对于出身藤原氏的光明皇后来说,橘诸兄是信赖之人,并非是与藤原氏对立的人物。此外,从唐王朝归来的遣唐留学生吉备真备、留学僧玄昉也进入政界,成为橘诸兄政权的两员大将。这时,藤原氏四兄弟的后代大多年纪尚轻,只有藤原武智麻吕的长子藤原丰成一人进入了议政官。

橘诸兄政权的非藤原氏色彩使藤原氏的一部分人感觉到失去政治地位的

---

① 『続日本紀』天平九年五月壬辰条。

危机。藤原宇合之子藤原广嗣的反应尤为激烈。藤原广嗣曾任式部少辅,兼任大养德守,但因"在京中谗乱亲族"①,被左迁至九州,担任大宰少贰一职。赴任大宰府后的藤原广嗣,不满非藤原氏势力集团主持朝政,曾于天平十二年(740)八月,上表圣武天皇,"指时政之得失,陈天地之灾异"②,认为灾异的不断发生是因为治政有过失,而之所以失政则是由于朝廷重用了玄昉、下道真备(吉备真备)等人,并强烈要求罢逐二人。同年九月三日,藤原广嗣甚至在九州起兵,诉述自己的政治要求。朝廷即刻任命以大野东人为大将军、纪饭麻吕为副将军,调集东海、东山、山阴、山阳、南海五道兵一万七千人③,讨伐藤原广嗣。由于藤原广嗣军中有九州的少数族隼人,因此朝廷还召集在平城京内的 24 名隼人④,分别授予不同的官位,派往讨伐藤原广嗣军的前线。

朝廷征讨军的总部设在长门国(山口县西部・北部)。九月二十一日,朝廷军派出精兵 40 人为先头阵;二十二日又派出包括 24 名隼人及四千军士在内的第二阵军力,分别渡过关门海峡,进入丰前国。二十五日朝廷征讨军迅速控制了丰前国全域。二十九日,圣武天皇向大宰府管辖之内的诸国官人和百姓发布敕符,指控"逆人"藤原广嗣自少凶恶及奸诈、谗乱,将其远迁九州,期望他能改心;然而"今闻擅为狂逆,扰乱人民,不孝不忠,违天背地,神明所弃,灭在朝夕";如果有人与广嗣"同心起谋",但如今若"能改心悔过,斩杀广嗣",则赏赐官位⑤。圣武天皇的这一敕符复制数千张,遍散大宰府管辖内的诸国,可谓是朝廷的宣传战。

十月上旬,藤原广嗣军集 1 万余兵力于九州的板柜川,与六千余兵力的朝廷军交战⑥。对战伊始,藤原广嗣亲率隼人军为先锋,企图编木为船渡河,但是却被朝廷军的弓箭阻止。于是,藤原广嗣军与朝廷军隔河对峙。朝廷军采用攻心战术,首先让本军中的隼人向藤原广嗣军内的隼人及士兵喊话劝降;然后以敕使佐伯常人为首直接呼喊藤原广嗣 10 次,直至藤原广嗣出现在阵前,佐伯等人指责藤原广嗣起兵反乱,而藤原广嗣则重申其目的只是请朝廷罢用玄昉与下道真备二人。虽然攻心战术未能弱化藤原广嗣本人的意志,但却瓦解了藤原广

① 『続日本紀』天平十二年九月癸丑条。
② 『続日本紀』天平十二年八月癸未条。
③ 『続日本紀』天平十二年九月丁亥条。
④ 『続日本紀』天平十二年九月戊子条。
⑤ 『続日本紀』天平十二年九月癸丑条。
⑥ 『続日本紀』天平十二年十月壬戌条。

嗣军中的士气，隼人和士兵陆陆续续渡河向朝廷军投降。在朝廷军的紧逼下，藤原广嗣及其弟藤原纲手走投无路，一同乘船西逃，他们的船从肥前国松浦郡值嘉岛（长崎县五岛列岛）出发，幸得东风走了 4 天，然而就在已经望见耽罗岛（济州岛）时，由于风向突变，船被吹回值嘉岛。十月二十三日，藤原广嗣在值嘉岛被捕。十一月一日，在肥前国松浦郡，藤原广嗣及其弟同被斩首，藤原广嗣之乱平息。

藤原广嗣之乱对九州当地民众的影响，文献史料没有记载，但是从圣武敕令宣传单遍散九州岛可以看出，普通民众也被卷入这场人为灾害——战争之中。

就在藤原广嗣之乱结束的前夕，圣武天皇却离开平城京，前往东国巡行。圣武天皇也自知此时的东国巡行不合时宜，特意将自己的行程告知前方指挥军队镇压反乱的大将军大野东人，希望战斗在前线的将领不要惊怪。圣武天皇突然决定离开平城京的理由不明，不过，经过疫病流行及其次生灾害——藤原广嗣之乱，圣武天皇对平城京不再留恋的决定似乎也是可以理解的。事实上，在行幸东国的途中，圣武天皇决定迁都，在山背国相乐郡恭仁乡（京都府木津川市相乐郡加茂町）建造新都恭仁宫。

三、天平宝字年间饥疫中的藤原仲麻吕之乱

天平感宝元年（749）七月二日，圣武天皇以自己身体不堪天皇之任为由让位，32 岁的阿倍内亲王于平城宫大极殿即位，是为孝谦天皇。即位当日，孝谦天皇即将年号改为"天平胜宝"，并对太政官进行了新的人事任命。除了橘诸兄依然是众臣的首班以外，藤原武智麻吕的长子藤原丰成、次子藤原仲麻吕，藤原房前的三男藤原八束、四男藤原清河，以及橘诸兄之子橘奈良麻吕等年轻一代也都成为中央中枢决策机构的成员。

天平胜宝八岁（756）五月，56 岁的圣武太上天皇病逝。翌年（757）七月，围绕着皇位继承人选，发生了橘奈良麻吕未遂政变。为此，同年八月，孝谦天皇将年号改为天平宝字。由于 757 年的晚稻遭遇旱情，孝谦天皇下令"免天下诸国田租之半"①。天平宝字二年（758）八月，孝谦女皇让位，皇太子大炊王即位，是为淳仁天皇。

淳仁天皇深知自己之所以能够登上皇位，与藤原仲麻吕的支持密不可分，

---

① 『続日本紀』天平宝字元年八月甲午条。

因此重用藤原仲麻吕。由于在挫败橘奈良麻吕未遂政变中立下功绩，淳仁天皇赐予藤原仲麻吕姓名"惠美押胜"，即藤原仲麻吕的名字改为藤原惠美押胜。天平宝字四年（760）正月，藤原惠美押胜官升至大师（太政大臣），开启了非皇族成为太政大臣的先例。此外，淳仁天皇还赋予藤原惠美押胜拥有私铸钱、私出举（高利贷稻）及使用个人私印替代公印等特权，其政治地位可谓是登峰造极。

然而，就在天平宝字四年，自三月起，伊势、近江、美浓、若狭、伯耆、石见、播磨、备中、备后、安芸、周防、纪伊、淡路、赞歧、伊豫、志摩等国相继发生疫病流行，同时上野国发生饥馑。所谓"疾疫流行，黎民饥苦"；五月，朝廷命令遭遇疫病流行的各道巡察使和国司，视问民众的患苦并赈给①。在各地施行应灾对策时，60 岁的光明皇太后于六月病亡。光明皇太后在世期间，具有相当的政治影响力，无论是淳仁天皇的治政还是藤原惠美押胜的权势，如若没有光明皇太后的认可与支持，都是会遇到阻力的②。因此光明皇太后的死，使得政治上的原有的"力"平衡被打破，孝谦太上天皇与淳仁天皇之间的矛盾逐渐表面化，

天平宝字五年（761）十月，朝廷决定迁都至位于近江国的保良宫（京）。保良宫（京）因位于平城京的北面，故被称为北京。近江是藤原惠美押胜的势力根据地，藤原惠美押胜及其父藤原武智麻吕都曾担任过近江国的国守。迁都保良，可以说是藤原惠美押胜力图巩固其权势的决策之一。

天平宝字六年（762），各地频频发生灾害，其中三月，三河、尾张、远江、下总、美浓、能登、备中、备后、赞歧九国旱灾；四月，远江、尾张、石见等国饥馑；五月，京师及畿内诸国、伊势、近江、美浓、若狭、越前、石见、备前等国饥馑；五月九日，美浓、飞驒、信浓等国地震；八月，陆奥国疫病流行。此外，这一年还遭遇了霖雨灾害。对于饥馑地区的民众，朝廷采取了赈给等应灾措施。就在各地灾情不断的同时，以淳仁天皇、孝谦太上天皇、藤原惠美押胜为中心的政治体制也开始出现龟裂。天平宝字六年四月，孝谦太上天皇在保良宫患病，其时宫中的内

---

① 『続日本紀』天平宝字四年五月戊申条。

② 天平宝字三年（759），淳仁天皇接受光明皇太后的旨意，拟追赠自己亲生父亲舍人亲王的尊号"崇道尽敬皇帝"，尊亲生母亲当麻夫人为"大夫人"，兄弟姐妹为"亲王"；然而在向孝谦太上天皇上奏时，孝谦指示淳仁应该婉转地谢绝光明皇太后的厚意；于是淳仁又遵从孝谦之意向光明皇太后表示谢绝。但是，后来终于在光明皇太后的劝说下，最后淳仁接受了光明皇太后的旨意（『続日本紀』天平宝字三年六月庚戌条）。又如，在天平宝字四年（760）正月的叙位仪式与正月七日仪式，孝谦太上天皇与淳仁天皇同时出现在群臣和渤海国使节面前（『続日本紀』天平宝字四年正月丙寅条、丁卯条、己巳条），由此可以看出，孝谦太上天皇虽然让位淳仁天皇，但却始终不认可皇统的更替，这为日后的激烈的权力斗争埋下了伏笔。

道场禅师道镜①尽心侍奉，深得孝谦太上天皇的宠幸。对于孝谦太上天皇与道镜的亲密关系，淳仁天皇时常进言忠告，致使孝谦太上天皇与淳仁天皇之间的不和加深。同年（762）五月下旬，作为政治中心的首都回迁至平城京。关于还都平城京的理由，《续日本纪》仅仅归于淳仁天皇与孝谦太上天皇之间有隙②，但如前所述，当时近江国及其周边地区发生饥馑、地震，或许也是迁都的原因之一。

淳仁天皇与孝谦太上天皇同时从保良宫回到了平城京，但是二人却并没有同时返回平城宫居住，只有淳仁天皇一人返回了平城宫，居住中宫院，而孝谦太上天皇则入法华寺出家了。由此，孝谦太上天皇与淳仁天皇之间的矛盾暴露于世。天平宝字六年六月三日，孝谦太上天皇召集五位以上的官人于朝堂，直言其出家的原因是因为淳仁天皇对她不敬，并且明确表明要在政事上与淳仁天皇分权："朕应发菩提心缘在念，是以出家成为佛弟子，但政事上，常祀小事今帝（指淳仁天皇）掌行，国家大事赏罚等由朕掌行"③，预示着淳仁天皇的权限被缩小，孝谦太上天皇重掌大权。

天平宝字七年（763），由于前一年（762）发生水旱之灾，造成了日本列岛从东至西的大规模饥馑。一年中，来自各地的饥馑报告不断传递到中央，即二月，出羽国；四月，信浓、陆奥等国；五月，河内国；六月，尾张、越前、能登、大和、美浓等国；七月，备前、阿波二国；八月，近江、备中、备后、丹波、伊豫、丹后等国；十月，淡路国；十二月，摄津、播磨、备前三国。除了饥馑以外，各地的旱灾、疫病也是此起彼伏地发生。壹岐岛、伊贺、摄津、山背等国先后有疫病流行；五月，畿内地区大旱；八月，山阳道（播磨、美作、备前、备中、备后、安艺、周防、长门）、南海道（纪伊、淡路、阿波、赞岐、伊豫、土佐）等地区旱灾。饥馑、疫病使得许多民众死亡，而饥疫造成的劳动力减少以及旱灾的发生又预示着翌年仍将持续饥馑状况。同年九月，尾张、美浓、但马、伯耆、出云、石见等国就已上报年谷不稔的情况。尽管中央朝廷对饥馑地区施行了赈给、免田租等应灾措施，但是米价腾贵，平城京屡屡发生放火事件，社会处在极其不稳的状态。另一方面，政治的不稳也是越来越显现。天平宝字七年（763）九月，藤原惠美押胜派的少僧都慈训法师被免职，由道镜出任少僧都之职。对于道镜的得宠，藤原惠美押胜非常不安，意识到自己权势有被削弱的危险，于是紧握军事权，安排自己的儿子和女婿就

---

① 道镜出身于河内国的弓削氏，知晓梵文，通达禅定，故得以进入宫中的内道场，成为禅师。
② 『続日本紀』天平宝字六年五月辛丑条。
③ 『続日本紀』天平宝字六年六月庚戌条。

任军事上的要职,并控制军事战略重地伊势、美浓、越前三国(三关所在国)。

饥馑与旱灾在天平宝字八年(764)继续袭击日本列岛,播磨、备前、备中、备后、石见、摄津、出云、美作、阿波、赞岐、伊豫、多襰岛等国都深处饥馑之中;畿内地区、山阳道、南海道继续干旱。与饥馑或旱灾相关的疫病在志摩、淡路、石见及山阳、南海二道诸国流行。同年(764)十二月,又有大隅、萨摩二国之界海底火山喷火。为了抗旱,除了向神祇祈雨以外,朝廷还派遣造池使至大和、河内、山背、近江、丹波、播磨、諳岐等国指导建筑井池等水利设施。

天平宝字八年(764)九月,藤原惠美押胜担任"都督四畿内、三关、近江、丹波、播磨等国兵事使",掌兵自卫,并且依据诸国试兵之法规定①,向其管辖之内的诸国征调兵士,轮番上京,集结至都督府,练习武艺。而畿内地区及播磨、丹波等国都是连年遭受旱灾或饥馑的受灾地区,因此藤原惠美押胜的征调兵士,实际上是增加了受灾地区的重役,这也在不同程度上影响了藤原惠美押胜军的战斗力。

藤原惠美押胜不断增加调兵人数的行为,被告密者报告给孝谦太上天皇。孝谦太上天皇接到报告后,迅速采取了先下手为强的策略。天平宝字八年九月十一日,孝谦太上天皇派人去中宫院,收回淳仁天皇掌握的象征天皇权力、权威的驿铃和内印;藤原惠美押胜得知消息后,即刻命令自己的儿子藤原惠美训儒麻吕率人夺回了驿铃和内印;孝谦太上天皇获得急报后,也极速派军杀死藤原惠美训儒麻吕,反夺回驿铃和内印。同时,孝谦太上天皇以敕令形式宣布②:

> 太师正一位藤原惠美朝臣押胜并子孙,起兵作逆,仍解免官位,并除藤原姓字已毕。其职分、功封等杂物,宜悉收之。即遣使固守三关。

在严峻急迫的情势下,被恢复旧名的藤原仲麻吕顾不上淳仁天皇,携带太政官印,率领同党,奔向自己的势力根据地——近江国。但由于孝谦太上天皇派出的官军抢先切断了藤原仲麻吕前往近江国的必经之桥(势田桥),于是藤原仲麻吕改道前往其另一势力根据地——越前国,然而藤原仲麻吕的精兵无法攻下爱发关,只好原路返回。在近江国的高岛郡三尾埼,藤原仲麻吕军与官军交战不

---

① 藤原惠美押胜原本上奏的是:依据诸国试兵之法的规定,每国二十人,每五天轮番。但是事后,藤原惠美押胜擅自以太政官符号令,动员更多人数的兵士,策谋举事。

② 『続日本紀』天平宝字八年九月乙巳条。

敌,死伤众多。藤原仲麻吕眼见获胜无望,乘船逃亡,在官军的水陆两路的夹击下,藤原仲麻吕军溃败,最后藤原仲麻吕及其妻子等人被官军抓获,被斩首。

藤原仲麻吕死后不久,同年(764)的十月九日,孝谦太上天皇派兵数百人包围了淳仁天皇所在的中宫院,措手不及的淳仁还没来得及穿戴整齐,就被剥夺了天皇之位,降为大炊亲王,并被幽禁在淡路岛上。天平神护元年(765)年十月,不甘于淡路岛幽禁生活的大炊亲王,企图逃跑,但是被抓获,不久身亡。淳仁天皇被废后,孝谦太上天皇重祚,再次登上天皇之位,是为称德女皇。

在连年饥馑、旱灾等灾害中,藤原仲麻吕之乱——政治体制核心层内部的争斗以藤原仲麻吕的军事行动失败而告终,但是战争给民众带来的是雪上加霜的穷困。对此《续日本纪》编纂者以"兵旱相仍,米石千钱"一句话总结了天平宝字八年,反映出自然灾害与人为灾害给社会生活带来的负面影响[1]。翌年(765),日本列岛再次发生大范围的严重饥馑灾害。

四、火灾与应天门之变

贞观八年(866)闰三月十日夜晚,平安宫内的朝堂院正门——应天门火光冲天,浓烈的火焰,一时间应天门尽被烧毁,并且殃及东西两旁的楼观。宫门的烧毁无疑是火灾所造成的直接损失,而由此引发的次生灾害——更严重的政治事件接踵而至。

应天门火灾给当时的人们带来了不安。火灾10多天后的闰三月二十日,百官聚集在朝堂院的会昌门前,举行大祓行事;四月十四日,朝廷命令五畿七道诸国的国司奉币其辖内的诸神,以防火灾的再次发生;四月二十六日,平安京的东寺、西寺及五畿七道诸寺受命转读仁王般若经,以祈祷消除应天门火灾的余灾;七月六日,朝廷派遣使者前往伊势神宫,向天照大神报告应天门之火;八月十八日,朝廷又派遣使者前往诸山陵,报告应天门火灾。

火灾后,时任大纳言伴善男告发与己不和的左大臣源信(嵯峨天皇之子)是应天门火灾的主谋,并获得了右大臣藤原良相的支持。右大臣、大纳言共同将矛头指向左大臣,可以说,借火灾之事,中央政治核心层的内部斗争表面化。最后在太政大臣藤原良房的介入下,源信才得以逃过一劫。但事情并未因源信免于责罚而停止,同年(866)八月,又有人告发说,伴善男父子才是应天门火灾的真正主凶。尽管伴善男坚决否认自己与应天门之火有关,但是他的从者却在拷

---

[1] 『続日本紀』天平宝字八年是年条。

问中,承认伴善男父子是应天门火灾的主谋。于是朝廷采取了严厉地惩处伴善男等人的方针,伴善男被流放,其所拥有的资财田宅也被没收。这一事件通称为"应天门之变"。

"应天门之变"是以火灾为导火线,涉及议政官上层的权力斗争的政治事件。表面上看,似乎事件的起因只是应天门的火灾,最终结果也只有大纳言伴善男一人退出了政治舞台,但实际上,在该事件中,左大臣源信、右大臣藤原良相的政治地位都受到波及或冲击。应天门之变事件以后,源信和藤原良相相继向清和天皇上表请辞,虽然清和天皇没有准允,但二人对政治已无影响力。另一方面,太政大臣藤原良房的权势却得到了巩固,事件之后不久,清和天皇敕令藤原良房"摄行天下之政"。由此,藤原良房的摄政的政治地位,得到了成年后的清和天皇的认可,而且藤原良房的养子藤原基经也从参议升至为中纳言。藤原良房不仅住在宫中,而且贞观十三年(871)四月,清和天皇发布敕令,给予藤原良房"准三宫"("三宫"也称"三后",即太皇太后、皇太后、皇后的总称)的经济待遇。至此,藤原良房的辅佐之任成为清和时代政治不可欠缺的组成部分。

第二节　灾害与社会

如前所述,9世纪后半叶,自然灾害不断,人们对于灾害的恐慌心理以及灾后恢复的缓慢,使得当时的社会处于不安稳的状态。本节拟从谣言、盗贼及都市火灾等视角,探讨灾害对社会的影响。

一、灾害与都市流言

在古代日本,灾害发生后,由于人们对灾害、灾情缺乏了解,因此极易产生传言、流言或谣言,而流言的传播在人口密度大的平安京尤为明显、迅速。

(1)仁和三年南海大地震后的谣言

仁和三年(887),自五月开始,地震不断,至七月三十日发生南海大地震,之后则是余震不断。在平安京,不仅光孝天皇避难于内里的紫宸殿的南庭,居住在帐篷中,而且平安京内的百姓也都露宿街头。面对南海大地震及其次生灾害海啸,当时人们的恐慌、惧怕心理是可以想象的,有的人就因惊吓失神而亡。

在大地不断摇晃,人们心神不安的状况下,同年(887)八月,平安京上空又出现了羽蚁现象,对此,阴阳寮进行了占卜,预测"当有大风、洪水、失火等之灾"①。如果说,基于天文、气象等知识的阴阳寮的占卜结果,对于朝廷或国家的防灾起到了指导性作用,那么在一般民众之间,世间的各种传说(包括流言、谣言)往往随着灾异现象发生而出现。

根据《三代实录》记载,八月十七日夜晚,有人报告说,"(平安宫)武德殿东缘松原西,有美妇人三人,向东步行。有男在松树下,容色端丽,出来与一妇人,携手相语。妇人精感,共依数下,数刻之间,音语不闻,惊怪见之,其妇人手足折落在地,无其身首";接到报告后,守护平安京的值班卫士前往报告人所言的地点,但无尸体,而报告人却忽然消失;于是京内盛传"鬼物变形,行此屠杀"②。如此鬼杀人的谣言的传播,似乎折射出在大地震中,目睹众多亡者的平安京生存者对于生死无常的恐惧与无奈。

当时的平安宫、平安京,流传的谣言达到 36 种③,可见灾后谣言四起的状况,以及朝廷应对谣言的手足无措。

(2)正历五年疫病流行与传言

前已叙述,疫病往往是由于人的移动而逐渐蔓延的,因此平安京作为首都,流动人口较多,一旦疫病流行,其规模也比较大。有学者认为,9 世纪时,平安京大约是每 20 年左右发生一次疫病流行④。但依据现存的史料统计,9 世纪平安京的疫病流行频率似无规律可言(详见表 3-1)。进入 10 世纪以后,平安京更是频频遭遇疫病的侵入、蔓延(见表 3-2)。

表 3-1　文献记录的 9 世纪平安京疫病流行年

年	西历	出典
大同二年~大同三年	807~808	《类聚国史》《日本纪略》
弘仁三年	812	《日本后纪》
弘仁九年	818	《类聚国史》《日本纪略》
弘仁十四年	823	《类聚国史》《日本纪略》

---

① 『日本三代実録』仁和三年八月四日乙巳条。
② 『日本三代実録』仁和三年八月十七日戊午条。
③ 《日本三代実录》仁和三年八月十七日戊午是月条记载:"如此不根之妖言,语在人口,卅六种"。
④ 北村優季「疫病の流行」、『平安京の災害史—都市の危機と再生—』、吉川弘文館、2012 年、74-117 頁。

续表

年	西历	出典
弘仁十五年（天长元年）	824	《类聚国史》《日本纪略》
天长三年	826	《类聚国史》《日本纪略》
天长九年	832	《类聚国史》《日本纪略》
天长十年	833	《续日本后纪》
承和元年	834	《续日本后纪》
承和二年	835	《续日本后纪》
承和三年	836	《续日本后纪》
承和七年	840	《续日本后纪》
仁寿三年	853	《日本文德天皇实录》
齐衡三年	856	《日本文德天皇实录》
贞观三年	861	《日本三代实录》
贞观五年	863	《日本三代实录》
贞观六年	864	《日本三代实录》
贞观十四年	872	《日本三代实录》
宽平四年	892	《东大寺要录》《菅家文草》
宽平十年（昌泰元年）	898	《日本纪略》《扶桑略记》

表 3-2　文献记录的 10～11 世纪平安京疫病流行

年月	西历	灾情	出典	备注
延喜四年闰三月	904	天下疾疫	《日本纪略》延喜四年闰三月七日条	
延喜八年夏～延喜九年夏	908～909	疾疫流行	《日本纪略》延喜九年五月廿六日条、七月是月条，《扶桑略记》里书·延喜九年九月九日条，等等	
延喜十二年五月	912	疾疫	《日本纪略》延喜十二年五月五日条	

年月	西历	灾情	出典	备注
延喜十五年	915	疱疮、赤痢流行	《日本纪略》延喜十五年六月廿日条、十月十六日条,延喜十六年正月一日条,《扶桑略记》里书·延喜十五年五月六日条、八月十七日条、九月七日条,等等	八月京中树木华发。
延喜十七年六月	917	时疫	《扶桑略记》里书·延喜十七年六月十二日条	
延喜二十年春夏间	920	咳病流行	《日本纪略》延喜廿年七月条、九月九日条、延喜廿一年正月丁未条,《扶桑略记》里书·延喜二十年九月九日条、十一月廿一日条	
延喜二十二年四月～五月	922	疫病流行	《日本纪略》延喜廿二年五月廿九日条,《扶桑略记》里书·延喜廿二年五月五日条、廿九日条,《园太历》观应元年十月五日条	
延长元年春夏	923	咳病流行	《日本纪略》延长元年正月廿一日条、廿七日条、九月九日条,《扶桑略记》里书·延喜廿三年正月廿七日条、二月九日条、五月十八日条,等	改延喜廿三年为延长元年
延长五年十月	927	赤痢流行	《贞信公记》延长五年十月四日条	
延长六年四月～五月	928	咳疫流行	《扶桑略记》延长六年四五月间条、五月廿二日条,《扶桑略记》里书·延长六年五月十七日条	
延长七年三月	929	疫疠流行	《扶桑略记》延长七年三月条	
延长八年春～夏	930	疫疠甚盛	《日本纪略》延长八年二月廿四日条、六月廿六条,《扶桑略记》延长八年春夏条,《扶桑略记》里书·延长八年二月廿四日条,四月廿一日条、五月一日条,等	

续表

年月	西历	灾情	出典	备注
承平二年四月	932	疫疠	《扶桑略记》里书·承平二年四月十三日条,《贞信公记》承平二年四月廿六日条	
天庆五年六月	942	疫病	《本朝世纪》天庆五年六月十四日条、十五日条	
天庆六年夏	943	疫病	《东寺长者补任》天庆六年四月廿日条	是年春,吴竹成实。
天历元年六月～十月 八月～十月	947	疱疮流行 赤痢流行	《日本纪略》天历元年六月今月条、闰七月辛未条、八月十五日条、九月五日条、十月三日条 《日本纪略》天历元年八月十九日条、十月三日条	
天历二年	948	疱疮流行	《扶桑略记》天历二年条	
天历九年秋	955	疫病流行	《政事要略》年中行事·九月九日节会事·天历九年闰九月廿一日条	
天德二年春夏间	958	疾疫	《日本纪略》天德二年七月戊申条,《类聚符宣抄》疾疫事·天德二年五月十七日官宣旨	
天德三年	959	人民颈肿	《日本纪略》天德三年今年条	世号福来病。
天德四年春夏	960	疫病流行	《类聚符宣抄》疾疫·天德四年四月三日官宣旨,《日本纪略》天德四年四月一日条、五月五日条、廿八日条、六月十四日条	
应和元年四月	961	疫病流行	《扶桑略记》应和元年四月廿三日条	
天延二年八月～九月	974	疱疮流行	《日本纪略》天延二年八月廿八日条、九月八日条,《扶桑略记》天延二年八九月间条、秋月条	
永祚元年六月	989	疫病流行	《小右记》永祚元年六月廿四日条	

年月	西历	灾情	出典	备注
正历四年 五月～六月 七月～八月	993	咳疫流行 疱疮流行	《日本纪略》正历四年六月廿日条、今月条 《日本纪略》正历四年八月十一日条、廿一日条、七八月间条，《扶桑略记》正历四年秋条，《本朝世纪》正历四年八月廿一日条	
正历五年 正月～十二月	994	疫疠流行	《日本纪略》正历五年三月廿六条、四月十日条、五月三日条、六月廿七日条、七月廿一日条、八月十日条、十月十六日条，今年条，《扶桑略记》正历五年条	
长德元年二月 四月～五月	995	疫病 疫病殊盛	《日本纪略》长德元年二月九日条、廿二日条，《扶桑略记》正历六年二月廿二日条 《日本纪略》长德元年四月七日条、五月廿九日条、七月廿三日条，《扶桑略记》正历六年今年夏条	改正历六年为长德元年
长德四年夏～秋	998	疱疮流行	《日本纪略》长德四年七月今月条、今年条，《扶桑略记》长德四年是年条	号稻目疮，亦称赤疱疮、赤斑疮
长保二年六月 冬	1000	疫病流行 疫病流行	《权记》长保二年六月廿日条 《日本纪略》长保二年十一月是月条、今年条	
长保三年 正月～七月	1001	疫病流行	《日本纪略》长保三年三月十日条、廿八日条、四月十二日条、五月九日条、廿九日条、闰十二月廿九日条，《扶桑略记》春月条，三月壬午条、廿八日条、五月九日条，《小野宫年中行事》八月廿八日牵上野敕旨御马事，《政事要略》年中行事·八月廿八日上野敕旨御马事	

续表

年月	西历	灾情	出典	备注
长和四年 三月～闰六月	1015	咳病流行，疫疠屡发	《日本纪略》长和四年三月廿七日条、五月十五日条、六月廿三日条、闰六月十七日条，《小右记》长和四年四月十九日条、廿六日条、五月廿日条、廿六日条、六月一日条、十一日条、闰六月五日条，《御堂关白记》长和四年闰六月六日条	
宽仁元年 五月～六月	1017	疫疠	《御堂关白记》宽仁元年五月七日条，《类聚符宣抄》疾疫事·宽仁元年五月廿五日官宣旨，《日本纪略》宽仁元年六月十四日条、廿三日条	
宽仁四年 春～七月 冬	1020	疱疮流行 疫疠流行	《日本纪略》宽仁四年三月此春条、四月甲午条、癸卯条、今年条，《左经记》宽仁四年五月十九日条、廿日条、六月廿一日条、七月廿二日条《小右记》宽仁四年十二月三日条、闰十二月廿五日条	
治安元年 正月～七月	1021	疾疫流行	《日本纪略》治安元年正月廿八日条、二月廿五日条、三月七日条、四月廿六日条、六月廿七日条，七月十日条，《小右记》治安元年三月十日条	
万寿二年夏～秋	1025	疱疮流行	《日本纪略》万寿二年自夏至秋条，《扶桑略记》万寿二年同年条，《左经记》万寿二年七月廿二日条	
长元元年夏	1028	疾疫之灾	《日本纪略》长元元年五月三日条、七月廿五日条	改万寿五年为长元元年
长元二年 九月～十月	1029	颈肿病	《日本纪略》长元二年十月十九日条	亦称"福来病"。

年月	西历	灾情	出典	备注
长元三年 三月～六月	1030	疫病流行	《类聚符宣抄》疫病·长元三年三月廿三日定文、官宣旨、长元三年五月廿三日太政官符，《小右记目录》长元三年三月廿五日条、六月七日条，《日本纪略》长元三年四月廿七日条、五月十九日条、六月廿日条	
长元五年五月	1032	疫病	《日本纪略》长元五年五月廿日条	
长久元年八月	1040	疫病流行	《春记》长历四年八月十六日条	
宽德元年 正月～六月	1044	疾疫流行	《扶桑略记》长久五年条、《百炼抄》宽德元年条	
永承六年冬	1051	疫病流行	《扶桑略记》永承七年正月癸酉条	
永承七年	1052	疫病流行	《扶桑略记》永承七年正月癸酉条、四月庚辰条、六月庚寅条，《百炼抄》永承七年五月廿九日条、今年条，《春记》永承七年五月五日条	
延久二年二月	1070	疫病流行	《扶桑略记》延久二年二月七日条	
延久四年 六月以后	1072	疱疮流行	《扶桑略记》延久四年七月六日条，《百炼抄》延久四年九月条	
承保二年十月	1075	疾疫	《扶桑略记》承保二年十月十九日条	
承历元年 七月以后	1077	赤斑疮流行	《十三代要略》承保四年七月十日条，《水左记》承保四年七月廿五日条，《百炼抄》承历元年今年条	改承保四年为承历元年。
应德元年 七月以后	1084	疱疮流行	《山槐记》治承二年正月七日条	
应德二年秋	1085	疱疮流行	《十三代要略》应德二年条	

续表

年月	西历	灾情	出典	备注
宽治元年五月	1087	疫病流行	《为房卿记》宽治元年五月廿七日条	
宽治七年十一月～宽治八年正月	1093	疱疮流行	《中右记》宽治八年正月廿日条	
康和元年五月～六月	1099	疾疫流行	《本朝世纪》康和元年五月六日条、九日条、廿七日条、六月廿三日条	

　　如表可知,正历四年(994)的夏秋季,平安京连连疫病流行,五、六月间,咳逆疫流行;七、八月,疱疮蔓延,甚至一条天皇亦染上疱疹①。从文献史料来看,同年(993)九月以后,疫病流行似乎有所控制。但是进入冬季,大宰府管辖区域内又燃起疫病流行,并持续至翌年(994)。

　　正历五年(994),从正月至十二月,起自大宰府的疫病流行,向东蔓延,遍布七道,笼罩着日本列岛。平安京也未能幸免,尤其是正历五年(995)三月以后,平安京患病而亡的人数激增,京内的道路上,病人连绵不绝,露死街头的病亡者数不胜数,空气中弥漫着尸臭味,行人皆掩鼻而过,而鸟犬则饱食,骸骨寒巷;四月至七月,平安京的死者人数达到平安京总人口的一半多,其中五位以上的官员就有 67 人②。

　　为了尽快遏制疫病的蔓延,朝廷举行了各种以攘除疫病为目的的神事、佛事,但均无效果,疫病势头仍未有减弱趋势。在疫病肆虐之中,平安京人"或恐奇梦闭门,或称物怪不仕",无论是上级官人还是下级官人皆不出勤③。六月十六日,平安京内又有"疫神可横行,都人士女不可出行"的传言,从公卿至庶民,平安京内的各阶层人都关闭门户,街上"无往还之辈"④。即使是现代社会,疫病流行之际,不出行也是减少染病者人数的有效措施。因此,日本学者认为,疫病流行的平安京,关闭门户,减少户外走动,是应对疫病传染的有力措施⑤。这一观点值得认同。换句话说,灾害之际,并非所有的坊间传言都只起到负面的作

---

① 『小右記目録』御薬事・正暦四年八月八日条

② 『日本紀略』正暦五年七月廿八日条。

③ 『本朝世紀』正暦五年六月十日庚寅条。

④ 『本朝世紀』正暦五年六月十六日丙申条。『日本紀略』正暦五年六月十六日条。

⑤ 北村優季「疫病の流行」、『平安京の災害史—都市の危機と再生』、吉川弘文館、2012 年、第 103 頁。

用,有些传言的客观上的结果可能对控制灾情也具有一定的有效作用①。不过,传言导致的官人不出勤,直接影响到平安京的中央官僚机构运转,造成国家行政机能走向低下。

此外,正历五年疫病流行时,平安京还盛传:左京三条南油小路有 1 口小井,饮其水者,皆免疫病。于是,不论男女老少、身份贵贱,纷纷涌向这口小井,或直接饮用,或提桶取水。这一事例反映出身处灾害之中的人们,出于自我保护的本能,具有自身自救性质的防灾、应灾意识与行为。

二、灾害与"群盗"涌现

9 世纪以后的日本,频频出现"群盗"。例如,承和五年(838)二月,就有"畿内诸国,群盗公行,放火杀人"的社会问题,同时濑户内海沿岸也出现了海贼②。对于"群盗",虽然朝廷指令诸国的国司尽力纠察盗贼,并命令六卫府的官兵在平安京内外捕捉,但至 9 世纪后半叶,"群盗"的活动愈演愈烈,成为影响社会治安以及国家财政的大问题。

在"群盗"的群像中,既有反对地方官受领苛政的斗争者,也存在失去田地、山野、薮泽等赖以为生的基本资源的人们,还有不安于农耕生活的虾夷浮囚。另一方面,在濑户内海沿岸地区,贵族或寺院组织丧失了生业而成为浮浪人的渔民,从事大规模的制盐生产或漕运,一旦围绕着水上的运输,与国衙形成利益对立的关系,则这些渔民集团也被称为"海贼"。

"群盗"涌现的原因中,灾害的发生也是不可忽视的要素。承和五年(838)二月,畿内诸国出现"群盗",看似突发事件,但实际上可能与灾害有关。在承和四年(837)六月,平安京及山城、大和、河内、摄津、近江、伊贺、丹波等国遭遇了疫病流行,同时由于天气干旱,造成了当年年谷不稔,因此在承和五年,畿内的山城、大和等国都发生了饥馑,而朝廷的赈给救灾措施却是在五月以后才施行的。由此,二月的"群盗"活跃的社会问题,极有可能是与当时的百姓处于饥荒状态有着密切关联的现象。

又,关东地区也是"群盗"活跃的区域,而"群盗"出现的时间,同样是适逢当地频发水灾、旱灾、疫病等灾害的时期。以武藏国为例,贞观三年(861)时,武藏

---

① 同样的谣言效应也见于长久五年的疫病流行。长久五年(1044)正月初至六月,平安京"疫病殊盛,死骸满路",京中也是谣言四起;六月三日,平安京人相信谣言,"皆闭门慎忌"(『扶桑略记』长久五年甲申条、六月三日条)。

② 『続日本後紀』承和五年二月丁酉条、戊戌条。

国的状况是"凶猾成党,群盗满山"①。而在此之前,天安二年(858)秋季,武藏国遭遇水涝,尽管具体灾情不明,但翌年即贞观元年(859)四月,朝廷针对武藏国的灾情出台了赈给措施,由此可以推断天安二年水灾所造成的农作物损失不小。此外,依据史料记载,关东地区的下野国于天安二年秋遭遇了大风灾;而常陆国在贞观三年前后,频年遭遇水灾、旱灾、疫病②。据此推测,这一时期关东地区的"群盗满山"现象的产生,与灾害对农业生产的破坏或许存在着一定的关联。

"群盗"不断涌现,但地方国司则是"不勤肃清",或"欲消一境之咎,虑天下之忧,无尽谋略,不精搜捕"③。至贞观九年(867),"群盗"已经活跃在"市津及要路,人群猥杂之处"④。尽管朝廷将"群盗"的发展归咎于地方官员追逋不力,但贞观年间自然灾害及饥馑也是接连不断。仍以武藏国为例,贞观七年(865),武藏国先后遭遇旱灾、霜灾及风雨灾,朝廷出台免除武藏国赋税一年的措施,可见受灾的严重程度;翌年(866),由于前一年的风雨灾影响了农业收成,引发了次生灾害饥馑,而当年又逢干旱⑤。虽然朝廷实施赈给武藏国的措施,但是可以想象,连年的连发性灾害迫使部分民众为了生计,脱离原本的生业,走上成为"群盗"一员的道路⑥。

三、火灾与社会生态的实相

火灾与地震、风雨、旱涝、疫病等灾害略有不同,可以分为自然火灾和人为火灾。相比自然火灾,更多的是人为因素所造成的火灾,因此某种意义上看,火灾也反映了社会生态的实相。

1. 山火之灾

古代日本的山火原因可以归纳为两点:一是自然的山火自燃;二是人为的纵火烧山。史料明言山火原因的记事很少。山火自燃事例初见于大宝三年

---

① 『日本三代実録』贞観三年十一月十六日丙戌条。
② 『日本三代実録』贞観元年四月七日壬辰条、贞観四年七月二日己巳条。
③ 『日本三代実録』贞観九年十一月十日乙巳条。
④ 『日本三代実録』贞観九年三月廿七日丁卯条。
⑤ 『日本三代実録』贞観七年十二月九日丙辰条、贞観八年六月十三日丙戌条。
⑥ 例如,关东地区的"群盗"与僦马之党有着密切关联。所谓的僦马之党,是指坂东地区的诸国富豪所组织的从事陆上运输业的集团,活跃在东山道和东海道之间,盗东山道的马,运物至东海道;掠东海道的马,运货至东山道。

(703)七月的山火,《续日本纪》明确记载道:"近江国山火自焚"①。山火之后,朝廷派遣使节前往名山大川祈雨,据此推断大宝三年近江国的山火是由于天气干旱而引发的。又如,庆云三年(706)八月,朝廷接到越前国司有关其管内"山灾不止"的报告后,命令越前国司祭祀当地神祇,祈愿止火②。虽然史料没有言明引发越前国山火的原因,但依据"灾"字的含义判断,越前国的山火是自然山火,这点从朝廷的应对措施——祭祀神祇也可以得到佐证③。此外,大同元年(806)三月,平安京的西北两山也是"有火自焚"④。

与之相比,大多数山火的原因并未被记录于史。例如,庆云三年(706)七月,丹波、但马、大倭三国境内都有山火发生,《续日本纪》只记载了作为丹波、但马二国山火的应对措施,朝廷派遣使节奉币帛于神祇,之后忽有雷声,不扑自灭;而大倭国的山火由救火人员扑灭⑤。依据山火自灭或扑灭的记事区别,可以推断丹波、但马二国的山火是自然山火的可能性较大,但大倭国山火则不能否定人为纵火的可能性。

天平十六年(744)四月,圣武天皇建造在近江国甲贺郡的离宫——紫香乐宫(亦称甲贺宫)西北方的山中发生火灾,不分男女数千人紧急上山伐树灭火,最终将火扑灭。从动员数千人上山救火可知,山火的火势一定很盛,延烧面积也可能较大。前已叙述,藤原广嗣之乱后,圣武天皇迁都恭仁京。在恭仁京和恭仁宫尚未建好的情况下,天平十四年(742)八月,圣武天皇又命令,在近江国甲贺郡紫香乐郡(滋贺县甲贺市信乐町)建造离宫。天平十五年(743)的年底,由于巨大的造宫费用,使得朝廷不得不决定停止恭仁宫的建造。天平十六年(744)闰正月,圣武天皇又开始策划迁都难波之事,并就此征求百官的意见,多数官人不愿频繁迁都。之后,圣武天皇派人就迁都之事,询问东西二市的市人的意见,结果市人们也是大多数不愿意再次迁都。尽管大多数的官吏和市人反对不断迁都,但是圣武天皇依然决定离开恭仁宫,行幸难波宫。然而在难波宫短暂停留1个多月之后,圣武天皇又移居紫香乐宫。天平十六年的山火就发生于圣武天皇居住紫香乐宫之时,因此参加救火的人员都受到了赏赐。

---

① 『続日本紀』大宝三年七月丙午条。
② 『続日本紀』慶雲三年八月甲戌条。
③ 《左传》宣公十六年条:"凡火,人火曰火,天火曰灾"。
④ 『日本後紀』大同元年三月癸未条。
⑤ 『続日本紀』慶雲三年七月乙丑条。

　　紫香乐宫周边的山林发生火情,天平十六年四月并不是唯一的一次,翌年、天平十七年(745)的四、五月也发生了多次:四月一日,(紫香乐宫所在地的)"市西山火";三日,(甲贺寺的)"寺东山火";十一日,"宫城东山火,连日不灭",当地的人们恐慌万分,纷纷奔往河边埋财物;五月九日,紫香乐宫边山火,临时征近江国的民众 1000 人,令去灭山火①。这一年的四、五月适逢地震频频发生的时期,也许是山火地震不断的缘故,圣武天皇于五月五日从紫香乐宫移步至恭仁京。由于四、五月也遭遇了干旱的天气,因此天平十七年四、五月的山火或许是自然因素造成的,但是依据《续日本纪》的记载,五月十一日,盗贼光顾了空而无人的紫香乐宫,显然在频繁迁都的过程中,当时的紫香乐宫周边不太平稳,据此推断,天平十七年五月的紫香乐宫边的山火存在人为纵火的可能性。

　　值得一提的是,就在紫香乐宫周边山火频频出现的时候,天平十七年四月,伊贺国的真木山也出现了山火,而且火势之盛,"三、四日不灭,延烧数百余町",最后是动员了山背、伊贺、近江等国的人力,才将山火扑灭②。显然,山火之时,周边的地方之间相互合作,共同应对山火。

　　9 世纪以后,史料明记的人为纵火山野的事例,是贞观十九年(877)二月的牧童纵火,即在平安京的北部山岭上,"牧童放火烧北野,延及山岭,炎燎乱炽,不可扑灭"③。最终六卫府的官兵受命扑灭山火。牧童纵火的原因不明,但是前一年(876),平安京及其周边地区遭遇大旱,使得贞观十九年的平安京及畿内地区陷于饥荒,这或许是牧童纵火山岭的社会背景。

　　2.建筑火灾

　　古代日本的建筑,主要是木结构建筑,因此火灾是木造建筑的大敌。根据《日本书纪》的记载,苏我虾夷、苏我入鹿父子建造宅邸时,在宅邸的"每门置盛水舟一,木钩数十以备火灾"④,由此说明至晚 7 世纪以后,古代日本的建筑都设有一定程度的防火措施。建筑火灾的原因也分为自然与人为两种,前述的贞观八年应天门之火就是人为火灾的著名一例。在此依据建筑的用途,对不同建筑的火灾作一简单叙述。

---

① 『続日本紀』天平十六年四月丙午条、天平十七年四月戊子朔条、庚寅条、戊戌条、五月丙寅条。
② 『続日本紀』天平十七年四月乙未条。
③ 『日本三代実録』元慶元年二月十五日丁巳条。
④ 『日本書紀』皇極三年十一月条。

（1）宫中火灾

①7 世纪宫殿火灾

依据《日本书纪》的记载，7 世纪的宫殿火灾事例可以列表如下：

表 3-3　7 世纪日本宫殿火灾事例表

年月	西历	火灾宫殿	出典	备注
舒明八年六月	636	飞鸟冈本宫	舒明八年六月条	舒明大王迁居田本宫
大化三年十二月晦日	647	中大兄皇子宫殿	大化三年十二月晦是日条	世人极其惊奇
齐明元年冬	655	飞鸟板盖宫	齐明元年是冬条	齐明女王迁居飞鸟川原宫
齐明二年	656	飞鸟冈本宫	齐明二年是岁条	
天智十年十一月二十四日	671	近江宫	天智十年十一月丁巳条	火从大藏省①第三仓出
天武十五年正月十四日	686	难波宫	朱鸟元年正月乙卯条	大藏省失火，宫室悉焚。或曰，阿斗连药家失火，引及宫室
七月十日		忍壁皇子宫	朱鸟元年七月戊申条	延烧民官。一说，民官仓库遭雷击火灾

如上表所示，明记火灾原因的事例仅有天智十年的 1 例与天武十五年的 2
例。其中，天智十年(671)近江宫的火灾，恰发生在围绕着王位继承的王权内部
相互争力的重要时期。天智七年(668)，正式即位后的天智大王，立其弟大海人
皇子为太子，辅助朝政。然而，天智十年（671）年正月，天智大王意欲立自己之
子大友皇子为王位继承人，于是任命大友皇子为太政大臣，主持朝政，使大友皇
子的政治地位与权力位于大海人皇子之上；九月，天智大王身体欠佳，卧床不
起；十月十七日，天智大王安排身后事，假意向大海人皇子表达了让位之意，但
大海人皇子推辞并表示欲出家之意；十月十九日，以修行佛道为名而得到天智
大王准允的大海人皇子，从近江出发前往吉野；十月二十三日，大友皇子与苏我
赤兄等 5 人盟誓，6 人同心，更有苏我赤兄等 5 人泣血发誓追随大友皇子②。就
在大友皇子等人"泣血誓盟"的次日即二十四日，近江宫就遭遇了火灾，火源出

---

① 当时官僚机构尚未称"省"，因此"大藏省"之称是后人所加。朱鸟元年正月难波宫火灾事例出现的
"大藏省"同样也是后人所称。

② 『日本書紀』天智十年十月庚辰条、十一月丙辰条、天武即位前纪。

自宫内存放物品的仓库。从时间上看,火灾的发生与大友皇子等人的盟誓过于巧合,加之在与大海人皇子的政治争斗中,大友皇子最终成为失败者,因此《日本书纪》编纂者或许以该火灾记事预示大友皇子的失败。

又,天武十五年(686)的 2 例宫殿火灾事例,值得注意的是,每一事例的火源皆存在二说。关于正月的难波宫之火原因,一说是官衙仓库失火造成宫室全被烧毁,一说是因他人之家火灾而被殃及烧毁。二说的不同之处在于前者认为宫内设施是出火点,而后者则是火源来自宫外。与正月难波宫火灾记载不同,七月的忍壁皇子宫火灾是被作为民官仓库失火的可能的火源而被记录的。民官仓库失火前,出现雷光及大鸣的自然现象,因此也存在民官仓库遭雷击火灾的说法。据此推测,忍壁皇子宫的火灾抑或确是因雷击而起火。

②平安宫火灾

平安宫,亦称大内里,位于平安京的中央北部,建在满池谷地层①分布地之上。由于满池谷地层是数十万年前堆积的地层,因此与贺茂川·鸭川扇状地不同,地盘相对稳定,是洪水泛滥不易达到的地方,但地下水质不好,不太宜于人们居住②。平安宫的内部构造主要由内里、大极殿、朝堂院、丰乐院等殿舍以及官衙建筑群等组成。

9 世纪以后,平安宫屡屡发生火灾,既有殿阁火灾,也有官衙设施失火。正史记录的平安宫殿阁火灾事例,除了贞观八年应天门之火以外,还有弘仁十四年(823)十月七日内里延政门北掖失火、承和十二年(845)三月廿九日仁寿殿东厢起火、贞观十八年(876)四月十日大极殿大火等等。其中,贞观十八年大极殿之火最为严重。

贞观十八年(876)四月十日的深夜子时,平安宫的大极殿燃起熊熊大火,火焰延及大极殿周边建筑,包括小安殿、苍龙白虎两楼、延休堂、北门、北东西三面廊百余间烧尽。火势之盛,连烧数日不灭③。火灾的翌日(十一日),因有纵火之疑惑,前丹波守从五位上安倍房上、从五位下笠弘兴等人受到了朝廷的追禁。因此,大极殿之火可能是人为的蓄意放火,但史料没有详细叙及内情。不过,同年(876)五月八日,清和天皇派遣使节前往桓武天皇陵寝,报告火灾之事,告文

---

① 1941 年,三木茂在兵库县西宫市满池谷发现了含有象征寒冷气候的落叶松属、红松、鱼鳞云杉等植物遗体的堆积层。1954 年,藤田和夫命名为满池谷地层(満池谷累層)。

② 横山卓雄「京都盆地の自然環境」(古代学協会・古代学研究所編『平安京提要』、角川書店、1994 年、第 27—48 頁)。

③ 『日本三代実録』貞観十八年四月十日丁巳条。

中有"天火人火未知"之句,由此可知,在当时未能最后确定大极殿大火究竟是天灾还是人为纵火[①]。

作为天皇听政及举行国家礼仪的大极殿遭遇火灾且受到损坏,是极为严重的事件。在火灾的翌日,火势尚未被扑灭时,清和天皇就向明经、纪传博士提出如下问题,寻求朝政上的应对火灾措施:

> 大极殿灾,皇帝废朝以否,及群臣从政如何?[②]

依据中国典籍中的同类灾害事例,博士们根据各自对中国典籍的理解,提出了各自不同的应对方案。大学博士兼越中守善渊永贞等五人,借鉴《礼记》檀记、《左传》《春秋之义》的事例,认为火灾是若丧之意,不论天灾人火,皆须三日哭。大学头兼行文章博士巨势文雄、文章博士兼行大内记都良香等人,则以中国典籍所记载的汉武帝、昭帝、成帝、后汉顺帝、魏明帝、晋武帝、梁武帝等帝王在行政大殿遭受火灾后的处理事例,提出以下应对方案:

> 谨案:古之诸侯,有如此之灾者,或有变服致哭之义。今折中
> 而论之,宜三日废朝,皇帝及群臣不变常服,唯尽忧感之意。[③]

最终,清和天皇采纳了巨势文雄、都良香等人的建议,在实行废朝三日的同时,诸卫府加强了宫中与京城的警固,昼夜巡行。

平安宫中,内里、大极殿·朝堂院和丰乐院的周围,是律令制国家的官僚行政机构中的诸官司——太政官、神祇官、中务省、式部省、治部省、民部省、兵部省、刑部省、大藏省和宫内省,以及左右兵卫府、左右近卫府、左右马寮等的所在[④]。这些官衙设施一旦发生火情,极易延烧至宫中的殿阁,因此负责平安宫或平安京安全的官人、卫府兵士等往往是紧急奔向火灾现场,尽全力灭火。

弘仁十四年(823)十月二十一日夜晚,设置在平安宫内北边的大藏省仓库14间长殿失火。弹正尹葛原亲王、右卫门督纪百继等官人迅速到达现场,指挥

---

① 『日本三代実録』貞観十八年五月八日甲申条。
② 『日本三代実録』貞観十八年四月十一日戊午条。
③ 『日本三代実録』貞観十八年四月十一日戊午条。
④ 但并非所有的官司都位于平安宫内,左右卫门府、大学寮、左右京职、东西鸿胪馆等官司被设在平安宫之外、京域之内。

灭火;"左右卫驰东西京,呼告集众,火势高属,不能制止。盛炎飞扬,迸落无数。勇士卅许人,登北长殿,湿幕扑之"①。同年(823)十一月二十二日夜晚,大藏省的仓库再次失火,恰被宫内巡查的警备人员发现,幸而没有造成大的损失,同时查出是有人持炭火放火仓库;纵火者是优婆塞3人、藏部(大藏省或内藏寮的下级职员)1人。他们被抓后,承认其目的是借火灾混乱之时偷盗仓库的物品,还供出十月二十一日夜大藏省仓库的火灾也是他们的所为②。弘仁十四年,平安京先后遭遇饥馑、疫病、干旱等灾害,冬季大藏省仓库的纵火偷盗或许是当年平安京诸灾害的次生灾害。

雷电是造成建筑火灾的重要自然原因,宫中建筑也不例外③。天长七年(830)七月十六日,淳和天皇前往位于平安宫之南的神泉苑观看相扑;下午,平安京雷雨,霹雳击中位于内里西北角的曹司,引发火灾;左右近卫府的人"骑乘御马,驰入内里,扑灭神火"④。以"神火"一词形容雷电的次生灾害火灾,反映出当时的人们对天灾的认识。

(2)后院火灾

平安时代,让位后的天皇——太上天皇需要离开平安宫,迁至宫外居住。后院原本是相对于平安宫内里的,预备的天皇别宫,属于离宫性质,后来成为天皇让位后的住所之称。

淳和院是淳和天皇(786—840)的后院,位于平安京的右京四条大路之北。天长十年(833)二月,淳和天皇移居淳和院,让位正良亲王(仁明天皇)。淳和太上天皇死后,皇太后正子继续居住在淳和院。贞观十六年(874)四月十九日深夜,淳和院突然起火,火势颇盛,"飞烬转行,飘落禁中",平安宫处在被延烧的危险中;为防止火势蔓延至平安宫,诸卫府皆紧急警卫,左右近卫府的兵士分别登上平安宫的东西诸宫殿的屋顶上,"迎遏飘烬";当时的右大臣藤原基经、大纳言藤原常行等朝中大臣也纷纷赶到平安宫内,侍卫清和天皇;与此同时,清和天皇派遣左卫门权佐藤原维范、左兵卫佐源平率兵卫府的兵士急速前往淳和院救火;参议、左卫门督大江音人也率僚属驰往淳和院救难;经过众人的救火,火势

---

① 『類聚国史』卷一七三·災異·火·弘仁十四年十月辛丑条。
② 『類聚国史』卷一七三·災異·火·弘仁十四年十一月壬申条。
③ 奈良时代的平城宫的建筑,也有因雷击而火烧的事例,例如天平二年(730)六月二十九日,"雷雨,神祇官屋灾"(『続日本紀』天平二年六月壬午条)。
④ 『類聚国史』卷七三·相撲·天长七年七月戊子条。

终于在黎明时分渐弱①。火盛之时，皇太后正子乘车逃出淳和院，前往位于淳和院西南的松院暂时避难。

火后，四月二十二日，参议藤原家宗受命"劳问淳和院火灾"，并携带慰问物白绢四十匹、赤绢百匹、丝百絇、调布五百端、贞观钱百贯文、铁二百廷、白米五十石、黑米五十石②。其后，以右大臣藤原基经为首的朝中官员也纷纷前往淳和院慰问。

淳和院火灾后，翌年，即贞观十七年（875）正月二十八日夜，冷然院发生火灾。冷然院作为嵯峨天皇的离宫初见于弘仁七年（816），位于平安京左京二条大路之北、大宫大路之东，近邻平安宫。弘仁十四年（823）四月，嵯峨天皇让位大伴皇子（淳和天皇）后，迁居至冷然院，居住了 11 年后，于承和元年（834）八月，从冷然院移居嵯峨院，承和九年（842）七月逝于嵯峨院。其后，冷然院作为天皇的世袭财产，被称为"累代的后院"。冷然院藏有许多图书、文书及财宝。贞观十七年正月二十八日的大火，将屋舍 54 宇以及秘阁收藏的图籍、文书烧成灰烬，其余的财宝也靡有孑遗，只有"御愿书写一切经"因众人抢救而得以保全③。冷然院的火势燃烧至翌日（二十九日）仍然未减，为了募集救火者，在冷然院北头，放置布物，有功者奖赏布物。其时，右卫门火长大原雄广麻吕奋力救火，失手坠亡，为此"官给殡料新钱三贯文，米一斛五斗，商布三十段"，并令施药院葬送④。

贞观十七年火灾后，冷然院重建，依然是累代天皇的后院。天历三年（949）九月廿九日，阳成太上天皇在冷然院逝去。一个半月后，十一月十四日午夜，冷然院再次烧亡。天历八年（954）三月，因火灾，冷然院的"然"字被改为"泉"字，即冷泉院⑤。

（3）平安京及其周边的民舍火灾

政治中心的京城人口相对集中，以平安京为例，初期居住在平安京的人口总数就达到大约 12 万～13 万左右，包括贵族、官人以及一般庶民等各阶层⑥。除了官衙、寺院和市场的占地外，京域内的大部分土地是住宅地。

---

① 『日本三代実録』貞観十六年四月十九日丁未条。
② 『日本三代実録』貞観十六年四月廿二日庚戌条。
③ 『日本三代実録』貞観十七年正月廿八日壬子条。
④ 『日本三代実録』貞観十七年正月廿九日癸丑条。
⑤ 『拾芥抄』卷中・諸名所部二十・冷泉院。
⑥ 井上満郎「平安京の人口について」，『京都市歴史資料館紀要』10 号，1992 年，第 73—86 頁。

　　由于平安京的地形,右京比左京低湿,渐渐地平安京的中心移向左京。身处 10 世纪后半叶的庆滋保胤,在著书《池亭记》中,记录了亲眼所见的左右京变迁。依据庆滋保胤的描述可知,平安京右京的人烟渐渐稀少,右京成为无处迁徙、不惧贫贱的人或者隐居、亡命者的滞留之地;而原来建在右京的一些贵族豪宅,由于长期无人居住,任其荒芜,最后成为动物的穴居;与之相对,左京的四条大路以北,是住居集中的空间,既有贵族的豪宅,也有贫者的小屋,鳞次栉比,一旦一处有火灾,便会殃及相邻的住宅。依据正史及其逸文记载,列举平安京民舍火灾若干事例如表 3-4。

表 3-4　平安京民舍火灾事例表

年月	西历	火灾	出典	备注
延历二十一年六月	802	左京百姓宅失火	《类聚国史》卷 173·火·延历二十一年六月丁酉条。	烧百姓宅 42 烟
大同三年十月十一月	808	左卫士坊失火右卫士坊失火	《日本后纪》大同三年十月丙辰条、十一月丁未条	烧 180 家烧 78 家
承和八年七月	841	左兵卫府驾舆丁町西北角失火	《续日本后纪》承和八年七月甲戌条	烧百姓庐舍 30 余烟
承和九年七月	842	左京工町失火	《续日本后纪》承和九年七月辛亥条。	烧庐舍 20 烟
承和十四年八月	847	西京卫士町失火	《续日本后纪》承和十四年八月癸丑条	烧百姓庐舍三十余烟
嘉祥元年六月	848	右卫门南町民家失火	《续日本后纪》嘉祥元年六月乙卯条	延烧数十烟
仁寿三年八月	853	西京失火	《日本文德天皇实录》仁寿三年八月己未朔条	烧 180 余家
天安三年二月	859	西京失火	《日本三代实录》贞观元年二月五日辛卯条	延烧数十家
贞观九年四月	867	太政官厨北边小宅失火	《日本三代实录》贞观九年四月四日癸酉条	延烧 30 余家
元庆元年十一月	877	夜间,左卫士居坊失火	《日本三代实录》元庆元年十一月廿一日戊午条	延烧 7 家
元庆三年二月八月	879	东京失火西京一条失火	《日本三代实录》元庆三年二月十三日癸酉条、八月卅日丁亥条	烧数家延烧 10 余家
元庆五年正月	881	夜间,东京失火	《日本三代实录》元庆五年正月廿七日丙子条。	延烧人居 6 家

续表

年月	西历	火灾	出典	备注
元庆九年二月 仁和元年 十二月	885	夜间，东京一条 卫士町失火 西京二条失火	《日本三代实录》仁和元年 二月十八日甲辰条、十二月 廿七日丁丑条	延烧300余家 延烧200余家
仁和二年八月	886	西京卫士所居坊 失火	《日本三代实录》仁和二年 八月十二日戊午条	延烧100余家

　　表中的火灾事例中，既有卫府卫士所居之处的火灾，也有普通百姓家的失火等。虽然事例都没有言及火灾中的人员伤亡情况，但一处起火，几乎皆是连烧相邻建筑的情况，少者数家，多者甚至达到300余家。从火灾发生的时间来看，春夏秋冬都有事例，也就是说，火灾是随时都可能发生的日常性灾害。如若在冬天寒冷的季节，平民百姓遭受火灾，则可能出现火燎庐舍、民无居所、体无御寒之衣、食无裹腹之粮的情况。关于民舍火灾的起因，文献史料也没有明确记载，但可以推测，人为火灾的原因中，除了用火不当以外，也存在故意纵火的可能性①。

　　另外，通往平安京的交通要地，也是人员密度较大的地方，一旦失火同样会连烧数十家，甚至上百家。例如，弘仁四年（813）二月，山崎津头失火，烧31家②；齐衡二年（855）十月，山崎津头失火，延烧300余家③；齐衡三年（856）十一月，大津失火，延烧70余家④。

　　（4）官仓火灾

　　经济体系是维持国家机构正常运转的重要前提，而律令制国家租税体制的基本是租、庸、调。租，即田租，诸国征收上来的租稻，其中一部分舂米，作为中央官司的食粮运往京城，由宫内省大炊寮掌管；而大部分租稻被保存在当地的国或郡的正仓中，用于国家的储备粮、官稻借贷，以及天皇恩赐或因灾害等的赈给等。调、庸是赋税的基本税目，以实物缴纳。诸国征收的调庸物运往京城，其中调的实物，存放在大藏省的仓库，主要用于中央官司行政运转的各种支出及

① 古代日本都城（都市）的火灾，往往也是治安的反映。例如天智六年（667）三月，迁都近江之时，飞鸟地区的人们不愿意迁都，日夜都有火灾发生。又如，延历三年十月，在迁都长冈京之前，平城京内"盗贼稍多，掠物街路，放火人家"（『続日本紀』延暦三年十月丁酉条）。
② 『日本後紀』弘仁四年二月己亥条。
③ 『日本文徳天皇実録』齐衡二年十月癸巳条。
④ 『日本文徳天皇実録』齐衡三年十一月庚子朔条。

对诸神的奉币等方面。庸物最初由民部省管理,但自庆云三年(706)起,庸物中的织物等首先全部收纳于大藏省仓库,然后再依据一年的消费量,将部分织物送至民部省;米、盐等则存贮于民部省的仓库。庸物主要用于充给中央诸官司内勤务的卫士、仕丁、采女等所需的粮食消费,以及支付雇役的雇直等。因此,官仓一旦失火,直接造成国家的经济损失。在此,以正史记事为中心,列举古代地方仓廪火灾的若干事例。

　　①神护景云三年(769)八月,下总国猨岛郡仓库失火,损失谷物六千四百余斛(《续日本纪》神护景云三年八月己酉条)。

　　②神护景云三年(769)九月,武藏国入间郡正仓四宇火灾,损失稻谷与糒(干饭)一万五百一十三斛五斗,谓之"神火着仓"(《大日本古文书》(编年文书)21—273页,宝龟四年二月十四日太政官符式部省)。

　　③宝龟四年(773)二月,下野国烧正仓十四宇,损失谷物与糒二万三千四百余斛(《续日本纪》宝龟四年二月辛亥条)。

　　④宝龟四年(773)六月,上野国绿野郡烧正仓八间,损失谷颖三十三万四千余束(《续日本纪》宝龟四年六月壬子条)。

　　⑤宝龟五年(774)七月,陆奥国行方郡火灾,烧谷颖二万五千四百余斛(《续日本纪》宝龟五年七月丁巳条)。

　　⑥弘仁八年(817)十月,常陆国新治郡烧不动仓十三宇,损失谷物九千九百九十石。(《类聚国史》卷173·火·弘仁八年十月癸亥条)。

　　⑦承和二年(835)三月,甲斐国不动仓二宇及器仗屋一宇火灾,皆悉烧毁。(《续日本后纪》承和二年三月己未条)。

　　⑧天安二年(858)六月,肥后国菊池城不动仓十一宇火灾,损失不详(《文德天皇实录》天安二年六月己酉条)。

毋庸赘言,官衙粮仓失火,国家储粮损失严重。关于上述事例的失火原因,只有事例②明确记载为"神火",但即使记为"神火",也可能是人为的纵火或妄言"神火",而非自然现象所引发的火灾。宝龟十年十月十六日太政官符明确指出,当时的地方火灾原因存在"奸枉之辈，谋夺郡任，寄言神火，多损官物"的情况①，也就是为了使现任郡司下台而故意纵火官仓。宝龟四年(773)八月，由于地方正仓火灾不断发生，光仁朝廷立法规定：诸国的郡司，如发生官物被烧受损，则主帐以上官人皆解除现任官职；对于觊觎郡司之任，"事涉故烧者，一切勿得铨拟"②。在延历五年(786)八月八日桓武天皇敕令中，也言及正仓被烧与"神火"之间的关系③：

> 正仓被烧，未必由神。何者？谱第之徒害傍人而相烧。监主之司，避虚纳以放火。自今以后，不问神灾、人火，宜令当时国郡司填备之。仍勿解见任绝谱第矣。

此敕令明确指出各地正仓的火灾未必是神(自然原因)所致，并且列举出故意纵火地方正仓的原因，除了郡任争斗以外，还有现任郡司为了隐瞒正仓的虚纳问题，以"神火"为障目而放火正仓。由此也反映出日本古代国家地方统治的复杂性。

为了防止或减少官仓的连烧，延历十年(791)二月敕令规定"诸国仓库，不可相接，一仓失火，合院烧尽"，"自今以后，新造仓库，各相去十丈已上，随处宽狭，量宜置之"④。

(5)佛寺建筑的火灾

在日本古代，佛寺不仅是与个人信仰有关的空间，更是国家统治不可欠缺的设施。由于佛寺建筑也是木结构，因此遭遇火灾事屡屡发生。以下例举数事例。

> ①天智九年(670)四月三十日，半夜之后，法隆寺发生火灾，全部建筑被火吞没，"一屋无余"，当时大雨雷震，因此雷电造成火灾的可能性较大⑤。

---

① 『類聚三代格』禁制事・宝亀十年十月十六日太政官符。

② 『続日本紀』宝亀四年八月庚午条。

③ 『続日本紀』延暦五年八月甲子条。

④ 『続日本紀』延暦十年二月癸卯条。

⑤ 『日本書紀』天智九年四月癸卯朔壬申条。法隆寺亦称斑鸠寺。《上宫圣德太子传补阙记》载："庚午年四月卅日夜半，有灾斑鸠寺。"有学者认为"一屋无余"是史书编纂者的修饰。

②天武九年(680)四月十一日,橘寺尼房失火,烧房10间[①]。

③宝龟十一年(780)正月十四日,大雷击中平城京内的多个寺,新药师寺西塔、葛城寺塔及金堂等,皆烧尽[②]。

④承和五年(838)三月二十一日,弥勒寺失火,烧堂舍5宇[③]。

⑤天安二年(858)正月二十七日,常住寺西南别院火灾;四月夜,宝皇寺(俗名乌户寺)火灾,金堂、礼堂尽为灰烬[④]。

⑥元庆二年(878)四月八日,位于大和国的兴福寺失火,烧堂宇、僧房[⑤]。

⑦元庆三年(879)二月二十二日,纪伊国金光明寺火灾,堂、塔、房舍等悉成灰烬[⑥]。

上述事例仅仅是古代日本寺院火灾事例的极少部分,但从中可以看出,当遭遇火灾时,无论是自然原因还是人为原因,由金堂、礼堂、塔、僧房等建筑组成的寺院极易一烧俱尽。

第三节 疫病流行与对外关系

灾害的发生有时也会影响国家的对外关系方针。例如,贞观十一年(869)十二月十四日,清和天皇派遣使者参拜伊势神宫,祈求天照大神护佑,镇灭种种灾害,以使天下无灾害,国内太平。在向天照大神报告的祭告文中,列举了贞观十一年所遭遇的灾异,其内容大意抄录如下[⑦]:

> 六月以来,大宰府屡屡言上,新罗贼舟二艘来到筑前国那珂郡荒津,掠夺丰前国贡调船上的绢绵而遁逃;又厅楼、兵库等上,依有大鸟之怪,卜筮,当有邻境兵寇之事。又肥后国有地震、风水

---

① 『日本書紀』天武九年四月乙卯条。传说是圣德太子创建的七大寺之一。橘寺位于今奈良县高市郡明日村。
② 『続日本紀』宝龟十一年正月庚辰条。
③ 『続日本後紀』承和五年三月戊寅条。
④ 『文德天皇実録』天安二年正月庚申条、四月庚子条。
⑤ 『日本三代実録』元慶二年四月八日己酉条。
⑥ 『日本三代実録』元慶三年二月廿二日壬午条。
⑦ 『日本三代実録』貞観十一年十二月十四日丁酉条。

之灾,舍宅悉皆颠朴,人民多流亡,如此之灾,古来未闻。陆奥国又言上异常地震之灾。自余诸国言上,也颇有灾害。(中略)假令时世祸乱,出现上述寇贼之事,祈求皇大神与国内诸神,在寇贼尚未入侵之前,予以沮拒排却。若贼谋已准备就绪,兵船必来,祈求皇大神与国内诸神,当贼一进入境内,即逐其返还或致漂没(中略)假令夷俘谋逆叛乱之事、刀兵贼难之事、水旱风雨之事、疫疠饥馑之事,国家之大祸、百姓之深忧,祈求皇大神与国内诸神,在未然之前,悉皆拂却锁灭,镇护天下无躁惊,国内平安。

从告文内容可知,在五月陆奥国大地震、七月肥后国地震与风雨等自然灾害之前,告文首先言及六月的新罗海贼入境掠夺之事。显然,在自然灾害频频发生之际,新罗海贼入境事引起清和朝廷的格外警惕,害怕事态由海贼发展为邻国兵寇,认为"兵寇之萌自此而生,我朝久无军旅,专忘警备,兵乱之事尤可慎恐"[1]。由此可见,灾害也削弱了国家的防御能力。

本节以疫病流行为例,考察疫病流行对古代日本对外关系的影响。根据文献史料的记载,日本古代历史上,反映疫病流行与对外关系的比较重要事例有二:一是天平七年至九年的疫疮流行与遣新罗使之间是否存在关系;二是贞观十四年春夏平安京的咳逆病流行与渤海国使之间被关联。在此拟对二事件予以具体的探究。

一、天平年间的疱疮流行与天平八年遣新罗使

前已叙述,天平七年(735)日本列岛流行豌豆疮,天平九年(737)流行疱疮,两次疫情皆为严重,死亡者众多。在疫情平稳的天平八年(736)二月二十八日,圣武朝廷决定向新罗派遣使节,阿倍继麻吕被任命为遣新罗大使。此次遣新罗使团的其他成员有副使大伴三中,大判官壬生宇太麻吕,少判官大藏麻吕等人。同年(736)四月十七日,以阿倍继麻吕为首的遣新罗使团拜朝辞行。翌年,即天平九年正月二十六日,遣新罗使大判官壬生宇太麻吕,少判官大藏麻吕等出使归来,回到平城京。但是,"大使从五位下阿倍朝臣继麻吕泊津岛卒,副使从六位下大伴宿祢三中染病,不得入京"[2]。二月十五日,"遣新罗使奏:新罗国失常

---

[1] 『日本三代実録』貞観十一年十二月十四日丁酉条。
[2] 『続日本紀』天平九年正月辛丑条。

礼,不受使旨"①。也就是说,天平八年遣新罗使团不仅在新罗国未受到其所期待的礼遇,而且也没有完成向新罗国传递日本之意的使节使命。加之遣新罗使团的大使病亡,副使染病,从结果来看,此次的遣新罗使派遣可以说是一次失败的外交。

围绕着天平八年的遣新罗使,存在着诸多未释的疑案,其中包括:天平七年和天平九年的疫疮的病源从何而来? 大使阿倍继麻吕在何处染病? 新罗国对待日本国使者的失常礼、不受使旨的原因是什么? 下面就此,作一探讨分析。

1. 天平七年与天平九年疫病流行的病源

关于天平七年(735)与天平九年(737)疫病流行的病源,日本历史上就有不同的主张。其中,承久元年(1219)成书的《续古事谈》与文安三年(1446)成书的《壒囊钞》,都认为疫疮是从新罗国传入的②。近代以来,依然存在延续疫病从新罗国传入的观点,即当时新罗国正流行疫疮,疫疮病毒通过使者的往来传入日本以。此外,也有学者认为,当时新罗国并没有发生疫疮的史实,日本遣新罗使大使等人的疫病是在日本国内感染的;还有少数学者则认为天平七年和天平九年的疫疮大流行,其病源来自唐代中国③。

天平七年日本的使节往来,根据《续日本纪》记载,可以概括如下:

①二月十七日,新罗使金相贞等入平城京。二十七日,中纳言正三位多治比县守受命于兵部曹司,询问新罗使出使日本之旨。并因新罗国辄改本号,曰王城国,而返却其使。(《续日本纪》天平七年二月癸卯条、癸丑条)

②三月丙寅(十日),入唐大使多治比真人广成等自唐国返回日本,呈进节刀。辛巳(二十五日)拜朝。(《续日本纪》天平七年三月丙寅条、辛巳条)。

---

① 『続日本紀』天平九年二月已未条。

② 『続古事談』第五、『壒囊鈔』巻三・之第二十三・皰瘡事。《续古事谈》是镰仓时代的说话集,作者不详,成书于建保七年(1219),共有6卷,现存本缺第三卷。《塵添壒囊鈔》是室町时代的辞书,作者未详,成书于天文元年(1532),以佛教为主的和汉故事的解说辞书。

③ 小田愛「天平7年・9年の皰瘡流行について」,『専修大学東アジア世界史研究センター年報』第3号,2009年12月、第129-137頁。

其中，①的新罗使金相贞一行是天平六年(734)十二月抵达大宰府的①。根据上述的使节往来，日本学者小田爱氏认为天平七年的疫病源来自唐朝的可能性大于新罗，其理由是：虽然新罗使和日本遣唐使二者都有可能成为传染源，但是新罗使金相贞出使日本前后，《三国史记》、《三国遗事》史籍中均无新罗流行疫病的记录；而在遣唐使自唐归国的前后时间内，《旧唐书》、《新唐书》中也未见有"疫"、"病"的记载，但由于《旧唐书》开元二十一年(733)是岁条记载了"关中久雨害稼，京师饥。诏出太仓米二百万石给之"的记事，而饥荒会诱发多种疫病，因此日本遣唐使在唐期间，当地存在流行疫病的可能性；又，日本遣唐使受到唐皇帝的接见，同时被接见的还有新罗使以及"疱疮传播路径上"的突厥等西域国家的使者，即使唐开元二十一年的饥馑并未引发疫病流行，日本遣唐使也有可能通过与其他国家的使节接触染上疱疮，并携入日本②。

但是，小田氏的日本天平七年流行豌豆疮源自唐的推论，是基于假设之上的假设，说服力明显不足。从文献史料记载来看，唐开元二十一年(733)的长安(京师)饥荒，并没有引发疮疫等疫病，而且733年至735年的前后，也就是日本遣唐使在唐滞留时期，也没有关于唐代发生疮疫及其他疫病的记载。

关于天平九年疱疮的病源问题，小田爱氏同样主张源自唐，其主要依据是天平八年的《萨麻(摩)国正税帐》记录的两笔支出帐目③：

> 遣唐使第二船供给颖稻柒拾伍束陆把、酒伍斛叁斗
> 疾病人壹伯肆拾捌人给药酒柒斗叁升贰合

由此，小田爱氏作出如下推论④：

> 《萨摩国正税帐》所言及的遣唐使第2船，就是天平七年遣唐使第2船。虽然没有明记遣唐使于天平八年何时回到日本的，但萨摩国确实是向乘坐遣唐使船第2船的遣唐副使中臣名代一行提供了稻与酒。更值得注意的是，正税帐还同时记录了给148名疾病人药酒之事。尽管不能说同一年正税帐记载的两笔支出，彼

---

① 『続日本紀』天平六年十二月癸巳条。
② 小田愛「天平7年・9年の疱瘡流行について」。
③ 『大日本古文書』(編年文書)2—16頁。
④ 小田愛「天平7年・9年の疱瘡流行について」。

此之间就一定存在关联,但是疾病人数为何如此之多呢?若遣唐
使第 2 船,与第 1 船同样,携带疫病回到日本,那么就会造成再次
的疫病流行。

即,小田氏认为天平九年的(疫病)流行的诱因,最有可能是天平八年归国的遣唐使第二船人员。小田氏推论的关键,是在对天平八年《萨摩国正税帐》两笔支出帐目的释读。尽管小田氏也意识到不能仅以同一年记载的事,就断定二者存在必然联系,但仍然以疾病人数多为由,将二者关联到一起。

实际上,天平八年萨摩国的正税帐目中,遣唐使第二船与疾病人是互不相关的事情,只是表示项目支出的对象不同,支出物品不同;疾病人是指萨摩国管辖下的病人,所提供的药酒很可能是依据中央朝廷颁布的药方所制,换句话说,天平八年的《萨摩国正税帐》的记载,反映出天平七年的疫病流行直至天平八年时仍未完全平息的可能性。这一可能性在圣武天皇诏令中也可窥见一斑。天平八年(736)七月十四日的圣武天皇诏令中,有如下内容①:

> 诏曰,比来,太上天皇寝膳不安,朕甚恻隐,思欲平复,宜奉为
> 度一百人,都下四大寺七日行道。又,京畿内及七道诸国百姓并
> 僧尼有病者,给汤药、食粮。(后略)

其后,同年(736)的十月二十二日,再次发布圣武天皇诏令②:

> 诏曰,如闻比年大宰府所管诸国,公事稍繁,劳役不少。加以
> 去冬疫疮,男女总困,农事有废,五谷不饶,宜免今年田租,令续
> 民命。

七月十四日诏令言及的施给病者汤药、粮食的措施,虽然是作为祈祷元正太上天皇病愈的措施之一而施行的,但也说明当时日本列岛各地有不少患病者。而十月二十二日诏令更是直言天平七年疫病流行对于大宰府辖内诸国的延续影响,即使是病患者能够逃过一劫,生存下来,仍被病痛和生活困苦缠身。另一方

---

① 『続日本紀』天平八年七月辛卯条。
② 『続日本紀』天平八年十月戊辰条。

面,圣武天皇诏令诸国给"百姓并僧尼有病者"的汤药、粮食,都是从诸国正税中支出的。天平八年的《萨摩国正税帐》所记的给148名疾病人的药酒,或许就是为了施行圣武天皇于七月十四日所下达的诏令,而从正税中支出的。因此,给遣唐使第二船粮、酒与给148名疾病人药酒,虽然同载于同年的《萨摩国正税帐》中,但将148名疾病人与遣唐使第二船人员相联的观点实属想像,缺乏史料根据,而且遣唐使在唐期间,唐国内并无发生疫病的记载,返归日本的遣唐使第二船上也无"病人"的信息,天平九年疱疮流行源于遣唐使归国的观点不能成立。

2.遣新罗大使阿倍继麻吕之死

前已叙述,天平八年(736)二月任命的遣新罗使部分成员,于天平九年(737)正月回到了平城京,并带来了大使阿倍继麻吕病亡在归国途中的消息。关于以阿倍继麻吕为首的遣新罗使团出使新罗的具体日程,正史的《续日本纪》只记录了遣新罗使回到日本的归国日,其他细节都没有记载。但是在《万叶集》卷十五,收录了这次遣新罗使一行在出使途中所作的145首歌,即"天平八年丙子夏六月,遣使新罗国之时,使人等各悲别赠答,及海路之上恸旅陈思作歌,并当所诵咏古歌"[①]。由此可知,遣新罗使一行离京出发时间是在阿倍继麻吕等人于四月十七日举行拜朝辞行仪式之后的两个月左右,即天平八年的六月。

从《万叶集》遣新罗使一行所作的145首歌的内容,可以知晓遣新罗使前往新罗国的大致路线,即遣新罗使团离开平城京之后,乘船沿濑户内海西行,至九州岛,在筑紫馆(鸿胪馆)停留多日,然后继续前行,至壹岐、对马两岛停留,再向新罗国进发。

《万叶集》中,第3656—3658首歌是遣新罗大使阿倍继麻吕等人在筑紫馆"七夕仰观天汉,各陈所思"三首歌;第3668—3673首歌是遣新罗使一行"到筑前国志麻郡之韩亭舶泊经三日。于时夜月之光皎皎流照。奄对此华旅情悽噎,各陈心绪聊以裁歌"六首;第3674—3680首是"引津亭舶泊之作歌"七首;第3681—3687首是"肥前国松浦郡狛岛亭舶泊之夜,遥望海浪,各恸旅心作歌"七首;第3688—3690首是"到壹岐岛,雪连宅满忽遇鬼病死去之时作歌一首并短歌"的三首挽歌;第3697—3699首是"到对马岛浅茅浦舶泊之时,不得顺风经停五个日。于是瞻望物华,各陈恸心作歌"三首;第3700—3717首是"竹敷浦舶泊之时,各陈心绪作歌"十八首;第3718—3722首是"回来筑紫海路入京,到播磨

---

① 『万葉集』卷十五。

国家岛之时作歌"五首。据此,荣原永远男氏推算,筑紫馆观七夕天汉的歌意味着天平八年七月七日时,遣新罗使一行在博多;以七月七日为起始,加上筑前国志麻郡韩亭(今福冈市的宫浦、唐泊)停泊的三日及狛岛亭(今福冈县的糸岛市志摩、引津湾)、狛亭(今佐贺县唐津市神集岛)各一泊,则遣新罗使船是在七月十二日的α日后到达壹岐岛的;虽然无法确定α日具体是几天,但不会是数十日的长时段,遣新罗使大致是七月中旬左右到达壹岐岛的①。虽然从时间上看,荣原氏推断的七月中旬左右抵达壹岐岛,或许还是略微过早,但七月底八月初左右,遣新罗使一行已在壹岐岛似乎是没有大错的。

从上述的《万叶集》第3688—3690首歌的题词可知,到达壹岐岛后,遣新罗使团中,一位名叫雪连宅满的使团成员,"忽遇鬼病死去"②。雪连宅满所患的"鬼病",具体是何种疾病,由于文献没有具体描述,故不得详知。"鬼病"一词,在《大智度论》、《摩诃止观》等汉译佛经及《脉经》、《千金要方》等中国古代医书中都有出现,仅从字面来看,"鬼病"的含义似指怪病、恶病。目前日本学界,一般认为雪连宅满所患的"鬼病"存在疫疮的可能性。由于雪连宅满是在壹岐岛病亡的,因此如若确是疫疮的话,从遣新罗使团的行船日期来看,在筑紫馆滞留时期染上疾病的可能性较大③。如果这一推论成立的话,则说明天平八年的大宰府辖内地区依然有疫疮之疾流行。

雪连宅满死后,同行的遣新罗使成员作数首挽歌追悼,"大和离远去,远国尚未至。君亡此荒岛,长眠岩根下"④;"遥远国边境,云高霜露重。寒冷山崖边,有君永长眠"⑤;"往昔使韩国,皆云艰辛事。今奉此使命,竟成死离别"⑥。这些咏歌既表现了对雪连宅满之死的悲痛心情,也反映出遣新罗使出使之途的艰辛。遣新罗使团从壹岐岛出发至对马岛的时间不明,但是使团成员在对马的竹敷浦滞泊时所咏的18首歌,有多首是吟咏黄叶、红叶的歌,如"百舟泊对马,秋雨纷纷飘,浅茅山岑上,遍地是红叶"⑦。日本列岛的黄叶、红叶自然景观的时间,一般是当时所用之历的九、十月,即晚秋初冬时节。前已叙述,遣新罗使一行是七月末八月初抵达壹岐岛的。如若雪连宅满所患之病是传染性极强的疫

---

① 栄原永遠男「遣新羅使と疫瘡」、栄原永遠男編『日本古代の王権と社会』、塙書房、2010年、3—15頁。
② 在壹岐市石田町池田东触字石田峰有"遣新罗使.雪连宅满之墓",是壹岐市指定史跡。
③ 栄原永遠男「遣新羅使と疫瘡」。
④ 『万葉集』3688番。
⑤ 『万葉集』3691番。
⑥ 『万葉集』3695番。
⑦ 『万葉集』3697番。

疮的话,那么在使船或客馆的同一空间里长期接触的遣新罗使团其他成员也极易染病,以潜伏期为 20 天左右计算,在壹岐岛或对马岛就会出现其他染病者甚至病亡者,但这种情况在《万叶集》的咏歌中没有反映。因此,雪连宅满也可能是由于出使途中的劳累或水土不服,患病而亡。

遣新罗使船离开对马岛竹敷浦前往新罗国以后的情况,日本及新罗史籍都没有记载,全然不知遣新罗使是否被允许前往新罗的王都金城(庆州)。关于遣新罗使团的上岸地点,曾有学者认为是釜山,但田中俊明氏指出,釜山是从近世才开始成为港口的,新罗王都的门户是蔚山,因此遣新罗使船靠岸的港口是蔚山港,船停泊在蔚山湾内,然后乘艜上岸①。

天平九年正月二十六日,虽然遣新罗使团的部分成员平安地返回平城京。但是大使阿倍继麻吕却在对马岛亡故。由于《万叶集》收录的遣新罗使在前往新罗国途中的"竹敷浦舶泊之时,各陈心绪作歌十八首"中,包括了阿倍继麻吕所作三首(第 3700,3706,3703 首),说明阿倍继麻吕在前赴新罗国的途中并没有患病,因此阿倍继麻吕是在归国途中病亡的观点已经成为学界的定论。关于阿倍继麻吕之死,学者们讨论的焦点主要是他于何处染上疾病的。目前存在两种假说,一是阿倍继麻吕滞留在新罗国时,感染疫病,归途中发病;二是大使与已死的雪连宅满同样在九州岛的筑紫馆,或者雪连宅满染病后的同行中感染病毒,潜伏在身,在从新罗国归国途中发病②。由于文献史料中没有新罗国发生疫病流行的记载,因此赞同第一种假说的学者多依据《三国史记》新罗本纪所记载的两条史料说明新罗国曾发生疫病流行的可能性,即:

(1)(圣德王三十五年,736)冬十一月,"遣从弟大阿飧金相朝唐,死于路。帝深悼之,赠卫尉卿"③。

(2)(圣德王三十六年,737)春二月,"王薨,谥曰圣德,葬移车寺南"④。

圣德三十五年与日本天平八年同年,圣德三十六年与日本天平九年同年。如若

---

① 田中俊明「天平八年の遣新罗使をめぐる問題」、塚口義信博士古希記念会編『塚口義信博士古希記念会 日本古代学論叢』、和泉書院、2016 年、87—99 頁。
② 栄原永遠男「遣新罗使と疫瘡」。
③ 《三国史记》新罗本纪·圣德三十五年冬十一月条。
④ 《三国史记》新罗本纪·圣德三十六年春二月条。

圣德王与金相二人的死亡是与新罗国流行疫病有关的话,《三国史记》编纂者似乎不会不记载新罗国疫病流行之事。因此金相与圣德王二人的死亡时间纯属偶然相近而已的可能性较大。

关于第二种假说,即阿倍继麻吕是在前往新罗国途中,于日本国内患染疫病的假说,从天花或麻疹的潜伏期时间来看,即使以遣新罗使团滞留在对马岛的天平八年九、十月起算,至阿倍继麻吕在归国途中发病,于对马岛病亡,时间至少经过两三个月,病毒潜伏期过长,可能性不大。因此,阿倍继麻吕病亡的原因存在由其他疾病导致的可能性。

前已叙述,遣新罗使团的副使大伴三中因病,没有和其他成员一起于天平九年正月返回平城京。但是,天平九年三月二十八日,遣新罗使副使大伴三中等 30 人在京拜朝[1]。由此来看,大伴三中病愈后,回到了平城京。大伴三中等人拜朝后不到一个月,参议民部卿正三位藤原房前于四月十七日死亡,并且《续日本纪》天平九年四月癸亥(十九日)条记载了大宰府管内诸国疫病流行的状况。由于大伴三中等人返回平城京的时间没有记载,因此不能完全否认大伴三中等遣新罗使成员与日本国内的疫疮从西向东蔓延存在关联[2]。但即使相关,大伴三中等人接触到疫疮源的地点极有可能是在大宰府的管内地区。

综上所述,由于史料所限,雪连宅满与阿倍继麻吕的病因无法确定,虽然不能完全否认二人罹患疫疮的可能性,但也存在其他疾病的可能。如若雪连宅满身染疫疮,由于他并未至新罗,因此是在日本国内被传染的。另一方面,当时新罗国内无疫病流行记录,圣德王与金相二人的相继死亡可能只是时间上的巧合,而非与疾病有关,因此阿倍继麻吕在新罗国染上疫疮的可能不大,换句话说,遣新罗使将疫疮流行源带回日本,从而造成天平九年疫疮流行的观点没有史料佐证。

3. 天平年间的日本与新罗关系

660 年代以后,朝鲜半岛的情势发生了巨大的变化,在唐、新罗的联合下,百济、高句丽相继灭亡。但是,随着百济、高句丽的灭亡,新罗与唐的共同利益消失,二者的关系转向紧张。从 670 年起,新罗就开始显示出与唐对抗的姿态,不断地逼退唐在朝鲜半岛的势力。676 年,新罗与唐进行了多次战争,最终导致唐的军事力量从朝鲜半岛完全撤退。在与唐的紧张关系中,新罗积极地构筑与倭

---

[1] 『続日本紀』天平九年三月壬寅条。
[2] 栄原永遠男「遣新羅使と疫瘡」。

国·日本的亲近关系。同时,由于天武元年(672)至大宝元年(701)的30年间,倭国与唐的国交中断,因此与新罗的良好关系使得倭国继续汲取大陆的制度与文化,进入律令制国家时代。

日本律令制国家成立后,尽管日本将新罗视为臣属的"蕃国",但是新罗在表面上并没有露出不快,因此在8世纪初期,日本与新罗两国之间延续着良好关系。然而,养老年间(717—724),由于日本海贼的出现及新罗建造毛伐郡城等,给两国的关系投下了阴影。另一方面,随着唐与新罗关系的修复,新罗的对日关系方针也发生了变化,两国之间的摩擦开始显露。

天平四年(732)正月,新罗使金长孙一行携带各种财物及包括动物在内的赠物抵达日本。这是自神龟三年(726)以来,阔别了5年之久的新罗使出使日本。但是,金长孙等人却在九州滞留了1个多月之后,大宰府才召见他们,询问来意。五月,新罗使一行入京,向圣武天皇呈上种种物品,并请求日本允许新罗对日派遣使节的周期固定化,即3年1次。日本答允了新罗的要求[1]。3年1次的约定,虽然可以使新罗、日本两国间的使节来往定期化,但是与当时的新罗几乎每年都遣使前往唐王朝贺正相比,遣使入日定期化的要求,反映出新罗一方面希望延续平稳的新罗与日本的外交关系,另一方面也开始表现出其对日本的对等意识[2]。

天平四年之后,新罗再次派遣使节出使日本,就是天平六年十二月抵达大宰府,天平七年二月入京的新罗使。如前所述,日本以新罗国改国号王城国为由,责令新罗使即刻归国。翌年(736)即天平八年,日本派出了以阿倍继麻吕为首的遣新罗使团。天平八年遣新罗使的派遣理由不明,但"新罗国失常礼,不受使旨"的待遇使得此次遣新罗使没有完成使命。关于新罗的对策,很久以来被学界认为是新罗对天平四年新罗使在日本遭受返却待遇的外交性报复,但是近年来也出现了从疫病的视角讨论新罗对策的研究成果,提出新的观点,即到达新罗的日本天平十八年遣新罗使团,因大使阿倍继麻吕或其他成员身染疫疮,被新罗的接待官员看见、知晓,故而新罗采取了"失常礼"的做法[3]。然而,这一新观点是建立在阿倍继麻吕等人在前往新罗途中罹患疫疮的假设前提之下的。如前论述,阿倍继麻吕等人的病名不明,且存在其他疾病的可能性,因此新罗因日本使节生病而失常礼的观点,还有待日后的史料佐证。

---

① 『続日本紀』天平四年五月壬戌条。
② 鈴木靖民「天平初期对新羅関係」、『古代对外関係史の研究』,吉川弘文館、1985年、第171—174頁。
③ 田中俊明「天平八年の遣新羅使をめぐる問題」。

值得注意的是,有关新罗国于圣德王三十五年(736)派往唐朝的使节,《三国史记》有如下记录[1]:

> 夏六月,遣使入唐贺正,仍附表陈谢曰:伏奉恩敕,赐浿江以南地境。臣生居海裔,沐化圣朝,虽丹素为心,而功无可效,以忠贞为事,而劳不足赏。陛下降雨露之恩,发日月之诏,锡臣土壤,广臣邑居,遂使垦辟有期,农桑得所,臣奉丝纶之旨,荷荣宠之深,粉骨糜身,无由上答。

这是《三国史记》唯一详细记载新罗遣唐使所携带的新罗王上表文内容的史料。由于渤海国于732年,攻击登州,从而引发了唐与渤海国之间的紧张关系,新罗应唐王朝的要求出兵攻击渤海国的南境。735年,唐王朝认可与渤海国之战结束后,浿江以南地区归新罗领有。从上述表文内容可知,新罗于736年六月派出的遣唐使节除了入唐贺正以外,还肩负一个重要的任务就是对唐朝认可新罗对浿江(大同江)以南地区的领有权,传递圣德王对唐皇帝的感谢。同年(736)十一月,圣德王又派从弟大阿飡金相入唐,其目的应是参加元日朝贺仪式。派遣由真骨(王族)担任的大阿飡入唐贺正,这在新罗是比较少见的,由此可以窥见圣德王非常重视与唐的关系。但是,金相却死于途中,新罗使者未能出席唐开元二十五年(737)的元日朝贺礼仪。日本的天平十八年遣新罗使就是在这个时候到达新罗的,因此新罗国对待日本遣新罗使的失常礼的原因,与其说因阿倍继麻吕等人患病,不如说是与金相的死亡有关,也就是说新罗优先考虑其与唐的关系,而如何对待日本使节则放在次要位置。

天平九年二月,在遣新罗使报告了新罗的"失常礼,不受使旨"之后,日本朝中甚至出现了发兵征伐新罗的意见[2]。朝廷也派遣使节"于伊势神宫、大神社、筑紫住吉、八幡二社及香椎宫奉币,以告新罗无礼之状"[3]。日本与新罗的两国关系出现紧张的气氛。此后,由于发生了天平九年的疫疮流行,征伐新罗的声音消失。不过,天平十年(738)、天平十四年(742)和天平十五年(743),新罗3次派遣使节出使日本,都被日本朝廷以各种理由止步于大宰府。

---

① 《三国史记》新罗本纪·圣德三十五年夏六月条。
② 『続日本紀』天平九年二月丙寅条。
③ 『続日本紀』天平九年四月乙巳朔条。

二、贞观十四年咳逆病流行与渤海国使

贞观十三年（871）十二月，日本列岛出现暖冬现象，树木普遍比往年长得特别繁盛。关于天气的异常现象，阴阳寮进行了占卜，并向朝廷上言[①]：

> 明年当有天行之灾。又古老言，今年众木冬华，昔有此异，天
> 下大疫。

根据阴阳寮的报告，清和天皇敕令"五畿七道诸国，颁币境内诸神，於国分二寺转经，祷冥助于佛神，销凶札于未萌"[②]，意图通过祈祷神、佛的措施，防止灾害的发生。就在阴阳寮预判翌年将有大灾的前三天，以杨成规为首的 105 人规模的渤海国使节团抵达了加贺国的日本海沿岸。

贞观十四年（872），自正月开始，果然如阴阳寮所预言，大疫临头，平安京流行咳逆病，从上层贵族、官僚到平民百姓，感染者甚多，不断有患者死亡。于是，"渤海客来，异土毒气之令然焉"[③]的流言在街巷坊间传播，将咳逆病流行的起因归咎于渤海国使者的来日。然而，尽管流言盛传，但清和朝廷依然派遣使者前往加贺国存问渤海使节。

三月，太政大臣藤原良房也罹患咳逆病。为此，清和天皇因藤原良房的患病以及平安京内的疫病流行，"寝食无安，心坠思焦，言与泪俱"[④]。三月十日，平安京又遭遇大风雨。在灾害连发、疫病延续的不安中，三月十四日，少外记大春日安守被任命为存问渤海客使兼领客使，显然朝廷开始了渤海国使节入京的准备。

三月二十三日，因贞观十四年春季以来"内外频见怪异"，朝廷派出使者分赴贺茂、松尾、梅宫、平野、石清水、稻荷等神社向神祇祈祷，同时在神社附近的佛教道场，转读金刚般若经。在向各神社的神祇祭告文中，有如下内容（大意）[⑤]：

---

① 『日本三代実録』貞観十三年十二月十四日乙卯条。
② 『日本三代実録』貞観十三年十二月十四日乙卯条。
③ 『日本三代実録』貞観十四年正月廿日辛卯条。
④ 『日本三代実録』貞観十四年三月九日己卯条。
⑤ 『日本三代実録』貞観十四年三月廿三日癸巳条。

> 去年阴阳寮占卜。卜辞云，蕃客来可有不祥之事。今渤海客
> 来朝，事不获已，国宪可召。大菩萨亦闻此状，远客参近，神护之
> 故，矜赐无事，恐恐申赐。

祭告文虽然没有肯定疫病是由渤海国使团携来，但也未否定阴阳寮之说，只是向神祇报告忧患之心，祈求神祇护佑。

在阴阳寮占卜结果与坊间流言都将疫病流行的原因指向渤海国使者的情况下，清和朝廷仍然准允渤海国使入京。四月十三日，驰驿奏上存问渤海客使兼领客使大春日安守等确认渤海使杨成规所呈牒函、诘问违例之由问状，以及安守等人前往加贺国途中的消息。四月十六日，朝廷任命接待渤海使节的掌渤海客使及领归渤海客使。五月十五日，清和朝廷派遣从五位上守右近卫少将藤原山阴作为郊劳使，至山城国宇治郡山科村，郊迎渤海使节，在领客使、郊劳使等人的引领下，以杨成规为首的渤海使节 20 人入京，被安置在平安京的鸿胪馆[1]。五月十七日，敕遣正五位下行右马头在原业平前往鸿胪馆，劳问渤海使；同日，赐给渤海使一行服装。五月十八日，敕遣左近卫中将从四位下兼行权守源舒前往鸿胪馆，接受杨成规等带来的渤海国王启及信物。五月十九日，敕遣参议正四位下行左大弁大江音人前往鸿胪馆，赐杨成规等人位阶告身，并宣读清和天皇诏书，告知此次天皇不召见渤海使。清和天皇不见渤海使的理由就是"去年阴阳寮占曰，就蕃客来朝，可有不祥之徵，由是不引见，自鸿胪馆放还焉"[2]。依照常例，在日本对渤海使的外交礼仪中，渤海使向天皇呈上信物（方物）和天皇赐物给渤海使的两个环节，是体现日本以自我为中心、渤海为从属的对外关系意识的不可欠缺的部分。但由于咳逆病的流行，外交礼仪中的最重要的环节被省略，可见疫病流行对外交的影响。

渤海使携入平安京的货物，依照"凡官司未交易之前，不得私共诸蕃交易"的令制规定[3]，五月二十日，内藏寮首先与渤海客进行了交易。翌日（二十一日），准允平安京住居者与渤海使节交易。二十二日，准允诸市廛的商人与渤海使及其随员私相交易。同时日本还送给渤海使一行官钱 40 万，并召唤市廛商人向渤海使出售日本特产[4]。如此鼓励商人与渤海使节交易的措施极为少见，

---

① 『日本三代実録』貞観十四年五月十五日甲申条。
② 『日本三代実録』貞観十四年五月十九日戊子条。
③ 養老令関市令。
④ 『日本三代実録』貞観十四年五月廿二日辛卯条。

或许是对不允许渤海使谒见天皇的一种补偿,亦或许是对遭遇咳逆病流行的平安京商人的变相赈济措施。有意思的是,尽管渤海使的来日被视为诱发平安京咳逆病流行的原因,但是平安京人对于渤海使所携来的物品并没有拒绝,反映出平安时代的人们没有因疫病流行而改变对于舶来品的追捧。

从渤海使来看,渤海对日本交往的主要目的是经济、贸易交流,因此即使没有入宫见天皇,但是实现了贸易交流,因此贞观十四年的渤海使完成了其使命。五月二十三日,朝廷派遣大学头从五位上兼行文章博士阿波介巨势文雄、文章得业生越前大掾从七位下藤原佐世于鸿胪馆,飨宴渤海使一行。巨势文雄、藤原佐世二人都是学识渊博、擅长诗文的文人,显然日本朝廷在选拔接待渤海国使的人选时,有着各种考量。五月二十五日,日本的数位官人受敕命前往鸿胪馆,向渤海使节递交天皇敕书及太政官牒函。同日,在领归渤海客使的引导下,渤海使一行离开鸿胪馆,离开平安京踏上归国之路。在咳逆病流行状况下,朝廷虽然不愿放弃向渤海使展现"日本中心"的对外意识,但也接受阴阳寮的有关疫病与渤海使关联的上言,简略外交礼仪,在应灾防灾与对外关系意识的权重之间,最终选择了应灾防灾优先于对外关系意识的方针。

第四章 古代日本灾害观中的天皇

——以诏令为中心

对于以天皇为顶点的王权统治来说,灾害所造成的破坏,是关系到政治、经济、社会、边疆等的诸方面重大问题,如前所述,律令制国家时期,每当遭遇严重灾害,从中央到地方的官僚机构协同应灾机制、机能发挥作用,保障国家层面的应灾措施的制定、下达和施行,而应灾措施常常是通过天皇诏书、敕令或太政官符的形式下达至中央行政机构与地方官衙的。因此,根据与灾害有关的天皇诏书、敕令,不仅能够还原古代国家层面的应灾方针、措施,而且也可以窥见以天皇为首的中央最高权力核心层的灾害观。

第一节 祈祷者——七世纪的大王(天皇)

前已叙述,七世纪是从倭国迈向律令制国家的过渡阶段,因此这一时期的灾害观中,大王(天皇)的作用也是存在着变化过程的。

一、亲祭神祇

七世纪日本的政治是从推古女王时代开始的。根据《日本书纪》记载,在七世纪来临的前一年,推古七年(599)四月,倭王权所在地——飞鸟地区发生地震,倭王权采取的应灾措施是"令四方,俾祭地震神"[①]。但是,关于推古女王是否亲祭地震神,由于文献记事非常简略,无法详知。

推古三十一年(623),春季至秋季,霖雨洪水,五谷不登。3年之后,即推古三十四年(626),倭国再次遭遇自三月至七月的连雨绵绵。连续的自然灾害致

---

① 『日本書紀』推古七年四月辛酉条。

使农作物歉收,造成倭国全国性的大饥馑,"老者噉草根而死于道垂,幼者含乳以母子共死",强盗、窃盗事件频繁发生①。在古代社会,饥馑对经济、社会的影响时间较长,常常是两年以上②。两年后,推古三十六年(628),推古女王离世,留下了薄葬的遗嘱,"比年五谷不登,百姓太饥,其为朕兴陵以勿厚葬,便宜葬于竹田皇子之陵"③。这一薄葬遗嘱的叙述,无疑存在《日本书纪》编纂者宣扬女王之德的意图,但也可以看出,推古女王并没有将饥馑等灾害的发生与自身相联。

又,皇极元年(642),皇极女王即位,然而倭国各地大旱,村村"或杀牛马祭诸社神,或频移市,或祷河伯"乞雨,但都不见效果。于是苏我虾夷提出"可于寺寺转读大乘经典,悔过如佛所说,敬而祈雨"④。尽管苏我虾夷亲自烧香发愿,但是佛教式请雨法的效果仅仅是下了微雨,旱情依然延续。同年(642)八月,皇极女王在南渊河畔,亲自"跪拜四方,仰天而祈,即雷大雨,遂雨五日"⑤。毋庸赘言,《日本书纪》的编纂者通过叙述大王祈雨仪式的灵验性,强调女王统治的正统性。不过,从皇极女王本人露天跪拜四方祈神降雨的举动,可以推断当时的灾害观中,旱灾发生的原因被归于神祇的所为,而与人政即皇极女王的治政无关,女王只是被设定为具有与诸神交流能力的人。

二、遣使祈神

天智大王死后,围绕着王位继承,发生了壬申政变。672年,壬申政变时,当时尚是大海人皇子的天武天皇屡屡亲自向神祈祷,借以鼓舞己方的士气。例如,在从吉野急奔东国的途中,遥拜伊势神宫,祈求天照大神护佑其胜利;在野上行宫筹谋军事行动时,雷雨大作,于是又祈愿天神地祇扶助己军,停降雷雨。

但是,即位后的天武天皇并不亲自参加作为应灾措施的祈神行事,而是派遣使者向神祇祈祷。天武五年(676)夏季,遭遇大旱时,"遣使四方捧币帛,祈诸神祇。亦请诸僧尼,祈于三宝。然不雨,由是五谷不登,百姓饥之"⑥。与前述的皇极元年旱灾事例相比较,存在两个明显的不同点:一是天武天皇没有亲自祈雨,而是派遣使者向四方的诸神祇祈愿;二是祈神求雨的同时,亦请僧侣以佛教

---

① 『日本書紀』推古三十四年是歲条。
② 荒川秀俊『飢饉の歴史』、至文堂、1967年,第1—6頁。
③ 『日本書紀』推古三十六年九月戊子条。
④ 『日本書紀』皇極元年七月戊寅条。
⑤ 『日本書紀』皇極元年八月甲申朔条。
⑥ 『日本書紀』天武五年六月是夏条。

方式祈雨。可以说，在皇极时代，传统祭祀祈雨的地位尚优于佛教祈雨仪式；而至天武时代，已不论祈神与求佛孰优孰劣，佛教的地位被升至与神祇同样的高度。不过，与皇极女王同样，天武天皇的治政也没有被直接与旱灾的发生原因相联。然而，向神、佛祈雨的结果是天依然不下雨，致使五谷不丰，民众饥荒。同年(676)八月，天武天皇诏令举行四方大解除(大祓)行事，并对罪犯者赦宥，命令诸国放生[1]。虽然文献史料没有记载天武天皇为何举行大解除、大赦及放生，但可以推测饥馑或许是理由之一。如若推测成立的话，赦宥举措反映出中国古代灾异思想对日本应灾措施的影响最早可以追溯至天武时代。

由上可以看出，在天武时代，作为应灾措施的祭祀神祇行事，从七世纪的"大王亲祈"模式逐渐向律令制国家的"遣使奉币神祇"模式转化。

第二节　天人感应——律令制国家的天皇

持统四年(690)，持统天皇正式即位。翌年(691)的四月至六月，京师及 40 郡国都是连绵雨水。六月三日，持统天皇发布了一道诏令[2]：

> 此夏阴雨过节，惧必伤稼，夕惕迄朝忧惧，思念厥愆。其令公卿百寮人等，禁断酒宴，摄心悔过；京及畿内诸寺梵众，亦当五日诵经，庶有补焉。

诏文首先陈述持统天皇自身因忧虑夏日阴雨可能造成的农作物歉收，而寝卧不安，思考应灾防灾之策；其次，下达了两条应灾防灾措施：一是命令官人禁断酒肉，反省各自的有失之处，二是飞鸟及其周边地区诸寺院的僧众诵经 5 天。值得注意的是，持统诏令将官人的行为不谨慎或行政有失与灾害的发生相联系，欲通过严肃官人行为，达到应灾防灾目的，并意图树立持统天皇为有德之君的形象。也就是说，反映出天人感应思想在应灾措施中的应用。

随着律令体制的建立，天皇的至高无上权威同时确立。由于日本的律令制度是以唐朝律令为范本的，因此中国古代统治理念中的天皇德政与灾害的关联，自然也会对日本律令制国家的灾害理念有所影响。

---

[1] 『日本書紀』天武五年八月辛亥条、壬子条。

[2] 『日本書紀』持統五年六月戊子条。

一、八世纪的应灾诏敕

为了能够纵观应灾措施中的德政理念，在此以《续日本纪》记事为中心，探讨若干有关灾害的八世纪天皇的诏敕。

1. 文武诏敕

文武天皇在位期间（697－707），先后以祥瑞出现为由，取年号为"大宝"、"庆云"。可是，祥瑞年号似乎并未能带来平安，尤其庆云元年（704）前后数年，灾疫不断，社会不安定，文武天皇曾多次发布诏令，应对灾害的发生以及社会的不稳。庆云二年（705）四月，面对前一年（704）水旱之灾造成的年谷不登，文武天皇诏令[①]：

> 朕以非薄之躬，讬于王公之上，不能德感上天，仁及黎庶，遂令阴阳错谬，水旱失时，年谷不登，民多菜色。每念于此，恻怛于心。宜令五大寺读金光明经，为救民苦。天下诸国，勿收今年举税之利，并减庸半。

该诏令不仅命令飞鸟、藤原地区的大安寺、药师寺、元兴寺、弘福寺等寺的僧侣诵读《金光明经》以及免收当年出举稻的利息，并将当年应交庸减半，而且文武天皇将水旱灾发生、谷物歉收、民众饥馑的原因皆与自身之德相关联，虽然仅仅是强调自身的薄德不能感及上天，而灾害发生的主要责任还是归于上天。"阴阳错谬"一词在《汉书》、《后汉书》等中国史书记载的皇帝诏书中时有出现，由此可以推断，文武天皇诏令所表现的理念具有中国古代灾异思想的要素。然而，庆云二年六月，藤原京及其周边又发生亢旱，朝廷采取遣使奉币诸神社祈雨无果，于是又"请遣京畿内净行僧等祈雨，及罢出市廛，闭塞南门"[②]。同年（705）八月，因炎旱，文武天皇发布了大赦之诏，明言"炎旱弥旬"、"百姓饥荒"的原因是"阴阳失度"[③]。这点与前述的同年四月文武诏令所言的"阴阳错谬"具有异曲同工的相似性，但是诏令没有言及造成"阴阳失度"的原因，而"大赦天下，与民更新"，是表现文武天皇之德的应灾措施。

---

① 『続日本紀』慶雲二年四月壬子条。
② 『続日本紀』慶雲二年六月丙子条。
③ 『続日本紀』慶雲二年八月戊午条。

2.元明诏敕

和铜七年(714)六月,因久未降雨,为了防止农业生产遭受更大的损失,朝廷下达元明天皇诏敕,命令向名山大川、诸神社祈雨,即[①]:

> 顷者阴阳殊谬,气序乖违,南亩方兴,膏泽未降,百姓田畴,往往损伤。宜以币帛奉诸社,祈雨于名山大川,庶致嘉澍。勿亏农桑。

其中,关于不降雨的原因,元明诏令用"阴阳殊谬,气序乖违"之句加以解释,并没有涉及天皇的治政。和铜八年(715)五月,摄津、纪伊、武藏、越前、志摩等国饥荒;远江国地震,山崩河塞,形成堰塞河,多日之后,堰塞河溃,淹没大批民宅和禾苗;不久之后,三河国发生地震,震倒47座正仓、民宅;六月,天候不顺,干旱气象。面对接连不断的灾害,尤其是亢旱可能诱发的次生灾害饥馑,同年(715)六月十二日,太政官上奏[②]:

> 悬像失度,亢旱弥旬,恐东皋不耕,南亩损稼。昔者周王遇旱,有云汉之诗。汉帝祈雨,兴改元之诏。人君之愿,载感上天。请奉币帛,祈于诸社,使民有年,谁知尧力。

奏文以"悬像失度"解释亢旱的原因,并引用了中国的两个典故,一是周宣王治政时,遇到大旱,以自身修行、敬恭明神等行为祈愿降雨,消除旱灾,有《云汉》诗赞扬;二是汉武帝时,逢大旱,以改元、祈雨措施应灾。而"人君之愿,载感上天"的归纳,则是天人感应思想的表现。翌日(十三日),应太政官之奏,元明天皇诏令,"遣使奉币帛于诸社,祈雨于名山大川"。于是"未经数日,澍雨滂沱。时人以为,圣德感通所致焉"[③]。"圣德感通"一句明确道出了天人感应的思想,但无论是太政官奏文还是元明天皇诏令,都未涉及天皇治政的德否与灾害发生的关联。

---

① 『続日本紀』和銅七年六月戊寅条。
② 『続日本紀』霊亀元年六月壬戌条。
③ 『続日本紀』霊亀元年六月癸亥条。

3.元正诏敕

元正天皇在位期间(715—724)，虽也有地震发生，但遭遇的最大灾害是旱与涝。养老三年(719)，诸国旱灾、饥馑。养老四年(720)，平城京水旱并至，庄稼歉收。除了自然灾害以外，还有少数族虾夷人、隼人的反乱，社会处于不安稳的状态。如前所述，养老五年(721)正月，平城京连续两天地震后，元正天皇诏令文武百官忠心事君，灾时要以"忠正之志"向天皇谏言。该诏令虽然没有明言天皇治政与灾害之间的关联，但要求官人谏言之令，可以说婉转地表明人政与灾害存在关联，也就是天人感应思想的反映。

养老五年(721)二月十六日，平城京的上空出现了日晕("白虹贯日")的天文现象。对此，元正天皇非常不安，十六日、十七日连续两天发布诏敕，命令臣下谏言政事。其中，二月十七日诏令内容如下[1]：

> 世谚云，岁在申年，常有事故。此如所言，去庚申年，咎徵屡见，水旱并臻，平民流没，秋稼不登，国家骚然，万姓苦劳。(中略)今亦去年灾异之余，延及今岁，亦犹风云气色，有违于常。朕心恐惧，日夜不休。然闻之旧典，王者政令不便事，天地谴责以示咎徵，或有不善，所致之异乎。今汝臣等位高任大，岂得不罄忠情乎。故有政令不便事，悉陈无讳，直言尽意，无有所隐。朕将亲览。

诏令中的"去年灾异之余，延及今岁"之句，反映出 8 世纪日本的统治阶层已经认识到灾害的影响具有长期性、连锁性。依据诏文的内容可知，对于养老四年的饥荒等灾害发生，元正朝廷最初仅仅用世间流传的申年多事的说法加以解释，但是日晕天象出现后，政事的因素开始被提及，甚至认为灾异是天地对政事有失的谴责——"天谴"。实际上，在前一日(二月十六日)的元正诏令中，也有"朕德菲薄，导民不明"之句，表达灾异意味着人政有失的天人感应理念。同年(721)三月，元正天皇再发敕令，在阐述"抚育百姓，思欲家之贮积，人之安乐"的德政理念之上，宣布因旱涝、饥寒等灾害，减免民众的赋役，以体现元正天皇的德政[2]。

---

[1]　『続日本紀』養老五年二月甲午条。

[2]　『続日本紀』養老五年三月癸丑条。

养老六年(722)，天气依然干旱，五月至七月无降雨。连续三年的恶劣气候，使得农业受损，庄稼歉收，势必导致饥荒。同年(722)七月，元正天皇连续发布诏令，其中七月七日之诏有如下内容[1]：

> 阴阳错谬，灾旱频臻。由是奉币名山，莫祭神祇，甘雨未降，黎元失业。朕之薄德，致于此欤。百姓何罪，燋萎甚矣。宜大赦天下。（后略）

十数日后，元正天皇于七月十九日再发诏令[2]：

> 朕以庸虚，绍承鸿业，尅己自勉，未达天心。是以今夏无雨，苗稼不登。宜令天下国司劝课百姓，种树晚禾、荞麦及大小麦，藏置储积，以备年荒。

上述二诏令将旱灾的影响或发生视为天皇自身的"薄德"或"尅己自勉，未达天心"所致，而大赦天下以及劝民众种植晚稻、荞麦、大麦、小麦等农作物以备饥荒等应灾措施，也是显示天皇德政的举措。同年八月，又有诏令免除京师及天下诸国的当年田租。由此可以看出，源自中国的天人感应思想，在元正时代的中央最高权力核心层的统治理念中占有一席位置。

4. 圣武诏敕

神龟元年(724)至天平二十一年(749)是圣武天皇在位的时间，其间历经地震、饥馑、疫病流行、旱灾等灾害，有关应灾的诏令也频频宣布，在此仅举数例略见一斑。

天平六年(734)四月七日的畿内七道地震之后，圣武天皇于四月十七日下达了两道诏令，其中一道诏令言及"地震之灾，恐由政事有阙"，命令官吏"勉理职事"，"若不改励，随其状迹，必将贬黜"[3]。4天后，即二十一日，圣武天皇派遣使者前往平城京及畿内地区，问候百姓疾苦，并发布诏令[4]：

---

① 『続日本紀』養老六年七月丙子条。
② 『続日本紀』養老六年七月戊子条。
③ 『続日本紀』天平六年四月戊申条。
④ 『続日本紀』天平六年四月壬子条。

比日，天地之灾有异于常，思朕抚育之化，于汝百姓有所阙失
欤。今故发遣使者，问其疾苦，宜知朕意焉。

此后，因频繁的余震，圣武天皇于同年(734)七月再次诏令强调[1]：

顷者，天频见异，地数震动。良由朕训导不明，民多入罪，责
在一人，非关兆庶。宜令存宽宥而登仁寿，荡瑕秽而许自新，可大
赦天下。(后略)

上述的圣武天皇诸诏令，都将地震的发生视为政事有阙的反映，因此对臣下强
调官员的职责，要求臣下以忠事君，尽职尽责。这与前述的元正等天皇的诏令
有相同之处，但不同的是，圣武天皇在阐述臣下责任的同时，也反省自身的德
政，特别提出了"朕抚育之化，于百姓有所阙失"，"朕训导不明"的领导责任，并
为了显示自省的姿态施行与表现天皇德政有关的遣使问疾苦及大赦天下等应
灾措施。

天平九年(735)四月开始，疫疮流行及旱灾、饥馑同时发生。圣武天皇于五
月发布大赦诏令[2]：

四月以来，疫旱并行，田苗燋萎。由是祈祷山川，奠祭神祇，
未得效验，至今犹苦。朕以不德，实致兹灾。思布宽仁，以救民
患。宜令国郡审录冤狱，掩骼埋胔，禁酒断屠。高年之徒，鳏寡惸
独及京内僧尼男女卧疾不能自存者，量加赈给。又普赐文武职事
以上物，大赦天下。(后略)

诏文内容表明，在疫病流行与旱灾同时发生，导致农业生产遭遇打击的状况下，
圣武朝廷首先采取了"祈祷山川、奠祭神祇"的应对措施，但没有效验，于是开始
罪己，言及天皇自身的"不德"是诱发灾害的原因，由是以思布宽仁救民患的方
针，采取赈济并大赦天下的应灾措施。然而，疫病依然猖獗，甚至影响到中央官
僚机构的正常运行。在这场疫病中，死亡人数不可胜计，除了百姓之外，不少贵

---

[1]　『続日本紀』天平六年七月辛未条。

[2]　『続日本紀』天平九年五月壬辰条。

族也相继染疾而亡。同年(735)八月,圣武天皇再发诏令①:

> 朕君临宇内稍历多年,而风化尚拥。黎庶未安,通旦忘寐,忧劳在兹。又自春已来灾气遽发,天下百姓死亡实多,百官人等阙卒不少。良由朕之不德致此灾殃。仰天惭惶,不敢宁处。故可优复百姓使得存济,免天下今年租赋及百姓宿负公私稻。(后略)

圣武天皇虽然陈述了自己通宵达旦地为民忧劳,但也又一次强调"朕之不德,致此灾殃",宣布免除百姓的当年租赋及大赦天下等应灾措施,昭示天皇的德政。

天平十八年(746),平城京及其周边的畿内地区遭遇旱灾,年谷不稔。翌年(747),畿内地区发生饥馑。为此,圣武天皇下达免除左右京田租的诏令②:

> 自去六月,京师亢旱。由是奉币帛名山,祈雨诸社,至诚无验,苗稼燋凋。此盖朕之政教不德于民乎。宜免左右京今年田租。

根据敕令内容可知,旱灾发生后,朝廷依然是首先采取了向诸神祇祈雨的措施,但毫无效果,农作物枯萎;对此,圣武天皇运用天人感应思想罪己,直言自身的政教不德,乃至民众遭遇灾害。

从上述圣武天皇的诏敕可以看出,与前代相比,人君的责任被进一步强调。但值得留意的是,圣武天皇是在祈求神佛无果后,才将自己的责任与疫病流行的原因联系在一起的。

5. 孝谦诏令

孝谦天皇在位期间(749-758),虽然日本列岛也遭遇了地震、水灾、疫病流行等灾害,但与其他天皇时代相比,总体上属于灾害较少的时代。天平宝字二年(758)正月,孝谦天皇在派遣"问民苦使"诏令中,叙及了天人感应的理念,具体内容抄录如下③:

---

① 『続日本紀』天平九年八月甲寅条。
② 『続日本紀』天平十九年七月辛巳条。
③ 『続日本紀』天平宝字二年正月戊寅条。"二仪",系或指阴阳,或指天地。"休气",良好之气。《白虎通义》封禅中有"阴阳和,万事序,休气充塞"句。"抚字"中的"字",意同"抚爱",《正字通》载:"字,抚也,爱也"。

> 朕闻则天施化,圣主遗章,顺月宣(宜)风,先王嘉令。故能二
> 仪无愆,四时和协,休气布于率土,仁寿致于群生。今者三阳既
> 建,万物初萌,和景惟新,人宜纳庆。是以别使八道,巡问民苦,务
> 恤贫病,矜救饥寒。所冀抚字之道,将神合仁,亭育之慈,与天通
> 事,疾疫咸却,年谷必成,家无寒窭之忧,国有来苏之乐。所司宜
> 知差清平使,勉加赈恤,称朕意焉。

尽管该诏令并非应灾诏令,但强调了人事与天事的关联,尤其是"所冀抚字之道,将神合仁,亭育之慈,与天通事,疾疫咸却,年谷必成,家无寒窭之忧,国有来苏之乐"的表达,实为强调神仁合一、天人合一,显现出中国古代灾异思想的影响。

6. 淳仁诏敕

淳仁天皇在位期间(758－764),气候干旱,并诱发饥馑、疫病等次生灾害。淳仁天皇多次发布与灾害相关的诏敕,内容上基本都是应灾措施,并无言及天皇自身治政的文字。但是,天平宝字七年(763)九月一日的敕令有如下内容[①]:

> 疫死多数,水旱不时,神火屡至,徒损官物。此者,国郡司等
> 不恭于国神之咎也。又一旬亢旱,致无水苦,数日霖雨,抱流亡
> 嗟。此者,国郡司等使民失时,不修堤隁之过也。自今以后若有
> 此色,自目以上宜悉迁替。不须久居劳扰百姓。(后略)

敕令主要斥责地方的国司、郡司懈怠祭祀,不恭敬当地神祇及其行政不力,引起神祇的怪罪而诱发水、旱、火等灾害频频,同时批评国司、郡司等"使民失时,不修堤隁"的失职,造成旱时无水,雨时洪水的状况。在灾害面前,虽然淳仁天皇也运用了天人相应理念,但没有采取罪己态度,而是严格吏治。

7. 称德诏敕

称德天皇重祚之后,灾害依然频频降临,其在位的天平神护元年(765)至神护景云四年(770)期间,饥馑、旱灾几乎年年发生,遍布全国,为此称德天皇屡屡

---

① 『続日本紀』天平宝字七年九月庚子朔条。

发布诏敕，其中神护景云元年(767)四月二十四日的敕令如下①：

> 夫农者天下之本也。吏者民之父母也。劝课农桑，令有常制。比来诸国频年不登，匪唯天道乖宜，抑亦人事怠慢。宜令天下勤事农桑。仍择差国司恪勤尤异者一人，并郡司及民中良谨有诚者郡别一人，专当其事，录名申上。先以肃敬祷祀境内有验神祇，次以存心劝课部下百姓产业。若其所祈有应，所催见益，则专当之人别加褒赏。

敕文命令诸国国司、郡司分别选择一人专门负责劝勉百姓从事农业和蚕桑事宜，但其中言及诸国的农业歉收不单是"天道乖宜"，而且还有"人事怠慢"的因素，要求国司、郡司敬祭当地的神祇。显然当时的灾害观中存在天、神、人三因素。

天平神护二年(766)九月，伊势、美浓等国遭受风灾的报告传到中央后，称德天皇发布敕令②：

> 比见伊势、美浓等国奏，为风被损官舍数多，非但毁顿，亦亡人命。昔不问马，先达深仁。今以伤人，朕甚悽叹。如闻，国司等朝委未称，私利早著，仓库悬磬，稻谷烂红，已忘暂劳永逸之心，遂致雀鼠风雨之恤。良宰莅职，岂如此乎。自今以后，永革斯弊。宜令诸国具录岁中修理官舍之数，付朝集使，每年奏闻。国分二寺亦宜准此。不得假事神异惊人耳目。

敕令首先陈述伊势、美浓等国上奏的灾情，即风灾使得官舍损坏，倒塌的建筑又造成人员的伤亡；其次指出，国司等地方官员并不尽职，只考虑自己的私利，却不修理受损的仓库，致使稻谷发霉腐烂；最后表明，"自今以后，永革斯弊"，要求国司等修理官舍。尽管该敕令并没有言及天人感应理念，但敦促地方国司摒弃弊政，致力灾后复兴的措施，似乎其应灾理念背景中存在天人感应思想。

---

① 『続日本紀』神護景雲元年四月癸卯条。
② 『続日本紀』天平神護二年九月戊午条。

8.光仁诏敕

光仁天皇在位期间(770－781),同样是每年都有灾害发生,饥馑、旱灾、疫病、鼠害、风雨灾等灾害交替地袭击日本列岛。因此,光仁天皇也是多次发布诏敕下达应灾措施。宝龟三年(772)十一月,光仁天皇诏令:

> 顷者,风雨不调,频年饥荒。欲救此祸,唯凭冥助。宜于天下
> 诸国国分寺,每年正月一七日间,行吉祥悔过,以为恒例。①

该诏文明言只有依靠借助佛的力量,才能镇除饥荒之灾。为此,地方的官寺——国分寺定期举行法会,祈祷佛的相助。而在宝龟七年(776)四月,光仁天皇又强调了祭祀神祇的重要性②:

> 敕,祭祀神祇,国之大典。若不诚敬,何以致福。如闻,诸社
> 不修,人畜损秽,春秋之祀,亦多怠慢。因兹嘉祥弗降,灾异荐臻。
> 言念于斯。情深惭惕。宜仰诸国,莫令更然。

此条敕令是有关清扫神社的命令,但是怠懈神社祭祀,就会"嘉祥弗降,灾异荐臻"一句,反映出神祇能够左右灾害的观念。60岁以后登基的光仁天皇,"宽仁敦厚,意豁然也"③,其诏敕也常借鉴中国的古典④,尽管前已叙述,诏敕并非天皇本人书写,但光仁天皇及起草诏敕的文官对于中国天人感应思想不会不知,然而光仁敕令几乎没有涉及天人感应理念,似是有意识地区别于称德时代。

二、九世纪的应灾敕令

天应元年(781)正月元日,因伊势斋宫的上空出现了祥云,光仁天皇以"彼神宫者国家所镇,自天应之,吉无不利"为由,宣布改年号为"天应"⑤。同年

---

① 『続日本紀』宝龟三年十一月丙戌条。
② 『続日本紀』宝龟七年四月己巳条。
③ 『続日本紀』光仁即位前纪。
④ 《续日本纪》天应元年(781)正月辛酉朔条所载的诏令中,有"以天为大,则之者圣人,以民心为心,育之者仁后",这段话实际上参考了《论语》和《老子》,前者原文是"巍巍乎,唯天为大,唯尧则之"(《论语》泰伯篇),后者原文是:"圣心无常心,以百姓心为心"(《老子》四十九)。
⑤ 『続日本紀』天应元年正月辛酉朔条。

(781)四月,73 岁的光仁天皇让位,皇太子山部亲王即位,是为桓武天皇。学界一般认为,随着桓武天皇的即位,王朝的血统从天武系完全转换为天智系。延历十三年(794)十月,桓武天皇从长冈京迁都至平安京,随之日本的历史进入以平安京为政治中心的时代。

相比以平城京为政治中心的奈良时代,平安时代不仅持续时间长,而且无论是在政治、经济、文化方面,抑或是社会信仰等方面都有渐进的变化,并且具有独自的特质。本节拟以九世纪的应灾敕令为中心,讨论灾害观中的人政与灾害关系的变化。

1. 桓武诏敕

桓武天皇在位期间(781－806),围绕着王位继承,各种政治势力争斗激烈。此外,自然灾害也是不断造访,与之相应,桓武天皇也下达过多通诏敕应灾。例如,桓武天皇即位的天应元年(781)七月,面对数月的旱灾,桓武天皇发布大赦诏令[1]:

> 朕以不德,阴阳未和,普天之下,炎旱经月,百姓嗟九服怀怨。朕为其父母,属此灵谴。虽竭至诚,未感霈泽。顾念囚徒。特宜矜愍。其自天应元年七月五日昧爽以前大辟已下,罪无轻重。已发觉,未发觉,已结正,未结正,系囚见徒,咸皆赦除。但八虐,故杀人、私铸钱、强窃二盗,常赦所不免者,不在赦限。

诏文的内容首先罪己,言及炎旱的原因是"灵谴",由于天皇的"不德"致使"阴阳失和",百姓受苦;其次宣布大赦举措,表现天皇"顾念囚徒"之德。毋庸多言,该诏令显示出天人感应思想的要素。尤其值得注意的是,在桓武诏令中,天皇自称为百姓的"父母",可以说是中国皇帝统治理念的影响。

延历六年(787)冬季直至延历七年(788)春季,畿内地区干旱不雨,沟池乏水,百姓不得耕种。延历七年四月,作为应灾措施,桓武天皇派遣使者前往畿内地区祈雨,以黑毛马祭丹生川上神[2],命令田地有水的贵族将私人性水源公用,以便普通百姓能够及时播种等。尤其是在四月十六日,桓武天皇洁身沐浴之后,在宫中庭院亲自祭神祈雨,结果很快天降大雨,于是群臣齐呼万岁,所有人

---

[1] 『続日本紀』天応元年七月壬戌条。
[2] 根据《延喜式》神祇式祈雨神祭规定,祈雨用黑毛马;祈雨停,用白毛马。

都认为"圣德至诚,祈请所感"①。天皇亲自祈雨事例,是皇极女王祈雨之后的初见,桓武天皇祈雨的立竿见影效果,尽管存在《续日本纪》编纂者粉饰的可能性,但由此也可以看出桓武天皇意欲树立自己具有"圣德"以及与神祇交流能力的形象。

延历九年(790),日本列岛大范围发生饥馑,同时长冈京及畿内地区遭遇旱灾。为此,中央朝廷施行了赈给、大赦、遣使祈雨、免田租等应灾举措。九月十三日,桓武天皇发布了如下诏令②:

> 朕以寡昧,忝驭寰区,旰食宵衣,情存抚育,而至和靡届。炎旱为灾,田畴不修,农亩多废。虽丰俭有时,而责深在予。今闻京畿失稔,甚于外国,兼苦疾疫、饥馑者众。宜免左右京及五畿内今年田租,以息穷弊。神寺之租,也宜准此焉。

诏文表达了三重含义:一是桓武天皇自登基以来,劳心于政事,废寝忘食,衣带渐宽;二是旱灾造成"田畴不修,农亩多废",责任在天皇;三是京畿地区的百姓深受疾疫、饥荒之苦,受灾严重,免除当年的田租。在诏令中,可以看到桓武天皇承担农业歉收责任的言语,但没有"不德"等罪己的文句,而是叙述天皇对政事的鞠躬尽瘁,并通过免田租措施来体现天皇体恤百姓的德政。同样的诏令模式也出现在延历十八年(799)六月的免田租诏令,具体内容如下③:

> 惟王经国,德政为先。惟帝养民,嘉谷为本。朕以寡薄,忝承鸿基,惧甚履冰。懔乎御杇,昧旦丕显。日昃听朝,思弘政治,冀宣风化,时雍未洽。阴阳失和,去年不登,稼穑被害。眷言其弊,有悯于怀。宜敷宽恩,答彼咎祥。其被损尤甚之处,美作、备前、备后、南海道诸国、肥前、丰后等十一国,去年田租特全免之。

这道诏令同样是首先叙述桓武天皇致力于以德治政,勤于政事,然后表达天皇对臣民饱受饥荒之苦的担忧,进而推出免除田租之策,表现天皇的德政。

从上述的桓武诏敕可以看出,桓武时期的天人感应思想中,天皇的罪己色

---

① 『続日本紀』延暦七年四月庚辰条、丁亥条、戊子条、癸巳条。

② 『続日本紀』延暦九年九月丙子条。

③ 『日本後紀』延暦十八年六月戊寅条。

彩开始出现变化,更多地是宣扬天皇的勤政。

2.平城诏敕

延历二十五年(806)三月,桓武天皇病亡离世。兴作土木建平安京与军事征服东北虾夷是桓武治政期间的两大事业,虽然在当时给民众带来深重的负担,但也为平安时代的历史奠定了基础。桓武死后,继承皇位的是皇太子安殿亲王,即平城天皇。平城天皇在位的时间(806—809)不长,但年年依然是遭遇灾害,水灾、疫病、旱灾等。

大同元年(806)洪水的次生灾害——疫病,于大同二年(807)开始流行,死者众多。直至大同三年(808),疫病流行也没有减弱的趋势。于是,大同三年五月十日,平城天皇发布诏令[1]:

> 朕以寡昧,虔嗣丕基,履薄如伤,黔首之隐是恤,驭奔若厉,紫宸之尊非宁。尅己思治,励精施政,而仁无被物,诚未感天。自从君临,咎徵斯应。顷者天下诸国,饥馁繁兴,疫疠相寻,多致夭折。朕之不德,眚及黎元,抚事责躬,怒焉疢首,或恐政刑乖越,上爽灵心,漫汗烦苛,下贻人瘼,此皆朕之过也。兆庶何辜,静言念之,无忘监寐,诗不云乎,民亦劳止,汔可小康。其畿内七道言上饥疫诸国者,今年之调,宜咸免除。仍国司亲巡乡邑,医药营救。兼令国分二寺转读大乘一七箇日。左右京亦宜遣使普加振赡。庶几为善有效,济困穷于亩粮。修德不虚,返游魂于岱录。务崇宽惠,副朕意焉。

诏文首先以较多笔墨描述平城天皇勤于政事,但未能感天,依然饥荒等灾害所至,殃及百姓,是因为天皇之不德,天皇之过错,为了修德不虚,要实施应灾措施。然后下达了具体的应灾措施,包括对饥馑、疫病流行的诸国,免除当年的调;指令国司亲自送医下乡;命令国分寺、国分尼寺转读大乘经;派遣使者在平安京内赈济等。显然,平城诏令所反映出的天人感应思想,形式上借鉴或承袭了以往的诏敕,在颂扬自己治政之上的罪己,同时下令具体的应灾措施。

3.嵯峨诏敕

平城天皇勤奋治政,相继实施了有关官制、中下级官人待遇等一系列改革

---

① 『日本後紀』大同三年五月辛卯条。

措施。大同四年(809)四月,平城天皇因受"风病"困扰,寝膳不安,决定生前让位,自己退居成为太上天皇。继承皇位的是平城天皇的同母弟——皇太弟的神野亲王,即嵯峨天皇。

嵯峨天皇在位期间(809-823),每年都有地方遭遇灾害的报告,因此嵯峨诏敕中,有相当一部分是与灾害、赈恤等有关的。例如,弘仁二年(811)五月二十日的敕令有如下内容①:

> 天下诸国,昔遭疾疫,续以旱灾,百姓彫弊,于今未复。兴言念此,深疾于怀。宜简鳏寡孤独及贫穷老疾不能自存者,早加赈给。但给(恤)法者,准延历十九年例。

诏文叙及的疫病、干旱等灾害虽然发生在平城时期,但是灾害的影响是长时段的,非短时间能够消除的,直至弘仁二年依然存在,因此对无法自存者实施赈济。诏文并无涉及天皇之德的言语,但"兴言念此,深疾于怀"之句反映出昭示嵯峨天皇体恤民众姿态的目的。

弘仁九年(818)七月,发生关东大地震,被山崩压死的民众数不胜数。翌月(八月),朝廷派遣使者巡视相模、武藏、下总、常陆、上野、下野等诸国灾区,对于受灾严重的地区施行赈恤,同时嵯峨天皇发布诏令②:

> 朕以虚昧,钦若宝图,抚育之诚,无忘武步,王风尚郁,帝载未熙,咎徵之臻,此为特甚。如闻,上野国等境,地震为灾,水潦相仍,人物凋损。虽云天道高远不可得言,固应政术有亏致兹灵谴,自贻民瘼,职朕之由,薄德厚颜,愧于天下。静言厥咎,实所兴叹。岂有民危而君独安,子忧而父不念者也。所以殊降使者,就加存慰。其有因震潦,居业荡然者,使等与所在官司同斟量,免今年租调,并不论民夷,以正税赈恤,助修屋宇,使免饥露,压没之徒速为殓葬,务尽宽惠之旨,副朕廼睠之心。

依据诏令的内容可知,关东大地震带来了次生灾害——水灾,因为地震和水灾,

---

① 『日本後紀』弘仁二年五月癸丑条。
② 『類聚国史』災異・地震・弘仁九年八月庚午条。

民众的房屋荡然无存,生者露宿饥饿,死者无法得到殓葬。嵯峨诏令引咎自责,叹言"政术有亏致兹灵谴,自贻民瘼,职朕之由,薄德厚颜,愧于天下",除了遣使慰问灾民以外,还包括对虾夷人在内的灾民采取了赈恤措施,并且给予使者与国司一定程度的赈济权,命令使者与国司一同斟量免除家业荡然无存者的当年租与调。显然,不仅是天人感应思想,而且中国的德化思想跃然纸上。

关东大地震之后,同年(818)九月,发生疫病流行。嵯峨天皇再次发布诏令,首先强调自身勤于政事,但是"比者地震,害及黎元。吉凶由人,殃不自作。或恐涣汗乖越,方失旺心。降兹厚谴,以警勖欤,畏天之威,不遑宁处。决之龟筮,时行告咎。昔天平年亦有斯变,因以疫疠,宇内凋伤。前事不忘,取鉴不远",认为地震是天对人政的警示,为此要敬天之威,听从龟筮结果;然后还特别强调了次生灾害的严重性,以天平年间的地震后的疫病实例,告诫人们要前事不忘,后事之师①。如此主张人在灾害发生时以及应灾中所起的作用,可以说是以往诏敕中所未见的。

3. 淳和诏敕

弘仁十四年(823)四月,嵯峨天皇让位,兄弟相继,皇太弟大伴亲王即位,是为淳和天皇。嵯峨让位之时,平城太上天皇尚在世,开创了"一帝二太上皇"的先例。当时,日本列岛疫病横行,亡者甚多,平安京也因饥馑而人人饥乏。在民众深受灾害之苦时,嵯峨却不顾右大臣藤原冬嗣②的劝言,坚持让位,究其原因,恐怕不仅是因为嵯峨的归闲之志,可能还与灾害频繁发生有关,即中国天人感应思想的影响。淳和天皇即位后,就迅速派遣使者赈济平安京的病民。

淳和天皇在位期间(823—833),依然是灾害多频。根据现存的史籍记载,疫疠、地震等灾害尤为严重。前已叙述,天长元年(824)春天开始,全国各地疫病频发。面对日趋严重的疫病流行情势,天长二年(825)四月七日,发布了一道极长的淳和诏令,具体内容摘录如下:

> 如闻,诸国往往疫疠不止。又大宰府言上,在肥后国阿苏郡神灵池,遭旱涝不增减,而无故涸渴二十余丈者。去延历年中有此怪,当时卜之,旱疫告咎。前事不忘,取鉴今日。疑是政术有

---

① 『類聚国史』災異・地震・弘仁九年九月辛卯条
② 嵯峨天皇治政时期,在政治上,藤原氏北家(藤原不比等之子藤原房前的家系)受到重视,藤原冬嗣成为朝廷议政官的首席。藤原冬嗣之子藤原良房迎娶嵯峨天皇之女源洁姬。

乖，戒以不祥钦。昔周文引过，消震地之灾。宋景厉精，移妖星之
咎。乃知德必胜妖，善克除患。欲攘兹殃，唯资法力。宜每寺斋
戒，以修仁祠。鳏寡孤独不能自存者，量加振赡。其卧病之徒，无
人救养，多致死亡。凡国郡司为民父母，弃而不顾，岂称子育。宜
一一到门给谷与药，令得存济。又免除去弘仁十三、四两个年调
庸未进，宜告退迩，使知此意焉。①

诏文叙述了在各地疫病流行不止之时，肥后国阿苏山顶的神灵池没有缘由地出
现了干涸现象，而同样情况曾经在延历年间也出现过，当时占卜结论是旱灾、疫
病流行的预兆，借鉴延历时期的前例，阿苏山神灵池的干涸恐是治政有失而被
天以不祥告诫的现象，由此引用中国历史上的周文王、宋景（文）帝以德消灾异
的治政典故，得出"德必胜妖，善克除患"的结论，强调"德政"、"善政"在防灾、应
灾中的作用。同时，诏文也明言"欲攘兹殃，唯资法力"，主张只有借助佛法之
力，才能攘除灾害。换句话说，淳和朝廷意识到德政无法击退灾害，这意味着天
人感应思想的应用开始出现变化。该诏令最后部分下达的应灾措施，与以往历
代天皇时代的应灾措施并没有大的区别。

　　天长四年（827）七月至十二月长达 5 个月，平安京的有感地震持续不断。
一天之内地震数次的记载屡屡可见，时为大震，时为小动，时为地声如雷的地
震。为了祈求地震停止，十二月十四日，朝廷请百位僧侣在大极殿，转读《大般
若经》三天。翌年（828），地震依然不断，大地震也时有发生。为此，天长五年
（828）七月二十九日，发布淳和天皇诏令②：

　　　　朕以菲虚丕绍睿业，道谢藏用，化惭中孚，春冰兢兢，日慎无
倦，秋驾懔懔，夕惕何忘。而薄德靡昭，翘心未高，至和有亏，咎微
荐臻。顷者，坤德愆叙，山崩地震，妖不自作，咎实由人，疑是八政
或乖，一物失所钦，静言厥过，责在朕躬，寅畏天威，无忘鉴寐。
（后略）

诏文强调淳和天皇的勤于治政，也以"妖不自作，咎寔由人，疑是八政或乖，一物

---

① 『類聚国史』災異・疾疫・天長二年四月庚辰条。
② 『類聚国史』災異・地震・天長五年七月壬子条。

失所欤",表达了人政与灾害之间关联的理念,将责任归结于淳和自身。对于淳和天皇的"静言厥过,责在朕躬,贪畏天威,无忘鉴寐"的罪己姿态,以右大臣藤原绪嗣为首的众朝臣于八月十一日向淳和天皇上呈了如下表文①:

> (前略)臣等伏见去月廿九日明诏,坤德愆叙,山崩地震。引咎圣躬,寄愦睿虑。臣等恐伏愧惭,如寘炎炭。夫谴谪之来,或缘股肱,灾害之兴,未必元首。是以贪扰生蝗,喷非汉主,专擅震地,罪归宋臣。臣等翼亮未效,天工永旷,不曾涓尘于和燮,讵可髣髴于平均,遂使臣下之过,翻为君上之劳。方知铿锵荣章,为焦心之佩,槐棘垂阴,非凉身之地。不任屏营慊恳之至,奉表以闻。

表文的中心大意是地震的发生并非天皇之责,而是臣下之过。虽然与淳和诏令同样,藤原绪嗣等人的表文也将地震发生的原因归结于人政有失,但是臣下承担责任的说法就意味着淡化天皇自身的责任,将天皇从天人感应思想中脱离出来。值得注意的是,藤原绪嗣等人为了解释天皇的无责,使用了两个中国历史典故,即"贪扰生蝗,喷非汉主,专擅震地,罪归宋臣",由此可见平安时代,在灾异思想或政治理念方面,中国的历史典故作为佐证思想或理念的正当性或正确性的论据,发挥着重要作用。

天长七年(830)正月,出羽国秋田城大地震,受灾严重。同年(830)四月,淳和天皇发布相关诏令,具体内容摘录如下②:

> 如闻,出羽国地震为灾,山河致变,城宇颓毁,人物损伤。百姓无辜,奄遭非命。诚以政道有亏,降此灵谴。朕之寡德,惭乎天下。静念厥咎,甚倍纳隍。夫汉朝山崩,据修德以攘灾,周郊地震,感善言而弭患。然则,剋己济民之道,何能不师古哉。所以特降使臣,就加存抚。其百姓居业震陷者,使等与所在官吏议量,脱当年租调,并不论民夷,开仓廪赈,助修屋宇,勿使失职。压亡之伦,早从葬埋。务施宽恩,式称朕意。

---

① 『類聚国史』災異·地震·天长五年八月甲子条。
② 『類聚国史』災異·地震·天长七年四月戊辰条。

该诏令依然阐述地震是因政道有亏而遭神灵谴责的现象,而且也引用了中国的典故,即"夫汉朝山崩,据修德以攘灾,周郊地震,感善言而弭患",以修德攘灾,善言弭患为范本,派遣特使前往出羽国,开官仓赈济,帮助灾民修建房屋,免除灾民的当年的租与调。从诏文的内容可知,自正月发生地震直至四月,时过 3 个月,仍有丧生者未能被埋葬,这大概也是当时在陆奥、出羽管辖范围之内震后的流行疫病的重要原因之一。还必须指出的是同年五月,为了镇除地震与疫病之灾,百名僧侣在平安宫的大极殿,转读大般若经 17 天,与天长二年四月七日诏敕主张以佛法消灾的理念相吻合。

5. 仁明诏敕

天长十年(833)二月,淳和天皇让位,叔侄相继,皇太子正良亲王即位,成为仁明天皇。与淳和同样,仁明天皇即位后就开始面临着不断的灾害,其在位期间(833—850),饥荒、地震、疫病、旱灾、水灾等灾害频频发生。

承和八年(841)五月三日,仁明天皇发布了一道使用宣命体的诏令,其大意是肥后国阿苏郡神灵池的水无故涸减 40 丈,同时又有伊豆国的地震之变,"乍惊问求",占卜吉凶,得到"有旱疫和兵事"的结果,于是派遣使者前往神功皇后陵,祈愿国家平安以及天皇宝位稳固[①]。六月二十二日,依然是为阿苏郡神灵池涸减、伊豆国地震及卜筮有灾之事,仁明天皇再次发布诏令,遣使奉币伊势神宫及贺茂御祖神社,祈愿国家平安、天皇宝位稳固。同年七月,仁明天皇又一次发布诏令,内容如下[②]:

> 上玄无私,运神功而下济。至人忘己,推圣德而敷仁。是以四虬未乂,舜贻沉首之忧,一物有违,禹发阽危之轸。朕膺丕命,祗守宗祧。询万桡而停食,睹人瘼而失寐,而惠化罔孚,至道犹郁,咎徵之戒,不言而臻。如闻,伊豆国地震为变,里落不完,人物损伤,或被压没,灵谴不虚,必应粃政。瞻言往躇,内愧于怀,传不云乎。人惟邦本,本固邦宁,朕之中襟,谅切字育。故今殊发中使,就加慰抚。其人居散逸,生业陷失者,使等与所在国吏斟量,除当年租调,并开仓赈救,助修屋宇。沦亡之徒,务从葬埋。夫化之所被,无隔华夷,惠之攸覃,必该中外。宜不论民夷,普施优恤,

---

① 『続日本後紀』承和八年五月壬申条。
② 『続日本後紀』承和八年七月癸酉条。

> 详畅宽弘之爱,副朕推沟之怀。

该诏令是对伊豆国地震受灾民众实施免租调、开仓救济等应灾措施的命令。诏文先以中国的舜、禹典故为比喻,阐述仁明天皇为政事废寝忘食,然后叙述地震是"灵谴""粃政",以此表达天人感应思想,但是与以往的天皇诏敕使用的"薄德"、"寡德"等罪己语言的表现相比,"粃政"一词对于言及天皇自身的德能来说,似乎严厉程度要淡薄了许多。尽管天皇诏令文的起草,并非天皇本人,不过仁明天皇本人精通经史、博览群书治要,对于诏令的用词,想必是具有一定的敏感性与严谨性的。因此可以推测,虽然地震依然被视为治政有亏的表象,但是与天皇自身德政的关联有意识地被弱化,这或许与当时嵯峨太上天皇依然在政治上具有一定话语权有关。此外,应灾措施的"无隔华夷"、"不论民夷",体现出中央朝廷对边疆少数族的德化思想应用。

6. 文德诏敕

嘉祥三年(850)三月,仁明天皇去世,24岁的皇太子道康天皇即位,为文德天皇。根据文献记载,文德天皇是一位"垂心政事,性甚明察,能知人奸,专思天下升平之化,不好巡幸游览之事"的君主,所以在位期间"禁纲渐密,宪法颇峻,天下以为明",可是文德天皇体弱有病,"频废万机",很多政务的处理需要依靠藤原良房之力[①]。文德时代(850—858),也是地震、旱灾、水灾、饥馑等灾害频频发生。

仁寿元年(851)八月,平安京及畿内地区遭受洪涝之灾。就此次灾害,八月十四日,颁布免除当年调的文德天皇诏令[②]:

> 朕闻,佐下民者天也,相上帝者君也. 君道得,则天锡纯嘏;民心苦,则国或挺灾。(中略)去夏人民或坐为鱼,今秋庐宅乍成涌川。朕之不德,万姓何辜,忧心悠悠,将何以寄。其使左右京及五畿内,无出今年调。被灾尤甚,不能自存者,有司量加赈恤。俾安其居,务班恩惠,称朕意焉。

与前述的仁明诏令不同,文德诏令重拾"不德"一词,表达天皇罪己之意,但"不

---

① 『文德天皇実録』天安二年九月甲子条。

② 『文德天皇実録』仁寿元年八月癸丑条。

德"的含义主要是指民众受苦,而非灾害发生的原因。仁寿三年(853),发生全国性疱疮流行,四月二十六日,一道长长的下达赈恤指示的文德天皇诏令发布[①]:

> 朕以寡德,忝统鸿基,旰日勿休,乙夜忘寝,非贪四海之富,非念九重之尊,只欲导仁寿以实群生,息劳役以安万姓。而诚款未申,咎徵斯应。疱疮之疫流行,痈瘥之嗟竞起。当春夏阳和之时,草木皆有以芽,而吾百姓愁病之人,或阽于死亡。朕之不德,抚育乖方,忧惕之诚,罔知攸济。月令,春夏下宽大之令,颁德化之政,以顺天帝,以救灾变,有司务修职任。钦奉时训,罪疑从轻,赏疑从重,贵埋骴掩骸之仁,崇养老矜孤之德。(中略)令天下州郡勿输承和十年以往调庸未进,优复百姓,息当年徭十日。其疾病者,长吏亲自巡视,便给医药。诸所拯赡,务令优速,庶隐恤之旨,致感革于上玄。仁贷之风,蠲凶札于中壤。

该诏令使用了"不德"、"寡德"等罪己性质的用词,但诏文的整体之意是强调天皇的勤政、德化之政以及对臣民的悯忧,人政与灾害之间的关联渐渐脱离的倾向似乎并没有消失。事实上,文德治政期间,整顿纲纪,宪法严峻,明政天下等政治风貌,不仅是文德个人能力,其中可以说也有藤原良房辅政的贡献。因此,随着日后的摄关政治形态的形成,天人感应思想的应用发生变化是自然之事。

7. 清和诏敕

天安二年(858)八月,32岁的文德天皇去世,只有9岁的皇太子惟仁亲王即位,为清和天皇。这是日本历史上第一次出现幼帝。年幼的清和天皇自然不具备处理朝政的能力,在其背后真正掌握大权、总揽朝政的人是他的外祖父、太政大臣藤原良房,由此摄政政治开始。

贞观十一年(869)陆奥大地震之后,同年九月,朝廷任命陆奥地震使,令其前往陆奥国抚恤灾民。十月,发布了清和天皇赈恤诏令[②]:

> (前略)朕以寡昧,钦若鸿图,修德以奉灵心,莅政而从民望。

---

① 『文德天皇実録』仁寿三年四月丙戌条。
② 『日本三代実録』貞観十一年十月十三日条。

> 思使率土之内,同保福於遂生。编户之间,共销灾于非命。而惠
> 化罔孚,至诚不感。上玄降谴,厚载亏方。如闻,陆奥国境,地震
> 尤甚,或海水暴溢而为患,或城宇颓压而致殃。百姓何辜,罹斯祸
> 毒,忨然愧惧,责深在予。今遣使者,就布恩煦。使与国司,不论
> 民夷,勤自临抚。既死者尽加收殡,其存者详崇振恤。其被害太
> 甚者,勿输租调。鳏寡孤穷不能自立者,在所斟量,厚宜支济。务
> 尽矜恤之旨,俾若朕亲覩焉。

诏文虽然将地震发生的责任归于天皇自身,但强调的重点是天皇"修德以奉灵心,莅政而从民望",只是因为"惠化罔孚,至诚不感",才诱发了地震灾害。并且,该诏令也没有表现修德攘灾认识的言辞,因此推断诏文所表达的善政理念,并不包含避免灾害发生的含义,也就意味着天人感应思想对古代日本灾害观的影响逐渐减弱,这与摄政政治的成立密切相关。

贞观十七年(875)十一月,阴阳寮根据《黄帝九宫经》预言翌年(876)是三合年,将会发生"毒气流行、水旱摄并、苗稼伤残、灾火为殃、窃盗大起、兵丧疾疫竞并起",为此上奏朝廷:"弭灾之术,既在祈祷。夫祸福之应,譬犹影响。吉凶之变,慎与不慎也。当此时,人君修德施仁,自然销灾致福"[1]。从阴阳寮的上言可以看出,尽管天人感应思想的影响依然可见,但是祈祷神与佛被认为是消灾的主要手段,而天皇的修德施仁是辅助手段。

至 10 世纪,灾害与天皇德政相连的认识鲜见文献,而为禳除灾害而举行神事、佛事的记事却屡屡可见。例如,昌泰元年(898)十二月发布的太政官符中有以下内容[2]:

> 奉敕,每年正月,修吉祥悔过者,为祈年谷攘灾难也。其御愿
> 之趣,格条已存。而顷年水旱疫疠之灾,诸国往往言上。盖时代
> 浇薄,人情懈倦,修行御愿不如法乎。宜下知诸国,令长官专当其
> 事,率僚下讲读师,相共至诚,如说修行,广为苍生,祈求景福。

---

① 『日本三代実録』貞観十七年十一月十五日条。
② 『類聚三代格』巻二・造佛佛名事・昌泰元年十二月九日太政官符。

吉祥悔过是以吉祥天为本尊的法会，初见于天平宝字八年（764）。神护景云元年（767）时，为了祈愿"天下太平，风雨顺时，五谷成熟，兆民快乐"，称德天皇命令诸国的国分寺每年正月"修吉祥天悔过之法"①。承和六年（839），仁明天皇曾以僧侣懈怠为由，一度下令将举行吉祥悔过的场所从国分寺移至国衙的府厅。上述的昌泰元年太政官符，是醍醐朝廷命令诸国的国司长官亲掌吉祥天悔过举行之事。其中值得注意的是，该太政官符将水、旱、疫病等灾害的发生原因归于诸国在修吉祥悔过之法时，"人情懈倦，修行御愿不如法"。显然，在有关灾害发生原因的观念中，人政的因素消失，神佛之力占据主导地位。关于这一点，从平安后期的藤原通宪（1106—1159）在其撰集的《法曹类林》中的阐述也可以得到佐证②：

> 攘厄会期丰年者，莫过于仰佛神之感应。因兹曩代圣主，每有异难，所被修是等祈祷也。抑崇神之道，币帛最一也。早奉币京畿七道诸国名神，可销彼灾也。（中略）又尊佛事之中，吉祥悔过者，殊胜之御愿也。（中略）国司专当其事，撰定知行之僧侣，如说可令修行也。然则国土之丰平不期而来，内外之诸难不攘而止矣。

即"佛神之感应"是丰年或凶年的决定因素，而佛神的感应又取决于奉神尊佛行事的举行，与政事的善劣是无关的。

---

① 『続日本紀』神護景雲元年正月己未条。
② 『法曹類林』卷226・公務三十四。

第五章　古代日本神祇祭祀与灾害观

自古以来,日本列岛上的人们就不断地经受来自地震、火山、海啸、干旱、台风、洪水等自然灾害的考验。由于不同时代的人类对于自然灾害的认知程度不同,其防灾、应灾的能力及行动也有所不同。在不具有如今科学知识的古代,面对自然灾害的破坏性威力,人类对于赖以生存的大自然抱有畏敬与畏惧,而这种畏敬与畏惧的灾害观,常常是内涵在人类的信仰、宗教之中的。本章拟以《古事记》、《日本书纪》等典籍所遗存的史料,对神祇信仰中的灾害认识以及神祇祭祀在古代防灾、应灾中的地位与作用加以探讨。

第一节　神话传说中的灾害认识

一、创世神话中的灾害意识

在目前尚存的文献史料中,记述神话传说的典籍,主要有《古事记》、《日本书纪》以及地方志性质的《风土记》。《古事记》、《日本书纪》分别记述了以皇室传承为中心,且融合氏族传承、民间传承的神话传说,而《风土记》则记录了各地的古老相传的旧闻异事。

《古事记》、《日本书纪》的神话体系,包括了有关日本列岛起源、天皇家系谱起源、农作物起源等起源神话。《日本书纪》神代篇的开篇,关于天地宇宙的形成,如此写道[①]:

> 古天地未剖,阴阳不分,浑屯如鸡子,溟涬而含牙,及其清阳

---

① 「日本書紀」神代上·第一段·本文。

者,薄靡而为天;重浊者,淹滞而为地,精妙之合博易,重浊之凝竭难,故天先成而地后定。

"天先成而地后定"的天地分离神话所表达的宇宙起源论,源于中国道家思想的天地开辟神话的影响[①]。基于这一宇宙观,古代日本的神话,首先构建了天上世界("高天原")及其诸神,然后再由天神创造日本列岛及岛上的万物、生灵。

依据《古事记》所记载的神话,日本列岛的"创世"是由伊邪那岐命、伊邪那美命(《日本书纪》分别称伊奘诺尊、伊奘冉尊)男女二神开始的。天神赐伊邪那岐命、伊邪那美命二神一把"天沼矛"(《日本书纪》称"天之琼矛")命令他们去创造"海上漂浮之国"。于是,伊邪那岐命、伊邪那美命二神站在天空的浮桥上,向漫漫大海垂下天神赐给的玉矛,然后用矛搅动海水,被搅动的海水发出咕噜咕噜的声鸣;当二神从大海中向上提起玉矛时,矛尖垂滴落下的海水或盐遂成一岛;由此,伊邪那岐命、伊邪那美命二神从天上降临新成的岛上。

神话关于二神造岛屿的描述,可以说是古代日本人对自然界本身活动的原始认知,虽然当时人们并不知道有关地壳运动的知识,但岛屿的形成与海底大陆板块的运动密切相关,因此古代人在实际生活环境中,看到了海水中突然隆起的岛屿,会觉得不可思议,自然地认为是神所造,并将所见的自然现象描绘进神话之中。例如《日本书纪》记载的天武十三年(684)十月十四日大地震状况中,除了描述山崩河涌,房屋倒塌,人民及六畜多死伤之外,还有如下记事[②]:

是夕,有鸣声,如鼓闻于东方。有人曰:伊豆岛西北二面,自然增益三百余丈,更为一岛。则如鼓音者,神造是岛响也。

史料叙述的如同鼓声的巨大声鸣是地壳变动时产生的声响,在伊豆岛西北部升出的新岛就是地壳升降的结果。当时的人们认为新岛屿是神所造,鼓鸣般的声音则是神造新岛时的声响。这与伊邪那岐命、伊邪那美命二神造岛时海水鸣响的描述颇为相似。

《古事记》、《日本书纪》所传承的神话体系,大约成立于天武朝时代[③]。由此

---

① 王金林:《日本人的原始信仰》,宁夏人民出版社,2005 年,第 98 页。
② 『日本書紀』天武十三年十月壬辰条。
③ 岡田精司「記紀神話の成立」,朝尾直弘ら編『岩波講座日本歴史 2　古代 2』,岩波書店、1975 年、第 290〜330 頁。

推断,伊邪那岐命、伊邪那美命二神以矛造岛的过程,是以古代日本人对于海底地壳运动造成新岛出现的自然现象的观察为基础,经过《古事记》、《日本书纪》编纂者文笔润色的神话。

神话中,岛屿造好后,伊邪那岐命、伊邪那美命二神从天上降至岛上,开始创生诸岛屿及诸神。创生的诸岛包括淡道之穂之狭别岛(淡路岛)、伊豫之二名岛(四国岛)、筑紫岛(九州岛)、伊伎岛(壹岐岛)、津岛(对马岛)、大倭丰秋津岛(本州岛)等八大主要岛屿及其他岛屿;诸神包括掌管海、川、山、木、草野、风、火等的神,和掌管农业生产、灌溉用水、食物等的神。据《古事记》所述,伊邪那岐命、伊邪那美命二神共生出 14 个岛,35 个神[①]。

在诸岛、诸神诞生后,《古事记》、《日本书纪》的神话开始言及灾害的威力,首先表现的典型事例是创世女神伊邪那美命之死。伊邪那美命在生火神时,因灸伤而病卧在床,其间,伊邪那美命的呕吐物化为金山神(矿物神),其屎化为土神,其尿化为水神和掌管农耕生产之神,最终伊邪那美命病亡,命归黄泉国。伊邪那美命病中生成的四神,说明古代日本人已了解火在冶金、制作土器、农业生产方面的作用[②],反映出古代日本人已意识到火在农耕社会中所具有的双重性质:既是人类生存、生活中不可缺的物质,又具有威胁生命的威力。

伊邪那美命死后,男神伊邪那岐命悲痛至极。他拔出佩戴在身上的剑,斩断火神之颈,剑上的血分别化生成雷神、日神和溪谷水神[③]。在古代,雷电和太阳都是火之源,而水的性质中,有克火的作用。火神之血同时化生成火源之神和克火之神的神话,透视出古代日本人对于火的自身特性的认知程度。

伊邪那岐命为见伊邪那美命,追至黄泉国。然而,当看到伊邪那美命不仅遍身浊流,而且头、胸、腹、阴、左右手、左右足被八雷神[④]盘踞时,伊邪那岐命畏恐地逃离了黄泉国。其时,八雷神等率领黄泉军跟追,伊邪那岐命用桃子击退了雷神等。"用桃避鬼"观念源自古代中国,《山海经》、《淮南子》等经典中都有言及,在此不再赘述。值得注意的是,《古事记》、《日本书纪》关于雷神的意识。前已叙述,伊邪那岐命怒斩火神后,火神之血化生而成的诸神之一是雷神,其具

---

① 『古事记』上卷。

② 倉野憲司・武田祐吉校注『日本古典文学大系 1 古事記 祝詞』,岩波書店,1958 年、第 60 页。

③ 在有关火神被杀的神话传说中,除了火神之血化生为诸神的传说以外,亦有火神之身化生为诸神的传说,所化之神还有山神等。例如,在《日本书纪》神代上・第五段・一书第七所载的神话中,火神被伊奘诺尊斩为三段,三段分别化为雷神、山神和水神。

④ 《古事记》上卷所载的八雷神是:大雷、火雷、黑雷、拆雷、若雷、土雷、鸣雷、伏雷。《日本书纪》神代上・第五段・一书第九所记的八雷名分别是:大雷、火雷、土雷、稚雷、黑雷、山雷、野雷、裂雷。

体神名是石拆神、根拆神和石筒之男神①。其中，除了石筒之男神的神名含义不详以外，石拆神的含义是具有劈开岩石威力的神，根拆神的含义是具有劈开树根威力的神②。从雷神名的含义推断，古代日本人对于雷的威力持有畏惧感。雷神出现在黄泉国，折射出在古代日本人的认识里，雷具有灾害性的一面。伊邪那岐命以桃避雷场景的描述，也可以说是出自同一认知，强调雷的危害性。这一点在《日本书纪》所记载的推古二十六年（618）造船记事中可以得到佐证，即③：

> 遣河边臣阙名於安艺国令造舶。至山觅舶材，便得好材以名
> 将伐。时有人曰，霹雳木也，不可伐。河边臣曰，其虽雷神，岂逆
> 皇命耶。多祭币帛遣人夫令伐，则大雨雷电之。爰河边臣案剑
> 曰，雷神无犯人夫，当伤我身。而仰待之，虽十余霹雳，不得犯河
> 边臣。即化少鱼，以挟树枝。即取鱼焚之。遂修理其舶。

河边臣受命在安艺国（今广岛县西部）造船，因船舶用木，需要伐树木，当地人告知若是砍伐了树木，将会遭遇霹雳，但是河边臣却以雷神不能违背王命为由，采伐了树木，结果顷刻雷电大雨，然而河边臣没有惧怕，最终战胜了雷神。毋庸置疑，该记事具有神话的色彩，不过除了叙述雷会伤人以外，实际上也涉及树神信仰以及伐树改变环境、天气等问题。

再回看伊邪那岐命、伊邪那美命二神的神话，不仅内涵着古代日本人对自然及自然灾害的认识，而且还表达了人类应对自然灾害或死亡时的积极态度。当伊邪那岐命逃至阴阳分界的黄泉比良坂，用巨石堵住坂路，与追赶而来的伊邪那美命相向而立时，二神之间有如下诀别的对话④：

> 伊邪那美命说：吾夫君，今日如此对我，我一日绞杀你国中的
> 千人。
>
> 伊邪那岐命说：吾妻妹，你若如此行为，我就一日建立一千五

---

① 石拆神、根拆神和石筒之男神三神名是《古事记》的汉字表记，对应的《日本书纪》表记分别是磐裂神、根裂神和儿磐筒男神。
② 倉野憲司・武田祐吉校注「日本古典文学大系1　古事記 祝詞」，岩波书店，1958年。62頁。
③ 「日本書紀」推古二十六年是年条。
④ 「古事記」上卷。

　　百个产屋。

伊邪那歧命之语的含义就是,你伊邪那美命如若每日让一千人死,那么我伊邪那歧命就每日让一千五百人出生。这段神话虽然折射出人类无法阻止或防范灾害、死亡的发生,但同时也传递了一种人类顽强求生和不断繁衍的积极意识。

二、灾害神建速须佐之男命

　　《古事记》、《日本书纪》叙述的有关诸神的神话中,建速须佐之男命神话是非常有名的神话之一。建速须佐之男命是《古事记》的汉字表记,亦记为"速须佐之男命"。该神在《日本书纪》中的汉字表记是素戋呜尊。在此,统一将该神名略记为须佐之男命。

　　根据《古事记》上卷、《日本书纪》神代上篇,伊邪那歧命在黄泉比良坂与伊邪那美命诀别后,因为伊邪那美命所在的黄泉国是"凶目污秽之处",于是为了禊祓,他前往九州岛的筑紫日向,以涤去身上的"浊秽"①。伊邪那歧命在禊祓的过程中,又生成了诸多神。其中,洗左眼时,天照大御神(《日本书纪》记为"天照大神",日神)诞生;洗右眼时,月读命(《日本书纪》记为"月读尊"、"月夜见尊"等,月神)诞生;洗鼻时,须佐之男命诞生②。

　　伊邪那歧命生成天照大神、月读命、须佐之男命三神后,十分欢喜,委任天照大神治理高天原,月读命治理夜之食国,须佐之男命治理海原③。在《古事记》、《日本书纪》的神话体系中,天照大神被视作天皇家的祖神;相对于天照大神,须佐之男命则被描述为时时破坏自然、社会平衡的神。《古事记》、《日本书纪》的神话,尽管被赋予了为王权、政治服务的性质,但是其塑造的诸神是以自然现象为原型的,具有自然现象神格化的特征④。须佐之男命可以说就是自然灾害的神格化。

　　《古事记》的神话中,伊邪那歧命委派天照大神、月读命和须佐之男命三神分治天地不同领域以后,须佐之男命不愿意去海原,拼命地哭泣。他的哭泣,使

---

① 『古事記』上卷。『日本書紀』神代上・第五段・一书第六。
② 《日本书纪》神代上・第五段・正文等记载了另一种传说,即天照大神、月读尊、素戋呜尊是由伊奘诺尊(伊邪那歧命)和伊奘那冉尊(伊邪那美命)共生的神。
③ 关于三神分治神话,《古事记》记载了一种传承,《日本书纪》记述了四种传承,本文在此使用的是《古事记》的传承。
④ 三宅和朗「古代の神々と光」、『史学』第 75 卷 4 号、2007 年 3 月、379～410 頁。

青山变成枯山，河海变成干河，最后造成"恶神之音，如狭蝇皆满，万物之妖悉发"的灾害状态①。致使山河枯干的自然灾害，一般会比较容易想到是旱灾。但是，须佐之男命的哭泣意味着是伴随着声响的自然灾害，因此有日本学者认为，须佐之男命的哭泣让人联想起火山喷火，降下的火碎物、火碎流或火山逆流等造成草木枯死，同时火山灰填没了河海②。关于须佐之男命哭泣造成的危害，《日本书纪》的神话描述更加深刻，不仅涉及草木，而且还波及人类，即此神"常以哭泣为行，故令国内人民多以夭折，复使青山变枯"；"此神性恶，常好哭恚，国民多死，青山为枯"③。从这些描述可以看出，古代日本神话透过须佐之男命的形象，表达出自然灾害发生原因是神之行为的观念。

哭泣仅仅是神话赋予须佐之男命的灾害性行为的开始。当伊邪那岐命询问须佐之男命为何哭泣时，须佐之男命回答说，想去其亡母所在的根之坚州国（又称根国）。听到须佐之男命的回答，伊邪那岐命大怒，追放须佐之男命去根国。须佐之男命在赴根国之前，前往高天原去见姐姐天照大神。须佐之男命上天时，"山川悉动，国土皆震"④。根据这段神话内容的描写，有学者推测须佐之男命是日本神话中的地震神⑤。由于地震和火山喷火二者不是没有关联的自然现象，因此在神话中，须佐之男命极有可能不是单一自然灾害的神格化，而是集合火山、地震甚至干旱等众多自然灾害形象的神。事实上，自然灾害的发生往往也是连锁性的。

须佐之男命到了高天原后，也将其破坏力带到了那里。日本的神话，把天照大神所在的高天原描绘成典型的农耕社会、世外桃源。在那里，田园繁茂，人们春耕秋作，男耕女织，和谐相处，生活平静而安逸。然而须佐之男命的到来，高天原不再平静，农业生产及生活屡遭破坏。须佐之男命在高天原做出的破坏性举动包括⑥：

　　　　春天，在已经春播过的天照大神御田，须佐之男命重新播种，

---

① 『古事記』上卷。

② 寺田寅彦「神話と地球物理学」、『天災と国防』、講談社、2011 年、130－135 頁、初出 1933 年。

③ 『日本書紀』神代上・第五段・本文、一書。

④ 『古事記』上卷。《日本书纪》的描述是：素戔鸣尊"升天之时，溟渤以之鼓荡，山岳为之鸣响"(《日本书纪》神代上・第六段・正文)。

⑤ 保立道久「歴史のなかの大地動乱―奈良・平安の地震と天皇」、岩波書店、2012 年、174－179 頁。

⑥ 『日本書紀』神代上・第七段・本文。大意相近的内容，在《古事记》上卷，《日本书纪》神代上・第七段・一书第一、一书第二、一书第三亦有记述。

并且毁坏田畔、田埂;秋天,庄稼成熟,丰收在望时,须佐之男命将天斑驹放到田地里,让牠践踏和滚伏庄稼。

秋收后,天照大神用新谷举行新尝祭之时,须佐之男命暗中把他的排泄物放入举行祭祀的官殿中。

天照大神在斋服殿编织神衣时,须佐之男命将天斑驹之皮从斋服殿的天窗投入殿内,惊动了天照大神,造成梭子伤及天照大神;等等。

在古代日本的祈雨仪式或祈止雨仪式中,常常以黑马或白马作为祈愿道具。天斑驹是毛色彩驳杂的马,非纯色马。须佐之男命使用天斑驹破坏农业生产,反映出须佐之男命可能与掌握旱涝之神也有关联。而剥马皮妨碍纺织,似乎是说明狩猎与农耕社会之间的对立性或竞争性。须佐之男命的行为激怒了天照大神。一气之下,天照大神躲进天石屋户,闭门不出,致使天地宇宙昏黑,没有昼夜之分,陷入"万妖悉发"的黑暗的无秩序状态。面对这场危机,高天原的众神紧急聚集,各尽其能,持捧八尺镜、八琼勾玉、木绵等物进行祝祷活动。听到外面的祝祷声响,身在天石屋户的天照大神颇感诧异,便微开天石屋户一条缝隙,向外探视究竟之时,位于天石屋户外守候的神抓紧天照大神的手,扶她从户内走出。顿时,光耀天地,日神之光,照满天下,天地的秩序重又恢复。

这段天石屋户神话作为树立天照大神的主宰神地位的王权神话而著称。然而,从灾害意识的视点来看,面对须佐之男命所带来的灾害,天照大神没有采取与须佐之男命面对面的正面对抗的手段,战胜、克服须佐之男命的破坏,而是消极地自己躲进石屋,给宇宙世界造成更大的危机,抑或可以说是给受灾后的农耕社会带来更大的灾害。由此可以窥视出,一是古代日本人面对灾害时的无能为力的意识;二是次生灾害的发生。这种面对灾害的无力意识的体现,或许与《古事记》、《日本书纪》神话体系成立的天武年间(672—686),日本列岛频频发生地震有关[1]。此外,作为政治神话,以天皇家祖神天照大神为核心的高天原诸神构成是地上的以天皇为首的王权的映像,聚集在高天原解决危机的众神,都是臣系中央豪族的祖神[2]。天石屋户神话的意图在于一方面强调天照大神是

---

[1] 《日本书纪》天武纪中,时时看到日本列岛地震的记事,仅记载就有 18 次,其中大地震有 5 次,除了前已列举的天武十三年大地震以外,天武四年(675)、天武六年(677)、天武七年(678)和天武十一年(682)也发生了大地震。

[2] 冈田精司「記紀神話の成立」。

保证宇宙世界秩序的不可欠缺的中心的存在,另一方面表达王权即使遇到灾害也能克服危机的理念,即从克服自然灾害的危机视角,阐述以天皇为首的王权统治的正当性。

高天原的危机解决后,众神商议对须佐之男命的惩罚,决定剃其胡须,拔其手足指甲,将其驱逐出高天原。对于种种破坏行为的灾害神须佐之男命,神界没有讨伐,只是让其离开。这一神话情节同样透示出古代日本人对于自然灾害的认识,即人类无法消灭自然灾害,只能祈望自然灾害迁向另一个世界。

日本古代国家举行的宫内临时祭祀中,有一祭祀名为"迁却祟神"(即,驱逐恶神的祭祀)。该祭祀举行时,诵读祝词,要求在宫内作祟的诸神运用神的改正之力,停止作祟,从宫中迁出至远眺四方、山川清秀的地方①。由此可知,在古代日本,神被视为其自身具有改恶从善的能力,这一思想在被逐出天界后的须佐之男命神话中也有所反映,即须佐之男命离开高天原,降到苇原中国,成为治退怪物的英雄。

《古事记》、《日本书纪》的神话体系中,苇原中国是位于高天原与黄泉国之间的地上世界,即日本列岛。须佐之男命被逐出高天原后,降临至出云国的肥河上(今岛根县斐伊川上游)。其时,他听到啼哭声,寻声前往,发现一老翁与一老媪围绕着一童女在哭泣。须佐之男命一询问才知二位老人是国神夫妻,老翁的名字叫手名椎(《日本书纪》记为"脚摩乳"),老媪的名字叫足名椎(《日本书纪》记为"手摩乳"),童女是他们的女儿,名为栉名田比卖(《日本书纪》记为"奇稻田姬"),国神夫妻每年都有一个女儿被八岐大蛇(《古事记》表记为"八俣远吕智")所吞,已经有八个女儿被吞。今年大蛇又要来吞食栉名田比卖。于是,须佐之男命询问大蛇的形状,国神夫妻告诉他,大蛇是一条眼红赤,如同赤酸浆果,身有八头八尾,背上长有松柏,身长蔓延八谷八丘,其腹常血烂的蛇。须佐之男命得知情况后,答应治退大蛇,但是以与栉名田比卖结婚为条件。之后,须佐之男命让国神夫妻酿造了烈性酒,并盖了八间临时房屋("庋"),每间临时房屋内各置一口槽,将酒注入槽内等候大蛇。一天,大蛇果然来到,嗅到酒香,大蛇的八个头各伸入一槽,痛饮烈性酒,终致饮醉伏寝。须佐之男命乘机拔剑斩断大蛇,见蛇尾中藏有一把神剑,须佐之男命将神剑献给了天照大神。

上述的八岐大蛇神话,一般被认为是与蛇神信仰、农耕礼仪有关的神话,

①　倉野憲司・武田祐吉校注『日本古典文学大系 1　古事記 祝詞』遷却祟神、岩波書店、1958 年、446－450 頁。

即,大蛇是肥河的水神,栉名田比卖是象征稻田的女神,大蛇吞食女性的传说是每年为祈愿稻作丰收而举行人身供牺礼仪的映照①。该神话将八头大蛇描绘为对人类有害的怪物(神)。根据古地理的复原,斐伊川(肥河)是沿花岗岩地带而流下的河流,自古以来就时常泛滥,从上游流下的真砂或真砂土堆积在河床内,形成天井川(即悬河),经常引起洪水泛滥②。八岐大蛇神话就是以这一自然环境为背景的。八岐大蛇不仅被视作是掌控洪水发生的水神,而且其背上长大树、腹中常烂的形象,也与斐伊河蜿蜒且分歧的河路的自然景观相符。同时,须佐之男命斩断大蛇的神话传承,可以说也是英雄治服水害的写照,由此显示出古代日本人面对每年都发生的洪水或泥石流的自然灾害,不再只是畏怖,而是积极地克服和应对。另外,以酒镇治蛇神的举动,也是与神祇祭祀时,向神献酒仪式密切相关的。

三、神话传说中的灾害意识变化

《古事记》、《日本书纪》的神话体系中,须佐之男命与栉名田比卖结婚生子,在苇原中国留下自己的后代后,就离开苇原中国前往根国居住了,而须佐之男命的后代中,有一神是大国主神③。《出云风土记》中,大国主神表记为“大穴持命”,被视为“造天下大神”。大国主神的兄弟众多,共有八十神,但是众兄弟神对大国主神颇为不善,几番迫害,大国主神不得已逃到须佐之男命所在的根国。在根国,大国主神与须佐之男命的女儿须势毗卖一见钟情相结合,并通过了须佐之男命对他的蛇、蜈蚣、蜂、大火等考验,与须势毗卖二人偷了须佐之男命的大刀、弓矢和天沼琴逃出根国,回到苇原中国,驱逐兄弟众神,成为苇原中国的统治者。由于大国主神具有农耕神的性质④,因此他所经历的种种灾难,似是古代日本农耕社会所遇到的虫害、火灾等自然灾害的体现,而大国主神一一度过险境,反映出古代日本人已经意识到虫害、火灾等灾害固然可怕,但也是可以战胜的。这一灾害认识在大国主建国神话中也有所反映。

---

① 三宅和朗「八岐大蛇神話成立に関する一試考」、『史学』第 51 卷 1・2 号、1981 年 6 月、209～225 頁。
② 須藤定久「砂と砂浜の地域誌(24)　出雲平野と宍道湖・斐伊川の砂」、『地質ニュース』671 号、2010 年 7 月、39～52 頁。
③ 《古事记》和《日本书纪》神代上・第八段・一书第二,将大国主神视为须佐之男命的六世孙;《日本书纪》神代上・第八段・一书第一,大国主神是稻田姬(栉名田比卖)之子八岛篠的五世孙;《日本书纪》神代上・第八段・本文,大国主神是须佐之男命之子。又,大国主神的别名,《古事记》列举了“大穴牟迟神”等四名称;《日本书纪》列举了“大己贵神”等六名称。
④ 神田典城「大国主神話の一断面—農耕神話の側面から」、『研究年報』27、1980 年、209～225 頁。

　　大国主神成为主宰苇原中国之主以后，天神神产巢日神之子少名毗古那神（《日本书纪》记为高皇产灵尊之子少彦名命）助其建国。大国主神与少名毗古那神二神"戮力一心，经营天下"，在他们的治国事迹传说中，特别列举了使百姓受到恩惠的两项应灾措施，一是"为显见苍生及畜产，则定其疗病之方"；二是"为攘鸟兽昆虫之灾异，则定其禁厌之法"①。从"疗病之方"、"禁厌之法"的文字表述，可以看出古代农耕社会的人们不仅有积极应对疫病、虫害的姿态，而且也掌握了一定的应灾"技术"手段。

　　苇原中国平定神话是《古事记》、《日本书纪》的神话体系中的又一重要政治神话。对于大国主神治理的苇原中国，高天原的天照大神认为应由其子正胜吾胜胜速日天忍穗耳命（以下略称为天忍穗耳命）统治，命令天忍穗耳命降临苇原中国。天忍穗耳命遵从母命自天而降，但当他站在天浮桥上俯瞰苇原中国，看到苇原中国存在许多荒暴的"国津神"时，就返回了高天原，请天照大神对荒暴的"国津神"采取措施。于是，天照大神与高御产巢日神（《日本书纪》记为"高皇产灵尊"），以苇原中国"多有萤火光神及蝇声邪神，复有草木咸能言语"为由，派遣天神"拨平苇原中国之邪鬼"②。然而几番派去的天神降临苇原中国后，都乐不思蜀，不返回高天原复命，有的天神甚至在苇原中国娶妻定居。最后，天照大神与高御产巢日神派遣了建御雷神和天鸟船神二神③，从高天原降临至出云国。此二神一到出云国，便拔出佩剑，将剑立在地上，剑峰向上，二神盘坐在剑锋之上，向大国主神说明来意：天照大神与高御产巢日神欲降其子孙君临此地，故先遣我二神驱除平定，你意如何？面对天神的带有胁迫之意的意愿，大国主神同意让国。遂后，二天神"诛诸不顺鬼神等"，平定了苇原中国（也存在另一种说法，即二神"诛邪神及草木石类，皆已平了"）④。其后，天照大神派其孙子天津彦彦火琼琼杵尊降临并统治了苇原中国。

　　值得注意的是，苇原中国平定神话中，天神讨伐的对象不仅有天神降临之前的被称为"邪神"或"邪鬼"的苇原中国的荒暴神，而且还有"能言的草木"或"草木石类"。冈田精司氏认为，苇原中国平定神话原本只有"讨伐邪神"的内容，并不是政治神话，但《古事记》、《日本书纪》的编纂者加入了"大国主神让国"

---

① 『日本書紀』神代上・第八段・一书第六。
② 『日本書紀』神代下・第九段・本文。
③ 《日本书纪》神代下・第九段・本文所记的二神名是：经津主神和武甕槌神。
④ 『日本書紀』神代下・第九段・本文。

内容,才使之成为政治神话的①。如若排除《古事记》、《日本书纪》编纂者加入的政治性含义,仅从人类在自然环境中拓展生存空间的视角来看的话,那么天照大神派其子孙统治苇原中国,将其势力范围从高天原拓展至苇原中国的神话,可以说是人类开发自然环境行为的写照,所谓的"邪神"、"邪鬼"则是指人类开发时所遇到的来自自然界的困难或灾害。而高天原几番派天神平定苇原中国的荒暴神的叙述,似是表现人类开发活动与自然环境的对峙意识。这种意识不仅反映在《古事记》、《日本书纪》的政治神话体系中,而且在《日本书纪》、《风土记》等文献所记载的各地神话传说中也时时有所体现。

根据《常陆国风土记》记载的古老传说,玉穗宫大八洲所驭天皇(5世纪的继体大王)治世时期,常陆国行方郡(今茨城县行方郡)有一名为箭括氏麻多智的人,在芦苇地开垦新田,但是他的开垦遭到了"夜刀神"(蛇神)②的反对。其时,夜刀神聚集而来,左右设障,阻扰箭括氏麻多智耕佃,于是箭括氏麻多智大怒,身披甲盔,手执大杖,打杀驱逐,把夜刀神赶到山口,挖沟树标,对夜刀神说:以沟和标为界,"自此以上听为神地,自此以下须作人田,自今以后,吾为神祝(祭神之人),永代敬祭,冀勿祟勿恨"③。依照所言,箭括氏麻多智设立神社祭奉夜刀神,于是得以继续开垦耕田;此后,箭括氏麻多智的子孙世世代代祭祀夜刀神。在人与夜刀神分界共存,相安无事多年以后,人类的开发再次导致与夜刀神的对峙,即孝德大王(645—654年在位)之世,行方郡的地方官壬生连麻吕下令在山谷处筑造池堤,其时,夜刀神聚集池边,久久不肯离开,阻碍了池堤工事。对此,壬生连麻吕大声言道:修池堤是为民之举,神祇岂能不听从天皇的教化?!同时命令从事造池堤的劳役民众看见杂物、鱼虫之类,不要惮惧,可以"随尽打杀"。此令一出,蛇神隐避,筑池堤工程顺利完成④。

上述民间传说展现了古代日本人对周边自然环境不断开发的画面。而箭括氏麻多智、壬生连麻吕二人都是在对自然环境开发过程中,战胜蛇神的英雄人物,但是二者在对待蛇神的态度上却是有区别的。5世纪的箭括氏麻多智对自然神具有浓厚的敬畏意识,面对夜刀神的聚集抵抗,他们是身着盔甲,与其说"打杀",不如说是驱逐蛇神至另一个空间,做到人与神分界共同生存,并且因担

---

① 冈田精司「記紀神話の成立」。
② 所谓的夜刀神,是头上有角的蛇神。根据民间传说,如若遇到夜刀神,逃避时,不能回头看它,否则其危害人类的程度,可以达至"破灭家门,子孙不继"(『常陸国風土記』行方郡条)。
③ 『常陸国風土記』行方郡条。
④ 『常陸国風土記』。

心自身的开发行为会带来蛇神的怨恨，甚至报复而世代供奉蛇神。这些情节描述显示出古代日本人已经朴素地意识到人类的开发行为对自然环境造成的破坏，可能会受到自然的报复，进而引发灾害。这点在推古二十六年伐树造船事例的"霹雳木也，不可伐"语句中也可以看到。然而，对于人类对自然环境的开发可能带来灾害的认识，在7世纪的壬生连麻吕身上几乎看不到，相反却可以说是无畏无惧。壬生连麻吕的态度非常明确：筑造池堤事业是利民的水利工程，因此自然神要服从天皇的权威，对于妨碍工事的包括蛇神在内的鱼虫之类的生物神，都可以无所畏惧地杀死。从箭括氏麻多智到壬生连麻吕的对自然神畏敬与畏怖程度的变化，一是由于随着时代的推移，对自然界的认知逐渐深入，对于有能力克服的灾害性自然现象，古代人的畏怖感不断地弱化[1]；二是神话传说中的政治性因素使然。前已叙述，《风土记》是根据和铜六年（713）中央朝廷的命令开始编纂的地方志，传承内容的选择本身就具有一定的政治性，因此在壬生连麻吕传说中，偏重表现地方的自然神服从天皇之威，淡化人们对自然神力的畏怖[2]。

第二节　倭王权的神祇祭祀与灾害观

祭祀是人类向神祇表达愿望或敬意的仪式。在祭祀与政治密切相连的古代社会，拥有与神祇交流的祭祀权，是地域最高政治权威的重要表现之一。

一、卑弥呼的"事鬼道"与战乱平息

《汉书》是最早记载有关日本列岛的文献典籍，记载："乐浪海中有倭人，分为百余国"[3]。《汉书》成书于公元1世纪，其时，日本列岛处于弥生时代中期末，因此可知，当时的日本列岛存在百余国的群立现象。然而，成书于3世纪的《三

---

① 北条勝貴「災害と環境」、北原糸子編「日本災害史」、吉川弘文館、2006 年，17～40 頁。
② 事实上，古代日本人对于开发自然环境并非完全无所畏惧，例如，根据日本学者北条胜贵的研究，在流传于日本列岛各地的传说中，树木神对于人类砍伐树木的抵抗行为大致有九种类型：①被伐的树木再生；②被伐的树木流血；③人类无法采伐；④发出呻吟声；⑤出现异类；⑥伐树者及相关者染病、死亡；⑦造成灾害；⑧虽然被伐，但纹丝不动；⑨其他（树变形、消失等）。（北条勝貴「伐採抵抗伝承・伐採儀礼・神殺し」、増尾伸一郎等編「環境と心性の文化史」下、勉誠出版、2003 年、第 51－144 頁）。这些类型的流传反映出古代日本人已经认识到人类的开发可能导致灾害，并且对此抱有不安和恐惧。
③ 《汉书》地理志。

国志》的记载,日本列岛的国数变成 30 余国[①]。换句话说,随着时代的推移,日本列岛上弥生时代的国的数目逐渐减少。国数的减少,意味着国与国之间的统合,而战争是国之间统合的重要手段。

进入农耕时代以后,随着农耕技术的发展,农业生产力的提高,人类定居生活逐渐稳定,同时也带来人口的增加,由此引发农耕地的不足,进而产生扩大耕地的需求。可是,在扩大耕地的过程中,一旦与同样具有扩大耕地需求的集团相遇,即会产生摩擦甚至冲突,最终导致集团与集团之间的战争爆发。根据考古学发掘,弥生时代以后的日本列岛,武器是主要的随葬品之一,并且弥生人所居住的环濠集落和高地性集落具有防御外敌的性能,同时还出土了不少被石剑、石戈等武器刺入身体或斩首的战争牺牲者的人骨,这些都是弥生时代诉诸战争手段的佐证。

除了考古资料以外,中国的文献史料对弥生后期的日本列岛的战乱局面也有所涉及。《后汉书》东夷传记载:

> 桓、灵间,倭国大乱,更相攻伐,历年无主。有一女子曰卑弥呼,年长不嫁,事鬼神道,能以妖惑众,于是共立为王。

又,《三国志·魏书》倭人传(以下简略为《魏志》倭人传)也记载:

> (倭国)本亦以男子为王,住七八十年,倭国乱,相攻伐历年,乃共立一女子为王,名曰卑弥呼,事鬼道,能惑众,年已长大,无夫婿,有男弟佐治国。自为王以来,少有见者。以婢千人自侍,唯有男子一人给饮食,传辞出入。居处宫室、楼观、城栅严设,常有人持兵守卫。(中略)卑弥呼以死,大作冢,径百余步,狗葬者奴婢百余人。更立男王,国中不服,更相诛杀,当时杀千余人。复立卑弥呼宗女壹与,年十三为王,国中遂定。

其中,"桓、灵间"是指东汉桓帝和灵帝统治的自 147 年至 189 年的时期。上述史料中,卑弥呼继承王位前的"倭国乱",直至一位"事鬼道,能惑众"的女子——卑弥呼被拥立为王,战乱才得以终息,也就是说卑弥呼本身是被赋予了巫女性

---

① 《三国志》魏书·倭人传。

质的女性,而且成为王的卑弥呼与外人近乎隔绝的生活状态,治国的具体的世俗性事务交由男弟辅佐处理,更是强调或者说放大了其巫女的性质。《后汉书》倭传中,卑弥呼的"事鬼道"被改记为"事鬼神道"。由此可知,"鬼道"与"鬼神道"似乎是相通的①。

"事鬼(神)道"是东亚诸国普遍存在的信仰形态。中国的殷周时代,"殷人尊神,率民以事神,先鬼而后礼","周人尊礼尚施,事鬼敬神而远之"②。古代朝鲜半岛,马韩地区的人们"信鬼神",每年的五月春耕完毕和十月秋收结束之时,人们"祭鬼神,群聚歌舞,饮酒昼夜无休",其时众人所跳之舞,"踏地低昂,手足相应,节奏有似铎舞"③。在日本,铜铎是弥生时代特有的青铜器,其祖型被认为是中国的编钟或是朝鲜半岛的小铜铎④,是用于农耕祭祀的器物之一,主要分布于近畿地区。虽然有关马韩的记载不能说明日本弥生时代的铜铎,但是源自中国或朝鲜半岛的铜铎,似乎也与神祇祭祀活动相关。

根据古代中国、朝鲜半岛的鬼神信仰,可以推测《魏志》倭人传所记载的卑弥呼的"事鬼道",是通过祭祀技能进行的神祇祭祀性质活动或仪式。卑弥呼死后,国中不服立男王,又是战乱,而当卑弥呼宗女壹与被拥立王时,国中的情势才再次平稳。据此,巫女性质的卑弥呼和壹与能够成为女王并平息战乱,其具有的神祇祭祀技能是重要的前提条件。人为灾害的战争也是灾害的一种,因此在2~3世纪的日本列岛,神祇祭祀不仅是维持王权权威的重要手段,也是与平定社会、平息灾害密切相关的不可欠缺的活动,

二、女王时代的神祇祭祀与灾害观

1. 推古王权的弱化灾害神倾向

根据《日本书纪》记述,在佛教传入日本列岛之前,神祇祭祀是倭王支配"天下"的重要政事,每年的春、夏、秋、冬四季,须祭拜天地诸神。佛教传入之后,本土的诸神祇成为"国神",佛教则被视为外来的"蕃神"。7世纪以后,神祇祭祀依然是倭王权巩固政治权威,紧密王权与群臣之间政治关系的必不可缺的重要

---

① 《说文解字》对鬼、神的字义解释是:"鬼,人所归为鬼";"神,天神,引出万物者"。

② 《礼记》表记。

③ 《三国志·魏书》马韩传。

④ 高倉洋彰「銅鐸製作開始年代論の問題点」,『弥生時代社会の研究』、寧楽社、1981年、第179－183頁。弥生时代的铜铎上,通常画有纹样以及动物、狩猎和农耕等场景绘画,例如,有名的兵库县樱丘遗迹出土的4,5号铜铎上,描绘着人持弓捕获鹿角以及水鸟叼鱼等画面。

纽带。

推古王权的政治是兴隆佛教，但并不意味着不重视神祇祭祀的作用。推古十五年(607)二月，推古女王诏令①：

> 朕闻之，囊者我皇祖天皇等宰世也。蹋天臑地，敦礼神祇。周祠山川，幽通乾坤。是以阴阳开和，造化共调。今当朕世，祭祀神祇，岂有怠乎。故群臣共为竭心宜拜神祇。

从诏文内容可知，推古女王之前的历代大王都是以祭祀神祇及山川为统治手段的，因此推古王权也不敢怠慢祭祀神祇之政事，命令群臣共同礼拜神祇。神祇祭祀的重要目的，是通过祭祀仪式加强群臣的齐心，以稳定王权的统治。上述诏令发布的数日后，厩户王子和苏我马子就率领群臣举行了祭祀神祇的仪式。

除了巩固统治的目的以外，推古王权也以祭祀神祇作为镇灾的手段。例如，推古七年(599)四月发生地震，"舍屋悉破"，其时，推古王权祈祷的对象是神而不是佛，命令各地祭祀"地震神"②。由此可知，尽管推古王权在政治上推行佛教理念，但是在当时人们的灾害观中，佛与神的位置尚有差距，自然神祇信仰仍是社会的主流信仰。或许正是由于这点，推古王权似乎有意识地削弱民间的自然神祇信仰的影响程度。

前述的推古二十六年(618)河边臣造船叙事中，受朝廷派遣的河边臣在安艺国造船，前往山中寻觅造船之木，遇到好材，欲砍伐树时，当地人警告不可砍，否则会遭霹雳；然而，河边臣依仗有王命在身，奉币帛祭祀雷神后，依然砍伐了树木；雷神报复，大雨雷电；但无法伤到河边臣，最终的结果是雷神完全败退。这一叙述虽然属于传承性质，但不仅强调王权对自然的开发最终战胜当地的神祇信仰，而且还主张可以应对雷神所带来的雷雨之类的灾害。换句话说，与灾害相关的神祇范畴在逐渐被缩小。

2.皇极(齐明)女王——神的直接对话者

如前所述，皇极女王即位之年(642)，倭国各地遭遇大旱时，村村或者杀牛马祭祀诸社神，或者祈祷河伯求雨；同年八月，皇极女王亲自祈雨，在南渊河畔跪拜四方，仰天而祈，即刻雷声鸣，降大雨，而且连降甘雨5天。无论是民众的

---

① 『日本書紀』推古十五年二月戊子条。
② 『日本書紀』推古七年四月辛酉条。

求雨,还是女王的祈雨,都说明倭王权依然遵循传统的灾害观,依然认为降雨与不雨皆是由神祇掌握的。但是与神祇的对话权或者说神祇祭祀权,从原有的地方有力豪族转变至集中于倭王权手中。

皇极四年(645)六月乙巳政变之后,孝德新政权成立不久,孝德大王、皇极前女王和中大兄王子共同举行的一件大事,是在大槻树之下,召集群臣对天神地祇盟誓,宣誓"自今以后,君无二政,臣无贰朝"①。孝德王权的意图,显然是要通过向神祇宣誓的仪式,达到巩固君臣秩序的目的。由于是向天神地祇盟誓,因此"神"的存在是不可欠缺的,而大槻树就是被视为神祇所凭依的礼仪道具。

孝德新政权推行了一系列的改革,在制定改革措施时,孝德大王遵循先祭镇神祇,后再议政事的臣下建议,派人分别前往尾张、美浓二国,征收供奉神的币帛,通过神祇祭祀,为施行改革措施增添神佑色彩。白雉五年(654)十月,孝德大王患染病疾,不久永辞人世。翌年(655)正月,皇极在飞鸟板盖宫再次登上王位,是为齐明女王。重祚以后的齐明女王,在飞鸟及其周边地区大兴土木工程,并且派遣将士远征虾夷。

660年,百济亡国。应百济旧臣们的请求,齐明女王"欲为百济,将伐新罗"②,不仅决定派遣救援军,下令造船、备诸军器,而且还意欲亲征。齐明七年(661)正月,60余岁的齐明女王率领中大兄皇子、大海人皇子等人,自难波出发,乘船前往九州岛。三月下旬,女王的船终于抵达娜大津(今博多湾),女王住进了磐濑行宫(亦称长津宫)。五月,齐明女王迁居朝仓橘广庭宫(位于今福冈县朝仓市)。

但是不久,齐明女王的近侍者中,出现许多病亡者。根据《日本书纪》的记载,由于建造朝仓橘广庭宫时,曾经砍伐神社的树木,而且还有宫中显现鬼火的传说,因此当时的人们认为是神祇发怒致使众人患病而亡的③。同样是伐树惹怒神祇,与前述的推古二十六年事例不同,齐明七年不仅砍伐的是与神社即神祇祭祀相关的树木,而且在伐树之前也没有奉币帛于神祇,因此最终的结果也与推古二十六年的神祇顺从王权不同,齐明女王本人也于齐明七年七月染上疾患,逝于亲征的路上。换句话说,在史书的叙述逻辑中,神与王既然可以直接相对,神怒也就直接作用于女王身上了。

---

① 『日本書紀』孝德即位前紀。
② 『日本書紀』齐明六年是歳条。
③ 『日本書紀』齐明七年五月癸卯条。

三、天武天皇时期的神祇祭祀

白村江战役的惨败,对倭王权的冲击非比寻常,尤其是给国内的政治结构带来了深刻的影响。天智六年(667)三月,以中大兄为首的倭王权决定迁都,将王宫的所在地从飞鸟地区移至近江(今滋贺县)。与地处奈良盆地的飞鸟地区相比,新的政治中心地(近江大津宫)凭依比叡山、琵琶湖,其地理位置相对远离濑户内海,但更近东国。关于迁都近江的理由,史料上没有明记。不过,迁都近江之举却引起了比较大的社会反响,"是时,天下百姓不愿迁都,讽谏者多,童谣亦众。日日夜夜失火处多"①,反映出作为原政治中心的飞鸟地区在迁都前后的社会不安定景象。

天智七年(668)正月,以皇太子身份摄政7年之久的中大兄正式即位,是为天智大王。即位后的天智大王"撰述礼仪,刊定律令。通天人之性,作朝廷之训"②。天智九年(670)三月,将诸神集中于一处祭祀,在近江的山御井之旁,设置诸神之座,一神一座,举行奉献币帛仪式。祭祀本是在山麓、河边等露天场所举行,树木、岩石等自然物被视为神祇降临的神座。因此,设置诸神之座意味着已具有神社的雏形。

至天武时代(673—686),天武二年(673)四月,通过军事武力(壬申政变)登上王位的天武天皇以自己的女儿大来皇女为伊势斋宫的斋王,替代自己前往伊势神宫奉仕天照大神,以此强调、祈祷天照大神对皇位及统治的护佑。此后,天武四年(675)和朱鸟元年(686),天武天皇也曾派遣其他的皇女前往伊势神宫。天照大神被奉为皇祖神的同时,祭祀天照大神的伊势神宫就被赋予了保佑天皇统治持久、稳定的性质。与之相应,伊势神宫的地位日渐提高,诸神社则列于其后。

天武治政期间,施行了一系列旨在中央集权化的措施,作为其中的一个环节,神祇祭祀体系也逐渐地完善。天武十年(681)正月,作为元日行事,朝廷向诸神祇奉币。不仅如此,同月,天武天皇诏令畿内及诸国,修理神社的社殿。神社是祭祀神祇的设施的总称。最初的神社形态,是在山麓、河边等露天场所举行神祇祭祀,树木、岩石等自然物被视为神祇降临的神座。其后,祭祀神祇的场所逐渐开始设有建筑物,与之相应,神祇也变成常住于神社的神灵。原本不同

---

① 『日本書紀』天智六年三月己卯条。

② 『藤氏家伝』上卷。

的地区或氏族,其神社供奉的神祇各有不同,神祇祭祀权也是掌握在地方有力豪族手中的。但是天武天皇的全国性地统一修缮神社的措施,标志着全国的神社被一律地纳入中央集权体制之下,即各地不同的神祇体系被一统,天皇成为拥有全国最高祭祀权的人,通过信仰的纽带,中央政权对地方社会的支配进一步稳固,同时也意味着各地与防灾、应灾有关的祈神活动被纳入中央朝廷的支配体系。此后,天皇派遣使者祈祷的神,不仅包括名山岳渎之神,而且也有诸神社的神①。

此外,在古代社会,自然环境的变化或灾害是左右农作物丰歉的决定性因素。因此,祈愿丰收或感谢收获的祭神,就成为农耕社会的不可欠缺的防止灾害、应对灾害的行事或措施。新尝祭是收获季节举行的祭祀,通过向诸神供奉当年的新谷,感谢神祇的佑护。天武时代之前,新尝祭虽早已存在,但却不是仅属于大王的祭祀活动,皇子及大臣以下等各阶层都可各自举行新尝祭。随着集权化体制的完善,新尝祭成为天皇的祭祀,群臣供奉参列②。另一方面,天武五年(676),设置相尝祭,原本各自举行的地方有力豪族的新尝祭被规制在统一时间里举行③。天皇在即位后,首次举行的新尝祭,亦称大尝祭。天武二年(673)十二月,天武天皇举行了大尝祭。

天武四年(675)四月,天武天皇派遣使者分别前往广濑河曲(位于今奈良县北葛城郡)和龙田立野(位于今奈良县生驹郡),祭祀大忌神或风神。同年(675)七月,又一次祭祀广濑大忌神和龙田风神。由此,每年两次的广濑大忌神祭和龙田风神祭确立,二者常常同时举行。其中,广濑大忌神祭是祈祷山谷之水滋润水田、五谷丰收的祭祀;龙田风神祭是祈愿风调雨顺的祭祀。广濑大忌神祭与龙田风神祭的每年举行,可以说是防灾措施的组成。

天武时期确立的大尝祭、新尝祭、广濑大忌神·龙田神祭等体现天皇统治正当性且具有灾害对策性质的祭祀,被其后的律令制神祇体系所承袭。

① 例如,持统七年(693)七月及持统十一年(697)五月、六月,遭遇大旱,持统天皇遣使至诸神社求雨。
② 佐佐田悠「記紀神話と王権の祭祀」,大津透等编『岩波講座 日本歴史 2 古代 2』,岩波書店、2014 年、第 289—322 頁。
③ 菊池照夫「相嘗祭の祭祀形態について」、『延喜式研究』第 15 号、1988 年、1—17 頁。

第三节　律令制国家的神祇祭祀及其发展

一、律令制下的神祇祭祀

在律令制国家的二官八省的中央官僚机构中，神祇官负责以天皇为中心的政治体制的神祇祭祀。关于神祇的含义，《令集解》引用的诸注释中，有以下解说[①]：

> 神祇者是人主之所重，臣下之所尊。祈福祥、求永贞，无所不归神祇之德，故以神祇官为百官之首。

"祈福祥，求永贞"可以说是源自中国的思想。《周礼》春官·大祝条在阐述大祝的职能时，叙述道："大祝，掌六祝之辞，以事鬼神示，祈福祥，求永贞"，对此郑玄的注释是"求多福，历年得正命也"[②]。"永贞"表示"长能贞正"之意[③]。又，《后汉书》荀爽传有"礼者，所以兴福祥之本，而止祸乱之源也"的叙述[④]，"福祥"相对"祸乱"，即礼祭神祇，祈求无灾无乱，国家长存。因此，上述《令集解》的"祈福祥、求永贞"一句，作为律令制下的神祇祭祀的目的，意味着祈祷神祇护佑皇权永固，同时"福祥"、"永贞"用词也反映出律令制国家防灾的意识。

律令制国家管理下的神社，被分为官社和非官社两大类，其中，官社是指登录在神祇官所管的官社帐（也称神名帐）的神社。依据神社所在的位置，官社大致分为宫中、京中、畿内、东海道、东山道、北陆道、山阴道、山阳道、南海道、西海道10区划，并以国别、郡别按社格大小分别登记。

与神社体系形成同步，祭祀制度也逐渐完善。养老神祇令规定，神祇官祭祀的对象是"天神地祇"。所谓的"天神地祇"是指"自天而下坐曰神，就地而显曰祇"，"天神者，伊势、山代鸭、出云国造斋神等是也。地祇者，大神、大倭、葛木

---

① 『令集解』職員令·神祇官·釈。
② 郑玄《周礼注》。
③ 《周易》坤卦有"用六，利永贞"之句，孔颖达疏解释为："永，长也；贞，正也；言长能贞正也"（孔颖达《周易正义》）。
④ 《后汉书》荀爽传。

鸭、出云大汝神等是也"①。神祇令是祭祀制度的总成,规定②:"凡天地神祇者,神祇官皆依常典祭之"。即,天地神祇由神祇官依据恒常例祭祀。令制下的神祇祭祀分为四时祭和临时祭两大类。其中,四时祭是指每年四季的惯例祭祀,即:春季,祈年祭、镇花祭;夏季,神衣祭、大忌祭、三枝祭、风神祭、月次祭、镇火祭、道飨祭;秋季,大忌祭、风神祭、神衣祭、神尝祭;冬季,相尝祭、镇魂祭、大尝祭(新尝祭)、月次祭、镇火祭、道飨祭等。每当举行四时祭之际,都要事先准备祭祀所用的物品,并须依照规定的礼仪进行。

①祈年祭,每年二月举行的"总祭天神地祇"的祭祀。祈年祭由神祇官主持,天皇不出席。其时,百官以及全国官社的神职集聚在神祇官厅,神祇官下属的中臣氏官人宣读祝词,同为神祇官下属的忌部氏官人向全国官社颁予币帛(即班币帛),以祈求神祇护佑年岁无灾、风调雨顺、谷物丰收。

②镇花祭,每年三月,在大神神社(位于今奈良县樱井市)举行,其时,大神神社与狭井神社(今大神神社内)的神职接受神祇官的币帛。春花飞舞之时,也正是疫病易于流行之际,因此为了镇遏疫病,祭祀大神、狭井二神。狭井是呈现大神荒暴一面的神。在古代日本,神被认为同时具有平和与荒暴的两面性,平常之时,性格平和;战争或灾害之时,荒暴一面出现,但接受祭祀后,荒暴可以转变为平和。

③神衣祭,每年四月、九月在伊势神宫举行,以神明奉献绢麻衣③。

④大忌祭和风神祭,每年四月、七月举行。大忌祭和风神祭分别在广濑神社、龙田神社举行,祈愿风调雨顺、五谷成熟。

⑤三枝祭,每年四月在率川大神神御子神社(位于今奈良市子守町)举行,以三枝花装饰祭祀用酒樽,故名三枝祭。

⑥月次祭,每年六月、十二月在神祇官厅举行。祭祀举行之日,百官及特定的诸神社的神职集于神祇官厅,中臣氏宣祝词,忌部氏向诸官社的神职颁予币帛,以祈求神明护佑。月次祭结束的当日晚上,神祇官及其相关下属的官人在宫中设置祭祀场所,举行天皇与神祇共食的"神今食"仪式。

⑦镇火祭,每年六月、十二月举行。顾名思义,镇火祭的目的是为防止火灾。祭祀的地点是在宫城的四方外角,由神祇官下属的卜部氏官人钻火而祭。

⑧道飨祭,每年六月、十二月举行。祭祀的日期由占卜决定。祭祀之时,在

① 『令義解』職員令・神祇官・古記。

② 養老神祇令。

③ 服部氏负责织成绢制神衣(和妙衣),麻绩氏负责织成麻制神衣(荒妙衣)。

京城四隅的大道上，由卜部氏使用牛皮及鹿皮、猪皮等祭物举行祭祀仪式，其目的是"欲令鬼魅自外来者不敢入京师"，所以"预迎于路而禳遏"①。

⑨神尝祭，每年九月在伊势神宫举行，以新谷祭祀神祇的收获祭。祭祀之际，朝廷派遣奉币使（也称例币使）供币帛于伊势神宫。

⑩相尝祭，十一月的上卯日在特定的诸官社举行。其时，诸官社的神职将神祇官颁予的币帛奉献于神前。

⑪镇魂祭，每年十一月寅日（上卯日后的寅日）在宫内省厅举行，是护佑天皇的魂不游离出身体之外的祭祀，具有"咒术性秘密仪礼"性质。镇魂意为镇安，即"人阳气曰魂。魂，运也。言招离游之运魂，镇身体之中府"②。

⑫大尝祭（新尝祭），每年的十一月中卯日或下卯日在宫中举行。新尝祭是收获季的祭祀，由天皇亲自向诸神座供奉当年新谷作成的供物（神酒、神馔），感谢神祇佑护新谷收获；同时，天皇自己也在神座前饮食供物，即所谓的天皇与神祇共食。镇魂祭与新尝祭都具有与天皇自身有关的特点，二者之间存在着密切的关联性。

二、古代国家祭祀体系的增容

平安时代，国家祭祀体系逐渐扩容，选择性地纳入与皇室外戚氏族或都城等有关的祭祀，新增的祭祀包括春日祭、平野祭、园韩神祭、贺茂祭、松尾祭、大原野祭等等。

①平野祭

平野祭是每年四月和十月的上申日于平野神社（位于今京都市北区）举行的祭事，所祭神祇是今木神、久度神、古关神和相殿比卖神四神。其中，今木神是桓武天皇的生母高野新笠的出身氏族——和氏的氏神；久度、古关二神是朝鲜系的灶神，桓武天皇将今木、久度、古关三神合祀，祈愿其母系的祖神护佑桓武皇统的长久③。

②春日祭

春日祭，每年二月、十一月的上申日在春日神社（位于今奈良市春日野町）举行，祭祀鹿岛神、香取神、枚冈神和比卖神四神。春日祭本是藤原氏的氏族祭祀，9世纪以后成为国家祭祀。嘉祥三年（850），随着文德天皇即位，同年九月，

① 『令義解』神祇令。
② 『令義解』職員令·神祇官·镇魂条。
③ 義江明子「平野社の成立と変質」、『日本古代の氏の構造』、吉川弘文館1986年，第188－214頁。

春日神社升至"春日大神社",其地位与伊势神宫、贺茂神社相提并论。贞观十一年(869)二月,春日祭举行时,鹿岛、香取、枚冈、比卖四神又被统称为"春日大神",护佑"天皇朝廷宝位无动","天下平安,风雨随时,五谷丰登"[1]。

③贺茂祭

《延喜式》规定,践祚大尝祭,大祀;祈年祭、月次祭、神尝祭、新尝祭、贺茂祭等,中祀;大忌祭、风神祭、镇火祭、三枝祭、相尝祭、镇魂祭、镇火祭、道飨祭、园韩神祭、松尾祭、平野祭、春日祭、大原野祭等,小祀。显然,在新增的国家祭祀中,贺茂祭的地位高于平野祭、春日祭等。

贺茂祭是每年的四月中酉日在贺茂神社举行的祭事。贺茂祭起源于6世纪,以贺茂川(鸭川)流域为中心的有力豪族贺茂县主氏的氏社。神祇令规定的天神之一的山代鸭,即是贺茂神。贺茂祭的最初祭祀形态是人头戴猪形假面具,驱使系有铃的马奔跑,以祈愿"五谷成熟、天下丰年"[2]。8世纪,贺茂神社分立为上社和下社,即上贺茂神社(亦称贺茂别雷神,位于今京都市北区)和下鸭神社(亦称贺茂御祖神社,位于今京都市左京区)。

延历十三年(794),桓武天皇定都平安京后,贺茂神社成为近邻京城的神社,被赋予镇护平安京的作用,受到朝廷的格外重视,贺茂祭也由此渐渐地成为平安时代的重要的国家祭祀。在灾害频多的平安时代,对于居住平安京的人们来说,贺茂祭是任何阶层都能参加的具有防灾措施含义的国家祭祀。每当贺茂祭举行时,平安京内就有许多观看贺茂祭行列的人们,这些观众中,不仅有贵族,而且还有普通的庶民[3]。

10世纪之前,在神社举行的恒例祭祀,一般是天皇派遣使者前往神社祭祀,称之为奉币型祭祀。但是10世纪后,天皇亲往神社祭祀的事例屡见不鲜。

三、临时祭与灾害

上述的每年定期举行的国家祭祀,都是以固定的时间,固定地点,固定的仪式供奉固定的神祇,祈愿神祇护佑王权稳固,风调雨顺,国泰民安,属于具有防灾性质的神祇祭祀。除了周期性的固定的神祇祭祀以外,律令制国家也常常举行临时祭。所谓的临时祭,是"凡常祀之外应祭者,随事祭之,非辨官处分,不得

---

① 『日本三代実録』贞観十一年二月八日条。

② 『本朝月令』贺茂祭事(『群書類従』第六辑)。

③ 依据成立于12世纪后半叶的《年中行事绘卷》,贺茂祭当日,身分高的人家搭出看台,普通的民众则席地而坐或登梯,观看贺茂使队列的行进。

辄预常祭"①。根据《延喜式》,临时祭包括霹雳神祭、镇灶鸣祭、镇水神祭、御灶祭、御井祭、产井祭、镇御在所祭、镇土公祭、御川水祭、镇新宫地祭、行幸时祭、堺祭、大殿祭、宫城四隅疫神祭、祈雨神祭、遣蕃国使时祭、造遣唐使舶木灵并山神祭、唐客入京路次神祭、蕃客送堺神祭等等。可以看出,举行临时祭的起因多种多样,既有迁都等内政大事,亦有遣唐使、遣新罗使、遣渤海使及其归国等关乎对外关系的大事,更有旱灾、水害、雷雨灾等灾害的发生。

当地震、火山喷发、旱灾、水灾等灾害发生时或预报灾害时,神祇祭祀是以天皇为中心的政治体制的重要应灾或防灾措施,而这些神祇祭祀都属于临时祭。根据灾害及其影响的程度、规模、范围等要素,临时祭大致可以分为全国性祭祀与局地性祭祀两大类。例如,以旱灾为例,当京师及畿内地区发生干旱时,常常奉白马于丹生川上神祈雨,属于局地性临时祭;而当全国各地旱灾时,则往往奉币五畿七道诸国名神祈雨。

《类聚国史》神祇·祈祷(上)集录了天平十一年(739)至贞观十年(868)之间,因灾害发生等缘由,遣使前往神社举行的重要临时祭,共有 72 次。在此,以《类聚国史》所记的临时祭为例,依据各临时祭的祈祷内容,对于作为应灾或防灾措施的临时祭的具体目的,可以归纳出以下若干点:

①祈愿国家安宁,王权永固。延历十六年(797)六月,桓武天皇"遣使奉币畿内七道诸国名神",而且桓武天皇亲自于平城宫的南庭送使者出发,其目的是"祈万国安宁也"②。承和八年(841)六月,因肥后国旱灾及伊豆国地震,阴阳寮占卜结果是恐有旱疫、兵事等次生灾害续发,为此仁明朝廷立即遣使至伊势神宫、贺茂神社,祈求神佑国家平安,以及"天皇朝廷宝位无动"③。

②祈祷风调雨顺,年谷成熟。宝龟九年(778)六月,光仁天皇派遣参议正四位上藤原是公、肥后守从五位下藤原是人,为祈愿"风雨调和,秋稼丰稔",奉币帛前往广濑、龙田二神社④。弘仁七年(816)七月,嵯峨天皇敕令,"风雨不时,田园被害,此则国宰不恭祭祀之所致","今兹青苗滋茂,宜敬神道大致丰稔。庶俾嘉谷盈亩,黎元殷富",命令"畿内七道诸国,其官长清慎斋戒,奉币名神,祷止风雨,莫致漏失"⑤。

---

① 『延喜式』神祇三·臨時祭。
② 『類聚国史』卷 11·祈祷上·延曆十六年六月壬申条。
③ 『続日本後紀』承和八年六月辛酉条。
④ 『続日本紀』宝龟九年六月辛丑条。
⑤ 『類聚国史』卷 11·祈祷上·弘仁七年七月癸未条。

　　③防止风雨之灾。每年的夏秋是日本列岛容易遭受洪水、台风等灾害袭击的季节。一旦洪水、台风袭来,农田毁,秋稼没,灾荒生。因此,每年的六、七、八月常常是朝廷遣使前往神社举行防灾性质的临时祭的时期。例如,天长八年(831)八月,为祈防风雨之灾,淳和天皇派遣使者奉币伊势神宫及名神;天长九年(832)七月,亦是为了祈防风雨灾,淳和天皇遣使奉币帛伊势神宫以及五畿内七道诸国的名神;天长十年(833)闰七月,仁明天皇发布敕令,依据历史上夏秋灾害规律,即"秋序,洪水败稼,大风害物",命令"天下诸国奉币名神,豫为攘防,勿损年谷"①;承和四年(837)六月,仁明天皇遣使前往山城、大和等国,奉币名神,以祈甘雨,同时敕令五畿内七道诸国奉币名神,预防风雨,莫损年谷;承和六年(839)八月,仁明天皇亦是遣使奉币丹生川上雨师神,祈止雨,同时敕令各地诸国奉币神祇,"以期西成"②。

　　④镇除灾害。弘仁九年(818)九月,嵯峨天皇遣使奉币帛于伊势神宫,"祈除疫疠"③。承和元年(834)四月,为了"防灾未萌,兼致丰稳",仁明天皇敕令各地"如有疫疠处,各于国界攘祭。务存精诚,必期灵感"④。贞观九年(867)正月,神祇官、阴阳寮预言"天下可忧疫疠",由此,中央朝廷命令五畿七道,修鬼气祭;同年十一月,由于秋收有成,中央朝廷认为是春季祈祷神祇,预防风雨疫病有效,因此班币五畿七道诸神社,以感谢神祇的佑护⑤。

---

① 『続日本後紀』天長十年閏七月乙卯朔条。
② 『続日本後紀』承和六年八月壬戌条。"西成"一词,出自《尚书》尧典的"平秩西成",孔颖达疏:"秋位在西,于时万物成熟"。《史记》五帝本纪有"敬道日入,便程西成"之句,集解孔安国曰:"秋,西方,万物成也"。
③ 『類聚国史』卷 11・祈祷上・弘仁九年九月壬辰条。
④ 『続日本後紀』承和元年四月丙戌条。
⑤ 『日本三代実録』貞観九年正月廿六日丁卯条、十一月十三日戊申条。

第六章　古代日本的佛教信仰与应灾

在古代日本，作为应灾、防灾措施，与神祇同样，佛往往也是王权及信仰者的祈祷对象。本章从佛教的传入及其发展，探究古代日本佛教信仰中的灾害认识。

第一节　七世纪的佛教兴隆与灾害认识

一、"蕃神"与疫病流行

佛教于 6 世纪正式传入日本列岛。值得注意的是，在文献史料的叙事中，佛教传入日本的过程是与当时的灾害密切相关的。

根据《日本书纪》的记载，钦明十三年(552)十月，百济的圣明王派遣使节渡海至倭国，赠送佛像、幡盖及佛教经典等，同时附有一封信件，赞叹佛法是"于诸法中最为殊胜。难解难入，周公、孔子尚不能知。此法能生无量无边福德果报，乃至成辨无上菩提。譬如人怀随意宝，逐所须用，尽依情，此妙法宝亦复然。祈愿依情，无所乏。且夫远自天竺，爰洎三韩，依教奉持，无不尊敬"[1]。"于诸法中最为殊胜"、"此法能生无量无边福德果报、乃至成辨无上菩提"等，语句借鉴了唐僧义净于长安三年(703)的译经《金光明最胜王经》，因此一般认为钦明十三年十月条记事存在《日本书纪》编纂者添笔润色的部分[2]。但其中的"祈愿依情，无所乏"之句，道出了对于古代日本人来说，祈佛与神祇祭祀有相似之处。

面对百济圣明王送来的释迦佛金铜像、幡盖、经论等物，对于是否允许佛教

---

[1] 『日本書紀』欽明十三年十月条。

[2] 坂本太郎ら校注『日本古典文学大系 68　日本書紀下』欽明十三年十月条頭註、

在倭国传播，群臣之间出现了意见不统一，新兴氏族苏我氏的代表苏我稻目基于当时东亚世界的情势，赞成追随当时的中国王朝及朝鲜半岛诸国推崇佛教；而以传统神祇祭祀为基础保持政治势力的代表物部尾舆、中臣镰子则基于倭国的固有神祇信仰，将佛教称为"蕃神"，主张"我国家之王天下者，恒以天地社稷百八十神，春夏秋冬祭拜为事，方今改拜蕃神，恐致国神之怒"①。于是，钦明大王将百济赠送的佛像交给了苏我稻目，令其尝试性地礼拜。苏我稻目舍宅为寺，供奉佛像。不久，倭国发生了疫病流行，由于无法治疗，病亡者越来越多。此时，物部尾舆、中臣镰子等人上奏钦明大王，陈述疫病流行的原因是"国神"因崇佛而发怒，请求钦明大王早日下令丢弃佛像，以求后福。由此，钦明大王命令将佛像扔进难波堀江之中，苏我稻目所建的佛寺也被火烧毁。

进入敏达时代（572－585）后，敏达大王虽然自身不信仰佛教，但最初并未采取排斥佛教方针。敏达六年（577），百济的威德王赠送倭国的律师、禅师、比丘尼、咒禁师、造佛工、造寺工6人被安置在难波的寺。敏达十三年（584），苏我稻目之子苏我马子修造佛殿，供奉弥勒石像2尊等，并于翌年（585），建塔藏佛舍利。显然，苏我马子的崇佛行为得到了敏达大王的默认。然而，敏达十四年（585）春季，倭国发生了疫疾流行，病死者众多。物部尾舆之子物部守屋等人上奏，强调苏我马子崇佛行为是招致疫病流行的源头，请求敏达大王下达禁止佛教传播的命令。物部守屋等人的请求被准允，于是苏我马子所建的佛寺、佛塔、佛像或被烧毁，或被投入江中，寺中的尼僧也被人鞭打。但是禁止佛教之后，又开始流行疮疫，也是病亡者众多，染患疮疫的人"身如被烧、被打、被摧，啼泣而死"，于是当时的人流传"是烧佛像之罪矣"②。

毋庸多言，苏我马子和物部守屋延续着苏我氏与物部氏之间的政治对立，因此佛教的传播也继续成为二者对峙的重点。在上述围绕着佛教传入的叙事中，疫病流行作为"神怒"表象的关键事件屡屡出现，钦明时代是"国神"单向地怒于崇拜"蕃神"行为，倭国固有的众多神祇（"国神"）发怒，导致疫病流行；而敏达时代的叙述则是"国神"与"蕃神"之间双向地互怒，最初的疫病流行原因被视为由崇佛所致，而后发生的疮疫流行被认为是因排佛举措引起。由此可以看出《日本书纪》编纂者所表达的灾害观，即无论是神祇（"国神"）还是佛（"蕃神"），都可能引发疫病（灾害），因此既要神祇祭祀，亦要兴行佛教。

---

① 『日本書紀』欽明十三年十月是日条。

② 『日本書紀』敏達十四年三月丙戌条。

　　由此，继敏达之位的用明就是信佛法、尊神道的大王。用明二年(587)，用明大王病重，召集群臣，表达了要皈依佛教的心愿，但是在苏我马子支持与物部守屋等人反对的对峙中，用明大王最终没有实现夙愿，就离开了人世。然而，用明大王的心愿说明倭王权已经意识到并举神祇祭祀与兴隆佛教之策的重要性。

　　用明大王死后，围绕着王位继承，物部守屋与苏我马子双方之间的对立演变成军事战斗。其时，加入苏我军的厩户王子用白胶木做了一尊四天王像，戴在自己的头上并发誓："今若使我胜敌，必当奉为护世四王，起立寺塔"；随之，苏我马子也起誓："凡诸天王、大神王等助卫于我，使获利益，愿当奉为诸王与大神王，起立寺塔，流通三宝"①。由此，苏我军士气大振，取得了最终的胜利。厩户王子和苏我马子也遵守各自的誓言，分别在摄津国和飞鸟(奈良县明日香村)开始建造四天王寺和飞鸟寺(又称法兴寺、元兴寺)。佛教传播开始进入新的阶段。

二、倭王权的兴隆佛教与祈雨

1. 推古王权的兴佛政策

　　兴隆佛教是推古王权的重要政策。推古二年(594)，发布"兴隆三宝"的诏令，于是诸氏族"各为君亲之恩，竞造佛舍(寺)"②，掀起日本历史上的第一次造寺高潮。推古十二年(604)，以厩户王子(圣德太子)为中心推出的"宪法十七条"，更是明记"笃敬三宝"的治政理念。至推古三十二年(624)，在短短的 30 年间，倭国的寺院数发展到 46 所，僧 816 人、尼 569 人，僧尼共计有 1385 人③。值得注意的是，众多的寺院中，没有一所寺院是推古女王发愿建造的，相比佛教信仰，推古女王本人的形象似乎更倾重神祇祭祀④。

　　自佛教公传以来，苏我氏始终是奉祀佛教的主要推动者。进入推古时代以后，苏我氏依旧握有佛教信仰的主导权，但在王族之中也出现了佛教的推动者，

---

① 『日本書紀』崇峻即位前紀。
② 『日本書紀』推古二年二月丙寅条。
③ 『日本書紀』推古三十二年九月丙子条。
④ 曽根正人「日本仏教の黎明」、森公章編『日本の時代史 3　倭国から日本へ』、吉川弘文館、2002 年、第 163－197 頁。

最为有名的就是厩户王子①。厩户王子所处的时代,是人们对佛教的认识从"蕃神"开始走向真正的佛教信仰的过渡阶段。除了造寺、造像以外,读经、讲经等佛教的教学形式也有初现。

虽然推古王权的兴佛政策使得寺院与僧尼的数量不断增加,但是在佛教传入尚不满百年的倭国,佛教似乎还未被纳入王权的应对灾害体系之中,依据《日本书纪》的记载,当地震、雷雨等自然灾害发生时,作为倭王权的应灾措施的祈祷,其对象只有神祇。

2. 佛教祈雨的初现

推古三十一年(623),随着遣隋使前往中国留学的学问僧惠斋、惠光以及药师惠日、福因等人,在中国经历了隋唐王朝的交替以后返回倭国,上奏并建议朝廷:当时滞留在唐王朝的倭国遣隋留学生、学问僧都已完成学业,应该唤他们归国。但是,直至舒明朝期间(629－641),学问僧灵云、僧旻、惠隐、惠云、清安(南渊请安)以及学生高向玄理等遣隋的留学生和学问僧才陆续地返回倭国。其中,僧旻、惠隐、清安(南渊请安)和高向玄理都是于推古十六年(608)前往隋王朝,在中国的滞留时间长达 20 年以上甚至 30 年以上②。可以想象,他们为舒明王权带来了有关中国佛教的最新信息。

舒明十一年(639)七月,舒明大王宣布在百济河边同时建造百济宫和百济大寺,并依照劳役的出身地分配劳力,西国的民众建造宫殿,东国的民众建造寺院。1997 年,在吉备池废寺遗址(奈良县樱井市)考古发掘中,出土了 7 世纪的巨大寺院遗迹,学者们推断该遗迹就是百济大寺的所在地。百济大寺是佛教公传以来,由大王建造的第一所寺院,这意味着一直与佛教保持距离的大王,开始意欲掌握佛教的祭祀权③。百济大寺尚未建成,舒明大王就于舒明十三年(641)亡故。翌年(642),即位后的皇极大王发布诏令,继续百济大寺的建造事业。

---

① 厩户王子的父亲是用明大王,母亲是与用明同父异母的穴穗部间人王女。穴穗部间人王女也是苏我氏系出身(其母是苏我稻目之女小姊君),所以厩户王子与推古女王、苏我马子有着很深的血缘关联。由于后世的人们将厩户王子神格化,视为信仰的对象,因此有关厩户王子的记事,存在不少神话性的描述,例如在传说中,厩户王子一生下来就会说话,还有常人所不具有的智慧;长大以后,他 1 个人听10 个人的申诉,可以无误地辨别出孰是孰非,并能预知未来。后世之人对厩户王子的称呼也是多种多样,仅《日本书纪》一书中就有上宫厩户丰聪耳、东宫圣德、法大王等,此外还有《怀风藻》的圣德太子,《金铜释迦三尊造像记》(法隆寺金堂释迦铭)的上宫法皇等。

② 灵云、僧旻于舒明四年(632),惠隐、惠云于舒明十一年(639),清安(南渊请安)、高向玄理于舒明十二年(640)归国。

③ 田村圆澄「舒明大王と仏教」,『飛鳥・白鳳仏教史』,吉川弘文館、1994 年,第 192－205 頁。

皇极元年(642)六月,各地旱灾。同年七月,村村举行祈雨仪式,但不见效果,于是,大臣苏我虾夷建议"可于寺寺转读大乘经典,悔过如佛所说,敬而祈雨",同时在百济大寺南庭,设置佛菩萨像及四天王像,请众僧读大云经等,其时苏我虾夷手执香炉,烧香发愿祈雨①。由于佛教式祈雨法的效果甚微,只是下了微雨,因此停止了祈雨读经。尽管初见的佛教祈雨以失败告终,但是反映出通过祈愿消除灾害的佛教祈祷方式开始成为倭王权的应灾措施,意味着倭王权将佛教逐步运用于治政的各个方面。

645年乙巳政变成功之后,新成立的孝德新政权宣布实行多项新政,其中就有兴隆佛法政策。同年(645)年八月,孝德大王召集僧尼发布诏令,在宣言兴隆佛教的同时,还强调苏我氏的崇佛是源于钦明大王、敏达大王及推古女王的支持,换句话说宣布大王对兴隆佛教的主导权。同时,孝德政权还施行一系列兴佛措施,例如,设置十师制,任命狛大法师、福亮、惠云、常安、灵云、惠至、僧旻、道登、惠邻、惠妙10人为十师,负责教导众僧修行释教;对于无力经营的寺院,给予经济上的援助;设立由俗家人担纲的法头之职,其职责是巡行诸寺,校验各寺院所拥有的僧尼、奴婢、田亩等人员与财产。由此,孝德政权可以直接管理、统制僧侣与寺院。

另一方面,佛教也以佛事法会等形式拥护王权,尤其是孝德大王的王宫也成为举行佛事法会的场所,佛教行事开始逐渐向国家性质的行事转化。白雉二年(651)十二月的除夕,为了孝德大王迁入新建的王宫——难波长柄丰碕宫,2100余名僧尼在味经宫,举行安宅法事,读一切经,夜晚,点燃2700余盏明灯,念诵《安宅经》、《土侧经》等佛经②。白雉三年(652)四月,在难波长柄丰碕宫中,举行讲读《无量寿经》的佛事,其时曾留学大唐的僧侣惠隐为主讲者,僧侣惠资为论义者,听众则是1千人的沙门;十二月除夕,在难波长柄丰碕宫请"天下"的僧尼,设斋、布施以及举行燃灯佛事③。

齐明六年(660)五月,在宫中举行了仁王般若会。《仁王经》(全称《仁王般若波罗蜜经》)的护国品叙述了该经的护国作用,宣称当大王遇到一切诸难时,

---

① 『日本書紀』皇極元年七月戊寅条、庚辰条。

② 『日本書紀』白雉二年十二月晦条。关于《安宅经》和《土侧经》,天平五年(733)的写经目录中,有《土侧经》、《安宅要妙神咒经》(正倉院文書,『大日本古文書』24—21,22);天平十三年(741)闰三月廿一日的经卷勘注解,记录了《安宅墓土侧经》的经名(正倉院文書,『大日本古文書』7—501頁)。

③ 『日本書紀』白雉三年四月壬寅条、十二月晦条。

只要讲读此经,诸鬼神就会佑护大王的国土①。因此,仁王般若会是具有"镇护国家"性质的法会。

3. 天武·持统时代的佛教与应灾措施

天武·持统时代,王权对寺院、僧尼的统制体系日趋完善。天武九年(680)四月,诸寺院被分为官治与非官治两类,除了二、三所国大寺以及飞鸟寺以外,其余的寺院皆为非官治寺;对于有食封的非官治寺院,其享受的食封待遇年限被规定为 30 年②。天武十二年(683)三月,天武天皇任命僧正、僧都、律师,统领僧尼。律令制下的僧纲制初现雏形。此外,僧尼的得度③权也逐渐地被天皇掌控。

在天武·持统时期,依据天皇的命令或为了天皇而出家的事例屡见不鲜,例如天武六年(677)八月,在飞鸟寺设斋,读一切经,天武天皇亲临飞鸟寺南门礼佛,其时诏令亲王、诸王及群臣,赐予每人 1 位出家人得度名额,其出家者无论男女长幼,都随愿度之,以参加斋会;天武九年(680)十一月,天武天皇生病,100 人出家为僧;持统十年(696)十二月,持统天皇敕令,每年十二月的除夕,度 10 位净行者出家,以确保参加正月的《金光明经》读经佛事的僧侣人员④。

除了僧侣为王权效力以外,佛教三宝中的"法"即佛教的经典,也成为与维护王权统治理念有关的工具,尤其是护国经典《金光明经》、《仁王经》受到天武·持统王权的特别重视。天武五年(676)十一月,朝廷向地方诸国派出使者,讲说《金光明经》和《仁王经》。天武九年(680)五月,在宫中以及京内(飞鸟地区)的 24 所寺院,首次举行《金光明经》的讲经会;朱鸟元年(686)七月,在宫中,100 名僧侣诵读《金光明经》;持统八年(694)五月,朝廷以 100 部《金光明经》送置诸国,要求诸国每年正月的上弦日(阴历的初七、初八之时)读经,其所需费用从各地方财政支出⑤。至此,读《金光明经》成为每年的例行佛事。

---

① 『仁王般若波羅蜜経』護国品(《大正藏経》卷八)。
② 『日本書紀』天武九年四月是月条。人寺是指天皇发愿建立的寺院,包括大官大寺(原白済大寺,又称高市大寺)、川原寺(弘福寺)等(田村圆澄『飛鳥·白鳳仏教史』下,吉川弘文館、1994 年、第 82 — 85 頁)。食封是贵族、神社、寺院等的重要经济来源,对贵族、神社、寺院等,朝廷指定一定区域的乡户为封户。律令制下,封户每年所交的调庸全部和田租的 2 分之 1 要支付给封主。天平十一年(739)五月规定,封户的田租也全部付给封主。
③ 得度是指脱离俗人的身份,出家为僧尼。
④ 『日本書紀』天武六年八月乙巳条、天武九年十一月丁酉条、持统十年十二月己巳朔条。
⑤ 『日本書紀』天武五年十一月甲申条、天武九年五月乙亥朔条、朱鸟元年七月丙午条、持统八年五月癸巳条。

　　天武·持统王权利用佛教护国思想的同时,进一步推进佛教从中央到地方的更为广泛地传播。天武十四年(685)三月,天武天皇诏令诸国"每家作佛舍,乃置佛像及经,以礼拜供养"①。至持统六年(692),日本全国的寺院数目达到545所②。

　　由此,佛教的国家性质进一步被强化,曾被视为与神祇("国神")相对立的佛教("蕃神"),其地位逐渐地被提升至与神祇同等的高度。这点在天武·持统王权的应灾措施方面也有所反映。

　　天武五年(676),夏季大旱时,作为天武王权的应灾措施,除了派遣使者前往各地,向诸神祇奉献币帛祈雨,同时也请诸僧尼祈雨于三宝,然而无论是神祇还是佛,最终都未能使雨降下。尽管佛教祈雨失败,但与神祇祭祀的效果相同,折射出佛与神不分上下的观念。

　　天武十二年(683)七月至八月,飞鸟地区旱灾,百济僧道藏祈雨后,甘雨降下。持统二年(688)七月,大旱,尽管也举行了传统的祈雨祭祀,但是文献史料并未记载祈雨效果,反而又是道藏受命祈雨,"遍雨天下"③。由此可知,渡日的百济僧道藏是掌握祈雨术的高僧。道藏祈雨成功事例两次被录入正史《日本书纪》,不仅说明佛教祈雨法得到天武·持统王权的肯定,而且也反映出《日本书纪》编纂者所处的8世纪日本同样认可来自佛教的祈雨。此后遭遇旱灾之时,持统王权依旧多以神祇祭祀作为应灾措施。但是,持统五年(691)四月至六月,飞鸟地区及多地阴雨多水,持统王权除了命令公卿百官禁断酒肉,"摄心悔过"以外,还指示飞鸟地区及畿内的各寺僧侣诵经5天④。持统六年(692)闰五月,因发生大水,持统天皇诏令,"京师及四畿内讲说金光明经"⑤。据此可以推断,在天武·持统时代,与兴隆佛教政策相伴随,王权逐渐地将佛教僧侣祈愿作为恒常的国家应灾措施之一。

---

① 『日本書紀』天武十四年三月壬申条。

② 『扶桑略記』持統六年九月条。

③ 『日本書紀』持統二年七月丙子条。

④ 『日本書紀』持統五年六月戊子条。

⑤ 『日本書紀』持統六年閏五月丁酉条。

第二节　律令制国家的佛教与攘灾祈祷

一、律令制下的寺院与僧尼

佛教本是强调个人觉悟及救济大众的宗教，在佛学的教学钻研中，僧尼所获得的知识或思想可能不利于国家的统治，而且还存在僧尼将不利于君主统治的思想传播给民众的危险，因此王权需要对僧尼采取严厉的统制措施。律令制国家的僧尼令是在天武·持统朝的佛教体制基础上形成的对寺院、僧尼的法制。

律令制之下，寺院创建之后，如果得到朝廷授予的"题额"（或称"额题"，额为寺额之意），即意味着其存在获得了国家的承认，可以合法地拥有土地，即寺田。令制并没有限定寺院占有土地的具体数量，因此在奈良时代的初期，寺院尽可能地多占土地，其数无限。针对寺院滥占土地的现象，和铜六年（713）十月，元明朝廷宣布限制寺院持有寺田的面积，如果寺田的面积超出规定，那么超出部分就要被国家没收。

然而，为了占有土地，获得经济利益，各地相继出现了不少有名无实的寺院，有的寺院在草堂刚刚动工营造之际，就争先恐后地向朝廷请求"额题"，开始占有土地；有的寺院不修房舍，"牛马群聚，门庭荒废，荆棘弥生"，佛像饱尝尘灰，佛典受尽风雨；有的寺院虽然堂塔皆成，但既无僧尼居住，也未闻礼佛之声，檀越（施主）的子孙总握土地权，用以养自己的妻儿，而不供养众僧①。灵龟二年（716）五月，元正天皇宣布寺院合并令，以消除有名无实的寺院，并要求寺院对其所有的财物、田园建立账簿，以便于国司、国师（地方各国的僧官）、众僧和施主的共同检校。养老五年（721），元正朝廷命令东海道、东山道、北陆道、山阴道、山阳道、南海道六道的按察使以及大宰府，巡查其所辖行政区域内的寺院，推动寺院合并令的实施。

此外，令制还明确禁止寺家买地。令制规定："凡官人、百姓并不得将田宅园地舍施及卖易与寺"②。但是，寺家买地现象屡见不鲜。天平十八年（746）三月，圣武朝廷严加禁止京畿内寺院买地的违法行为；五月，朝廷又宣布"禁诸寺

---

① 『続日本紀』霊亀二年五月己丑条。

② 養老田令。

竟买百姓垦田及园地永为寺地"之令①。天平胜宝元年(749)七月,孝谦朝廷对各寺院拥有的垦田数量作了上限的限制,多至 4000 町,少至 100 町②。然而,中央政权的诸项措施似乎见效甚微,寺家买地的行为屡禁不止,延历二年(783)六月,桓武朝廷再次发令严惩卖地给寺院的官人以及姑息寺家买地的官司。

除了寺院以外,佛教传播的另一个关键要素是僧尼。在律令制国家,僧尼是一种社会身份。关于俗家人成为僧尼的资格、手续等,律令没有规定,但是僧尼的剃发出家(得度),必须得到官司的许可。得到官司许可的,即为官度。如果"私作方便,不由官司出家"③,则为私度僧,依照令制规定,不仅私度僧本人,而且私度僧的师父及其所在寺院的僧官等知情者都要被勒令还俗,除此以外还要受到刑律上的惩罚。"户婚律云:私入道及度之者,杖一百,已除贯者徒一年;寺三纲知情者,与同罪者。"④官度的僧尼出家后,其名被登录在僧尼名籍,同时从户籍消名。

僧尼名籍是记录僧尼出家年月、修业年数及德业等内容的籍簿,由京职及诸国的国司作成,每六年更新一次,一式三份,一份保留在京职或国司,一份送中务省,一份送治部省⑤。僧尼名籍送往中务省,只是为了"拟御览而已"⑥,而真正主管佛寺及僧尼名籍的中央官司是治部省的玄蕃寮。

有志成为僧尼的在家人(在俗佛教信者)——被称为优婆塞(男)、优婆夷(女),首先要经过净行阶段,即在师父的指导下,学习读经、诵经等学业。优婆塞、优婆夷的净行时间长短不一,根据正仓院文书保留下来的优婆塞贡进文书,最长的净行时间甚至达到 20 年以上⑦。优婆塞、优婆夷的修业内容也各自不同,以籍贯为山背国爱宕郡贺茂乡冈本里的鸭县主黑人的修业为例,鸭县主黑人 11 岁开始修行,至天平六年(734)时,年龄 23 岁,净行 8 年,修业读经、杂经和诵经,其读诵的经典包括《法华经》、《最胜王经》、《涅槃经》、《方广经》、《维摩经》、《弥勒经》、《仁王经》、《梵纲经》、《观世音经》等⑧。

---

① 『続日本紀』天平十八年三月戊辰条、五月庚申条。

② 『続日本紀』天平勝宝元年七月乙巳条。

③ 『令集解』僧尼令・私度・釈。

④ 『令集解』僧尼令・私度・釈。

⑤ 養老雑令。

⑥ 『令義解』職員令・中務省条。

⑦ 籍贯河内国丹比郡野中乡的船连次麻吕,9 岁开始修行,师父为兴福寺的僧侣禅光,天平十四年(742),在其 30 岁之时,申请得度,净行时间为 21 年(『大日本古文書』2－323～324 頁)。

⑧ 『大日本古文書』1－583～584 頁。

　　当优婆塞、优婆夷的识经论程度堪比僧尼之时，即可申请得度出家。经过道俗（寺院的僧人或官司的官人等）的推举，达到得度水平的优婆塞、优波夷的名字作为"度人"上报给主管官司机构，由官司依据"度人"的才能或修行，最后确定得度者的名单。优婆塞、优婆夷在净行期间，所修学业的具体内容，律令制国家本来是不过问的，但是天平六年（734）十一月，圣武朝廷规定："度人"必须能够背诵《法华经》或《最胜王经》1 部，并且修得礼佛仪式，净行 3 年以上，才能被推举得度①。而天平十三年（741）的国分寺、国分尼寺的佛教政策也是以《最胜王经》和《法华经》构筑护国体制的。由此可见，在僧尼的培养中，佑护国家是极其重要的理念。

　　僧尼得度出家之时，被授予由治部省发行的证书（公验），以证明其僧人身份。除了治部省官僚机构以外，律令制国家对僧尼的统制还采用僧官制度。首先，在佛教界的内部，设置僧纲管理和教导僧尼。僧纲由僧正、僧都和律师构成，僧都又有大僧都、少僧都之分。令制规定，僧纲是必须"用德行能化徒众，道俗钦仰，纲维法务"的僧侣，一经任命，除非其犯有过错受到 10 天苦役以上刑罚或者因年老病弱而无法胜任者，否则不得撤换②。僧纲由京内诸寺僧人推举，天皇任命，常住药师寺③。其次，在地方诸国设置国师，负责管理和教导其国内的僧侣，以及检校其国内寺院的财物等。国师创设于大宝二年（702），其任期年限等同于俗官（国司）④。延历三年（784）五月，国师的在任年限被明确规定以 6 年为限⑤。再有，每一寺院内实施三纲制，即上座、寺主、都维那，统率寺院内的僧侣以及管理寺院的事务。

二、行基集团与水利建设

　　与俗家人的待遇相比，律令制国家对僧尼采取了一定的优遇措施，如免除僧尼的课役等。但在体现佛教普济众生思想的社会实践活动以及僧尼的日常

① 『続日本紀』天平六年十一月戊寅条。

② 養老僧尼令。

③ 药师寺是奈良时代僧纲机构的所在寺院，平安时代以后，僧纲机构移至平安京的西寺。

④ 奈良时代，国司的在任年限几番变更：令制规定为 6 年；庆云三年（706）二月，改为 4 年（《令集解》选叙令·迁代条引用的庆云三年二月十六日格）；天平宝字二年（758）十月，改回 6 年（《续日本纪》天平宝字二年十月甲子条）；天平宝字八年（764）十一月，再次变为 4 年（『続日本紀』天平宝字八年十一月辛酉条）。

⑤ 『続日本紀』延暦三年五月辛未朔条。延历十四年（795）八月，国师改称为讲师，并为终身制，但是延历二十四年十二月，讲师的在任年限又改为 6 年（『貞観交替式』延暦廿四年十二月廿五日太政官符）。

生活方面,律令也作了诸多的规定。根据僧尼令,原则上,僧尼必须常住在寺院内,为国家祈祷及进行教学钻研,如若僧尼为了精进练行要出外乞食或者欲居山林禅行修造,则需要僧尼所在的寺院三纲连署,然后,在京寺院经僧纲、玄蕃寮,地方诸国寺院经国郡司上报治部省,获得许可后,才能付诸行动。不过居山林修行者的行动依然受到当地官人的监督,不能随意离开修行的地点;禁止僧尼借天文灾异现象批评国家的政策,造成民众的动摇;禁止僧尼在寺院之外,设立道场,聚众说法以及擅说罪福的因果;禁止僧尼饮酒、食肉、服五辛(蒜、葱之类);除特定的场合,僧尼不得互入对方的寺院;禁止僧尼房中留宿异性;禁止僧尼焚身舍身等等。这些限制规定反映出律令制国家在运用佛教的护佑王权思想的同时,抑制佛教集团及僧尼偏离王权轨迹的可能性,以确保佛教从属于王权。

虽然律令制国家限制僧尼在寺院外布教,但是依然有僧人致力于佛教的社会实践活动,其中最为有名的是道昭(照)和行基。7 世纪中叶,道昭留学唐王朝,从师于玄奘三藏。留学归国后,在元兴寺东南角建立禅院,当时的"天下行业之徒,从和尚学禅焉";其后,道昭离开禅院,"周游天下,路傍穿井,诸津济处储船造桥";然而,周游 10 余年的道昭最终还是被朝廷请回禅院,其在寺院外的活动终被阻止;文武四年(700)三月,72 岁的道昭坐化,依据他的遗嘱,采取了火葬①。

行基是时代上晚于道昭的僧侣,出生于天智七年(668),逝于天平二十一年(749)。天武十一年(682),15 岁的行基出家。日本的中世时代,有关行基的事迹,存在多种版本的传承,其中,成书于镰仓时代的《三国佛法传通缘起》记载,行基是道昭的弟子。根据正史所载的行基传以及镰仓时代发现的《大僧上舍利瓶记》可知,行基初出家时,就阅读"瑜伽唯识论",并且一读"即了其意";行基不断"苦行精勤,诱化不息",布教于京内与乡村。在他的追随者中,既有僧人,也有俗家人,"动以千数",其所到之处,人人争相礼拜②。庆云二年(705),行基在其故乡和泉国大岛郡创建了寺院大须惠院。

养老元年(717)之时,为了逃避课役,逃离家乡而浮浪四方的民众日益增多,直接影响了国家的财政收入。不少浮浪者③投入王臣家(包括诸王在内的三

---

① 『続日本紀』文武四年三月己未条。
② 「行基大僧正墓誌」(「大僧正舍利瓶記」)、竹内理三編『寧楽遺文』下巻、東京堂出版 1977 年版、第 970 頁。『続日本紀』天平勝宝元年二月丁酉条。
③ 逃亡的人,在其原籍地,被称为"逃亡"者,而在其现住地,则被称为"浮浪"者。

位或五位以上的贵族之家)的门下,寻求王臣家的庇护,或成为王臣家的资人①,或得度出家。此外,令制规定,跟随僧尼的俗人从者(童子)年纪不得超过 17 岁,这是因为 16 岁以下者是无须负担赋役的不课口,但事实上,僧尼的俗家人从者中,年纪超过 17 岁的现象也是屡见不鲜②。在这种背景下,僧人与俗家人共存的行基集团及其宗教活动,使朝廷感到了危险,担忧会导致僧俗秩序混乱,从而造成民众忘记经济生产活动。因此,养老元年(717)四月,元正天皇发布诏令,布告村里,禁止不隶属寺院的私度僧的愈来愈多以及僧尼不遵守律令规定等违法行为。在元正诏书中,特别指名道姓地指责行基及其弟子的宗教活动,相关内容抄录如下③:

> 方今,小僧行基并弟子等,零叠街衢,妄说罪福,合构朋党,焚剥指臂,历门假说,强乞余物,诈称圣道,妖惑百姓。道俗扰乱,四民弃业。进违释教,退犯法令。

依据诏文的描述,行基及其弟子或在街巷布教或是一家一家地传教,形成以共同信念为纽带的团体,并且树立行基已得圣道的形象。在诏文列举的行基及其弟子的"扰乱僧俗秩序"的诸项行为中,有一项是"强乞余物","余物"的含义是指衣服财物之类。令制规定,僧尼在外捧钵告乞时,不得乞食物以外之物。

　　根据隋朝僧侣慧远撰写的《大乘义章》,僧尼有 6 种食生活方式,即乞食、第乞、不作余食法食、一座食、一揣食(亦名节量)及不中后饮浆,其中乞食者又有上、中、下三品之分,上品之人不吃僧食、檀越(施主)请食,只是捧钵乞食,"一者为自省修道;二者为他福利世人"④。显然,捧钵乞食是佛教界推崇的一种僧尼的宗教性实践活动。因此,相比律令制国家主张的僧尼居寺护国,行基及其弟子的托钵化缘不仅更为体现佛教的普济思想,而且还是行基集团获得经济来源的主要手段⑤。

① 资人是律令制国家允许五位以上的有位者或者身居大臣、大纳言之位者所拥有的从者。根据令制规定,资人免除课役。
② 养老元年五月,元正天皇发布诏令禁止王臣家私收浮浪人为资人,并重申有关僧尼的俗人从者的令制规定(『続日本紀』養老元年五月丙辰条),由此可以窥见当时违法现象的普遍性。
③ 『続日本紀』養老元年四月壬辰条。
④ 《大乘义章》卷第十五·净义,引自《大正藏》卷 44,第 764 页。
⑤ 田村圆澄「行基と僧尼令」,『日本佛教史 2 奈良·平安時代』,法藏館、1986 年,第 185—205 頁。

　　行基的追随者中,既有下级官人、地方豪族,也有农民、浮浪人,更有女性信者①。根据养老六年(722)七月的太政官奏文,当时的平城京内,在僧尼的布教下,一些身为人妻的女性成为信者,并且自剃头发,私度为尼,不顾双亲与配偶,带着孩子离开家,或者"负经捧钵乞食于街衢之间",或者"于坊邑害身烧指,聚宿为常",这种现象被朝廷视为"初似修道,终为奸乱,永言其弊,特须禁断"②。

　　虽然元正朝廷对行基及其弟子的宗教活动颇加指责,明令禁止,但是却看不到朝廷依据律令采取处罚的措施。行基集团仍然在不断地发展,继续从事佛教的社会实践活动。灵龟二年(716)至神龟二年(725),行基在畿内地区就先后创建了恩光寺、登美院、石凝院、高渚院、高渚尼院、山崎院七寺,作为其布教活动的据点。

　　根据《续日本纪》等文献史料记载,在行基的社会实践活动中,非常重要的一项就是建造交通及灌溉设施,即借用成为"知识"(追随僧尼,与佛道结缘,行造寺、造佛、写经等善行的事或人)的地方豪族的财力,行基"亲率弟子等,于诸要害处造桥筑陂,闻见所及咸来加功,不日而成"③。桥、池、沟渠等交通、灌溉设施对于农业社会的民众来说,受益长久,因此当时的民众尊称行基为菩萨,这也是行基集团不断发展的重要原因,随着行基的足迹,由其建立的寺院(修行之院)也不断出现。

　　12世纪成书的《行基年谱》记载,行基自少年起至庆云元年(704)的37岁都在栖息山林修行,因此行基似乎是庆元元年以后开始"筑池掘河度桥伏通樋掘沟"的④。行基集团建造的池、沟、樋等灌溉设施包括池15所(河内国的狭山池,和泉国的土室池、长土池、荐江池、桧尾池、茨城池、鹤田池、久米多池、物部田池,摄津国的崐阳上池、崐阳下池、院前池、中布施尾池、长江池、有部池),沟7所(河内国的古林沟,摄津国的崐阳上沟、崐阳下池沟、长江池沟,和泉国的物部田池沟、久米多池沟)、樋3所(河内国的高濑堤樋、韩室堤樋、茨田堤樋)等⑤。

　　行基集团所建的池沟,一般认为是属于灌溉性质的设施。根据日本学者对崐阳上池、下池所在地(今兵库县伊丹市)的地质研究,伊丹台地东有猪名川,西

---

① 勝浦令子「行基の活動における民衆参加の特質——都市住民と女性の参加をめぐって」,『史学雑誌』第91巻3号,第37—58頁。
② 『続日本紀』養老六年七月己卯条。『類聚三代格』僧尼禁忌事・養老六年七月十日太政官謹奏。
③ 『続日本紀』天平勝宝元年二月丁酉条。
④ 『行基年譜』慶雲元年三十七歳条。
⑤ 『行基年譜』天平十三年記。

有武库川，一条陷没带(昆阳池陷没带)斜跨台地的中部，其凹洼地就是崐阳上池、下池等池的建造地；从北摄山地流下的水在陷没带改变流向，流入猪名川或武库川，但是一旦洪水发生，水就会溢出陷没带，南部台地遭受洪水灾害，北部地区形成内水状态，因此崐阳上池、下池等池的建造是为了防止河水向南部台地溢流，对北部地区的内水起到排水作用，同时又可灌溉田地①。也就是说，行基集团建造的沟渠不单是灌溉设施，也是为了防止河水泛滥的防灾设施。

754 年，圣武天皇登祚后，朝廷对行基的社会实践活动的看法，有了新的变化。天平三年(730)八月，圣武天皇发布诏令，有条件地允许追随行基的男性 61岁以上，女性 55 岁以上的优婆塞、优婆夷等出家②。在圣武诏文中，行基被称为"法师"，与养老元年诏文对行基使用贬称"小僧"形成明显对照，显而易见，朝廷对待行基及其宗教活动的态度发生了转变。得到朝廷认可的行基，其在畿内地区的布教活动进一步活跃，根据《行基年谱》的记载，行基在天平年间创建的寺院数，天平三年(731)3 寺，天平五年(733)2 寺，天平六年(734)5 寺，天平九年(737)3 寺，共 13 寺。

天平十五年(734)十月，圣武天皇发愿铸造卢舍那佛金铜像，行基率领弟子向民众筹集建造大佛的资金。天平十七年(736)正月，圣武天皇任命行基为大僧正。至此，曾经遭到指责的行基及其社会实践活动不仅得到王权的认可，而且还成为推进王权佛教事业的一分子，而这种变化既与圣武朝的佛教政策密不可分，似乎也与行基的社会实践活动关联防灾措施有关。

三、国分寺、国分尼寺的应灾作用

1. 圣武时代的佛教政策

圣武在位期间(724—749)，长屋王之变、藤原广嗣之乱等政治事件的发生，以及连续不断的饥馑、疫病，都给圣武王权的统治带来了不安稳的因素。神龟六年(729)六月，即长屋王事件发生后的 3 个多月后，平城宫内以及畿内、七道诸国，从中央到地方同时举行讲读《仁工经》的法会(仁王会)。前已叙述，《仁王经》是内含佑护王权思想的护国经典，奈良时代的仁王会，往往是在王权、国家

---

① 龟田隆之「用水をめぐる地方豪族と農民」、『日本古代用水史の研究』、吉川弘文館、1973 年、187—214 頁。

② 『続日本紀』天平三年八月癸未条。

发生危机之际临时举行,以祈愿国土的安宁[①]。除了《仁王经》以外,《金光明经》、《最胜王经》、《法华经》和《大般若经》等也被视为护国经典,通过定期或临时举行讲读、转读特定的护国经典的法会,祈祷佛护佑国家的平安。

护国经典的法会举行之际,僧人们所使用的佛教经典版本的选择与颁布是在国家、王权主导下进行的[②]。例如《金光明经》有多种译本,在日本,《金光明经》成为护国经典以后,地方各国使用的版本也不尽相同,既有北凉昙无识译的《金光明经》(4卷),也有隋宝贵集成的《合部金光明经》(8卷),但是神龟五年(728)十二月,朝廷向地方诸国颁布《金光明最胜王经》(唐义净译,10卷),每国1部,以此统一地方各国使用的经典版本。

写经(抄写经典、疏等)被认为是一种积累功德的行为[③]。天平年间(729—749),在国家、王权的推动下,开展了大规模的写经事业,其中最为有名的事例即是皇后光明子发愿的一切经写经事业[④]。光明子本人是佛教信仰者,成为皇后以后,利用佛教树立自己的权威。在登上皇后之位的翌年,即天平二年(730),光明子设置悲田院,并在皇后宫设立施药院。悲田、施药两院都是社会福利性质的机构,用"以疗养天下饥病之徒"[⑤],从而树立皇后的普济广救的形象。天平六年(734),在唐留学17余年的僧侣玄昉随日本遣唐使回国,并带回经论五千余卷[⑥]。天平八年(736),开始了以玄昉带回的经论为底本的写经事业。这一写经事业是皇后光明子为了供养父母以及祈愿天皇的统治永延及安宁而发愿的,历经20年,于天平胜宝八岁(756)结束,所抄写的经文包括大乘小乘的经律论、贤圣集传、别生经、疑伪经、录外经、章疏等,总数约达6500卷[⑦]。带回唐朝经论的玄昉也受到圣武天皇的重用,直接被任命为僧纲的最高官——

① 中林隆之「護国経典の読経」、平川南等編『文字と古代日本4 神仏と文字』、吉川弘文館2005年、第175—194頁。

② 本郷真紹「奈良平安時代の宗教と文化」、歴史学研究会、日本史研究会編『日本史講座 律令国家の展開』、東京大学出版会2004年、第191—222頁。

③ 写经事业中,具体担当抄写经文的是写经生,但写经生并不是僧人,而是字写得好的俗人。写经所是写经生日日抄写经文以及食住的地方,由下层官人管理。写经生抄写完成的经文,要经过校生的校对,若发现脱字、误字,写经生的报酬就要被扣减。

④ 皇后光明子发愿的一切经写经事业中抄写完成的现存的各经典,其末尾都附记着天平十二年五月一日的光明子的愿文,因此也称五月一日经。

⑤ 『続日本紀』天平宝字四年六月乙丑条。

⑥ 『続日本紀』天平十八年六月己亥条。

⑦ 勝浦令子「仏教と経典」、上原真人等編『列島の古代史7 信仰と世界観』、岩波書店2006年、第51—88頁。

僧正。

2.国分寺、国分尼寺的营造

除了写经事业以外,造佛、造寺事业也是意在巩固国家及王权的手段之一,同时也是应对灾害的措施。天平七年(735)至天平九年(737)的三年间,日本列岛持续经受了严重的灾害。天平七年和天平八年(736),由于灾害,农作物颗粒不收,陷入饥荒;天平七年和天平九年,疾疫(豌豆疮、疱疮)流行,病死者众多。连续的灾害对国家的政局及经济的影响深刻,特别是天平七年和天平九年的疫病影响尤为严重。作为应灾措施之一,朝廷遣使向神祇祈愿,但是效果未然。天平九年(737)五月的圣武诏令言及"疫旱并行,田苗燋萎。由是祈祷山川,奠祭神祇,未得效验,至今犹苦"①;又同年(737)七月,大赦天下的圣武诏令亦言,"比来缘有疫气多发,祈祭神祇,犹未得可"②。在这种情势下,以圣武天皇为中心的政治体制加重了佛教在防灾、应灾中的地位与作用。

天平九年(737)三月,圣武天皇诏令地方诸国各造释迦佛像1尊,胁侍菩萨2尊,并写大般若经1部③。天平十二年(740)六月,"令天下诸国,每国写法华经十部,并建七重塔焉"④。天平十三年(741),经历了藤原广嗣之乱的圣武天皇,诏令天下诸国建造金光明四天王护国之寺(国分寺)和法华灭罪之寺(国分尼寺)二寺,并规定:国家给每国的国分寺的封户为50户,水田10町,国分尼寺也是水田10町;国分寺的僧人数为20人,国分尼寺为10人;每个国分寺建造1座七重塔,塔内放置金字金光明最胜王经1部;每月八日,国分寺、国分尼寺的僧尼,必须转读最胜王经,每至月中,诵戒羯磨;每月的斋日,禁止渔猎杀生⑤。然而,由于国分寺、国分尼寺建造所需费用,出自地方财政,因此诸国的国司对于国分寺的建造并不积极,直至天平十九年(747)年末,有的地方的国分寺甚至尚未开工。为此,天平十九年十一月,朝廷派出官人前往七道诸国,督促各国的国分寺建造。同时,对国分寺、国分尼寺增加田地,其数量分别是90町和40町,由此,国分寺拥有的法定田地达到100町,国分尼寺为50町⑥。

圣武时期的优遇国分寺、国分尼寺政策,在其后的孝谦(称德)时代得到延

---

① 『続日本紀』天平九年五月壬辰条。
② 『続日本紀』天平九年七月乙未条。
③ 『続日本紀』天平九年三月丁丑条。
④ 『続日本紀』天平十二年六月甲戌条。
⑤ 『続日本紀』天平十三年三月乙巳条。
⑥ 『続日本紀』天平十九年十一月己卯条。

续。天平胜宝元年(749)七月,孝谦朝廷规定诸寺院可以拥有的垦田面积,其中,诸国的国分寺各为1000町,国分尼寺是400町①。天平宝字八年(764)十一月,称德朝廷向诸国下达了由4条内容构成的"勤造国分寺并禁犯用寺物"太政官符,其中有1条的内容是:国分寺的寺封(封户)及寺田的地子由国分寺收纳,如果国司要动用,必须听从国师的意见②。这一措施的目的是从经济上保证国分寺的经营。天平神护二年(766)八月,进一步将国分寺、国分尼寺的寺田耕营责任者由国司移向寺院的三纲。

关于国分寺、国分尼寺的建造目的,发布于天平十三年的国分寺、国分尼寺建造诏令中,有明确叙述,在此抄录相关部分如下③:

> 朕以薄德,忝承重任。未弘政化,寤寐多惭。古之明主皆能先业,国泰人乐,灾除福至。修何政化,能臻此道。顷者年谷不丰,疫疠频至,惭惧交集,唯劳罪己。是以广为苍生遍求景福。故前年,驰驿增饰天下神宫。去岁,普令天下造释迦牟尼佛尊像高一丈六尺者各一铺,并写大般若经各一部。自今春已来,至于秋稼,风雨顺序,五谷丰穰。此乃徵诚启愿,灵贶如答,载惶载惧,无以自宁。案经云,若有国土讲宣读诵,恭敬供养,流通此经王者,我等四王,常来拥护。一切灾障,皆使消殄。忧愁疾疫,亦令除差。所愿遂心,恒生欢喜者。宜令天下诸国各敬造七重塔一区,并写金光明最胜王经,妙法莲华经各一部。朕又别拟写金字金光明最胜王经,每塔各令置一部。所冀,圣法之盛,与天地而永流。拥护之恩,被幽明而恒满。其造塔之寺,兼为国华。必择好处,实可长久。近人则不欲薰臭所及。远人则不欲劳众归集。国司等各宜务存严饰,兼尽洁清。近感诸天,庶几临护。布告遐迩,令知朕意。

从上述诏文内容可知,圣武王权之所以出台建造国分寺、国分尼寺政策,与天平十三年之前的饥馑、疫病等灾害的频发密切相关,作为精神纽带性质的应灾措施,遭遇灾害时,圣武王权会举行神祇祭祀与造佛诵经祈愿等仪式或行事,而建

---

① 『続日本紀』天平勝宝元年七月乙巳条。
② 『類聚三代格』卷三・国分寺事・天平宝字八年十一月十一日太政官符。
③ 『続日本紀』天平十三年三月乙巳条。

造国分寺、国分尼寺也是为了"一切灾障,皆使消殄。忧愁疾疫,亦令除差",从而欲求佛神守护国家,以永固国家统治和社会稳定。

在建造国分寺、国分尼寺的国策之后,天平十五年(743)十月,辗转于迁都之中的圣武天皇又发愿铸造卢舍那佛金铜像,宣言要"尽国铜而镕像,削大山以构堂",以其"天下之富"与"天下之势"造此佛像,并动员所有阶层的人们,哪怕是"持一枝草一把土"也属于协助铸造佛像事业①。这尊卢舍那佛金铜像,亦称东大寺大佛,其铸造的完成历经多年。

在发愿铸造卢舍那佛金铜像不久,圣武天皇于紫香乐宫宣布:为奉造卢舍那佛像,开土建造置放佛像的寺地,即甲贺寺之地。一般认为,位于滋贺县甲贺郡信乐町黄濑的寺院遗址就是甲贺寺的所在。天平十六年十一月(744),在甲贺寺举行了开始建造卢舍那佛像体骨柱的仪式,圣武天皇亲自参加,平城京的大安寺、药师寺、元兴寺和兴福寺的众僧也都会集于甲贺寺。此后,由于迁都等事宜,在甲贺之地的卢舍那佛像铸造事业中止。

天平十七年(745)五月,圣武天皇返都平城京;八月,在大和国添上郡山金里(平城京的东郊),圣武天皇以袖运土,为佛像的台座加土,重新开始卢舍那佛像的铸造事业。造佛之地改在大和国的国分寺——金光明寺(金钟寺)。天平十八年(746)十月,圣武天皇、元正太上天皇、光明皇后行幸金钟寺,点燃 15700 余灯火供养卢舍那佛,数千僧人参加供养仪式②。天平十九年(747)九月,卢舍那佛像的主体开始铸造。同年(747),随着铸造卢舍那佛像事业的推进,金光明寺改称为东大寺,因此东大寺具有国分寺性质,可以说是由天皇主建的最大国分寺。天平胜宝元年(750)十月,经过 3 年时间的 8 次铸造,卢舍那佛像的主体基本完成。其后,天平胜宝年十二月至天平胜宝三年(752)六月,铸造佛像的螺发 966 个;天平胜宝四年(753)三月,开始佛像的涂金作业,四月,在涂金作业尚未完成的状态下,举行了大佛开眼供养仪式③。卢舍那佛金铜像共耗费铜量达

---

①　『续日本纪』天平十五年十月辛巳条。

②　『续日本纪』天平十八年十月甲寅条。

③　『东大寺要录』卷一。

739560 斤①，铸造大佛的铜是"西海之铜"②。

天平二十一年（749）正月，圣武天皇请大僧正行基为其戒师，受菩萨戒出家，法名胜满。同年（749）四月一日，圣武天皇行幸东大寺，光明皇后、阿倍内亲王及群臣百寮随行，在尚未完成的卢舍那佛像前，圣武天皇居南朝北面向佛像，由橘诸兄宣读诏词。诏词中，圣武天皇自称为"三宝之奴"。由此，圣武天皇将自己定位在佛与众生之间，意图通过佛教秩序获得更大的宗教性权威③。

天平年间的造佛、造寺事业间接地造成国家对寺院建立、僧尼得度的严格限制政策变得缓和与松弛。天平七年（735）六月，圣武朝廷停止了自灵龟二年（716）以来的寺院合并政策，改为督促各寺院不得懈怠寺内设施的修造。天平十九年（747）十二月，敕令诸国，若有百姓情愿造塔，则听任其愿望。同时，得度者的数量也大幅增多。数百人同时得度的现象已是司空见惯，数千人同时得度的情况也时有发生，例如神龟二年（725）九月，为了攘除地震灾异，同时官度3000人出家；天平十七年（745）九月，圣武天皇身体不豫，为祈愿天皇康复，同时官度3800人出家；天平二十年（748）十二月，为了遣使镇祭佐保山陵（元正的山陵），同时官度僧尼共2000人④。得度的容易性导致众多的僧尼中，难免有在修行、学问等方面欠佳之人。天平胜宝六年（754），唐僧鉴真历经万难抵达日本，翌年（755），在东大寺设立戒坛院，加强戒律的贯彻。

在平安时代，作为国家的应灾对策，国分寺与国分尼寺发挥着不可忽视的作用，举例如下：

①大同三年（808）五月，因疫病流行及饥馑，平城天皇在自省、免调、医药营救、赈济等措施之外，还命令诸国的国分寺、国分尼寺的僧尼转读大乘经17天⑤。

②弘仁十三年（822）八月，由于灾害频发、年谷不登，诸国国分寺、国分尼寺

---

① 『東大寺要録』卷二・大佛殿碑文。
② 『東大寺要録』卷二・銅銘文。奈良时期的铜主要来源于周防、长门二国，而且正仓院收藏的"丹里文书"中的"造东大寺司牒 长门国司"，也证实长门国的铜确有送至东大寺。"造东大寺司牒 长门国司"是造东大寺司收到长门国发来的铜之后，写给长门国司的文书。根据文书内容可知，长门国送来的26474斤铜品质不一，生铜中，下品居多，熟铜中，又有未熟铜，使得造东大寺司非常不满（『大日本古文書』25－156～157 頁。
③ 本郷真紹「奈良仏教と民衆」、佐藤信編『日本の時代史4 律令国家と天平文化》、吉川弘文館、2002年，第180－202 頁。
④ 『続日本紀』神亀二年九月壬寅条、天平十七年九月癸酉条、天平二十年十二月甲寅条。
⑤ 『日本後紀』大同三年五月辛卯条。

受命连续 7 天 7 夜举行悔过法会①。

③天长七年（830）四月，大宰府辖内地区及陆奥、出羽等国疫病流行，淳和朝廷命令诸国各选僧侣二十名以上，于各国的国分寺，为除不祥，转读金刚般若经 3 天②。

④承和四年（837）六月，疫病时时发生，"疫苦者众"，为了消除灾疫，欲借助"般若之力"，仁明天皇诏令诸国各选 10 名以上 20 名以下僧侣，于各国的国分寺连续三日昼读金刚般若经，夜修药师悔过法③。

此外，古代日本的佛教应灾也吸收了中国要素。例如天平宝字二年（758），太史上奏至淳仁天皇，预测翌年（759）将发生水旱疾疫之灾。为了避免诸灾害的发生，淳仁天皇命令天下诸国，无论男女老少，都要念诵摩诃般若波罗密多，所谓"摩诃般若波罗密多者，是诸佛之母也，四句偈等受持读诵，得福德聚不可思量。是以天子念，则兵革灾害不入国里。庶人念，则疾疫疠鬼不入家中，断恶获祥莫过于此"④。"疾疫疠鬼"之语的使用，可以说是中国古代疫鬼思想的反映。

第三节　天台、真言二宗与镇护国家

宝龟元年（770），称德女皇病逝，天智系的光仁天皇即位。同年（770）十月，于天平宝字八年（764）开始实施的禁止在山林寺院读经悔过的禁令被解除，僧侣的正常的山林修行佛教活动得到了允许⑤。宝龟二年（771）正月，全国性地停止"吉祥天悔过"之法的举行⑥。宝龟三年（772）三月，设置十禅师制，选出"或持

---

① 『類聚国史』卷 173・凶年・弘仁十三年八月戊午朔条。

② 『類聚国史』卷 173・疾疫・天长七年四月己巳条。

③ 『続日本後紀』承和四年六月壬子条。药师悔过法，是以药师如来为本尊的法会，通过佛前忏悔，读修《药师经》，以祈求消灾。日本有关药师悔过的记载，初见于《续日本纪》天平十六年十二月壬辰条。

④ 『続日本纪』天平宝字二年八月丁巳条。

⑤ 山林修行是指僧人在深山或洞窟的修行。经过山林修行的僧侣往往被认为具有特别的咒力。

⑥ 吉祥天悔过之法是依据最胜王经的法会，以吉祥天为本尊，通过佛前忏悔以乞求免除恶报的仪式。在佛典中，吉祥天是毗沙天门的妹妹，可以施与众生大功德。关于吉祥天悔过之法的记载，《续日本纪》中，初见于神护景云元年（767）正月己未条，称德天皇为了祈愿"天下太平，风雨顺时，五谷成熟，兆民快乐"，命令诸国的国分寺每年的正月"修吉祥天悔过之法"。但是根据正仓院文书，天平宝字八年（764）就已存在该法会（『大日本古文書』5－468～469 頁等）。天平宝龟三年（772）十一月，光仁朝廷又恢复了吉祥天悔过之法。

戒足称,或看病著声"的 10 位禅师,他们的职责是在宫中祈祷天皇的平安①。宝龟十年(779)八月,命令诸国报告僧尼籍记载的僧尼的生死、住处,加强国家对僧尼的统制,同时朝廷根据僧尼籍,规定除兼备智慧与德行者之外,其他居住在平安京的国分寺僧尼都必须返回本国。显然,以光仁天皇为核心的政治体制的佛教政策,有意识地改革圣武天皇以来的佛与天皇的关系,重新将佛的位置放于天皇的统制之下②。

延历十三年(794)十月,桓武天皇迁都平安京。与奈良时代平城京内寺院林立不同,平安京内只设置了新创的东寺、西寺二寺,分列于罗城门的左右。从寺院的数量及其在平安京布局的位置可以推断,桓武天皇意欲寻求不同于奈良佛教的"新佛教"。

平安时代,"新佛教"的代表性人物是最澄和空海两位名僧,在天皇、朝廷的支持下,分别建立了天台宗与真言宗,二者都与密教相关。

一、最澄与天台宗的创立

1. 最澄初晓天台学

最澄出生于神护景云元年(767),近江国滋贺郡人。自幼崇信佛道,12 岁时,进入近江国分寺,成为近江大国师行表的弟子;15 岁时,补国分寺僧之缺,得度出家;20 岁时,于东大寺受戒。受戒之后,最澄登上位于京都东北方的比叡山,在山中结草为庵,开始了山林修行。身在山中的最澄读《法华经》、《金光明经》等大乘经典,尤其关注《大乘起信论疏》、《华严五教章》等华严的章疏,由于华严宗的学说内含大量的天台宗的学说,因此最澄通过披览华严的章疏,知晓天台学说的存在,并以天台的释义为指南。延历十六年(797),最澄被任命为内供奉十禅师之一。

《法华经》是天台教学的基本经典。延历十七年(798)十一月,最澄在比叡山创立法华十讲法会。此后,该法会每年举行。奈良时代,南都(平城京)的七大寺(东大寺、兴福寺、元兴寺、大安寺、药师寺、西大寺、法隆寺)是三论宗、成实宗、法相宗、俱舍宗、华严宗、律宗六宗学派(即所谓的南都六宗)的教学研究活动中心,聚集着各宗学派的博达之人。延历二十年(801)十一月,最澄邀请南都

---

① 『続日本紀』宝亀三年三月丁亥条。
② 本郷真紹「奈良仏教と民衆」。

七大寺的 10 位高僧到比睿山讲演法华等经典，"听闻六宗之论鼓"①。由此可以推测，在最澄的思想形成过程中，南都佛教各学派起到了重要的作用。

延历二十一年（802），和气氏在高雄山寺（和气氏寺）举行法会，最澄作为法会的讲师之一，应和气弘世的邀请，在法会上讲说法华经。以此为契机，桓武天皇开始注意到最澄的天台教学。自奈良时代后期以来，三论宗和法相宗之间相互争理，各自坚持己说，批评他说。最澄的天台学说让桓武天皇感觉耳目一新，所谓"其中所说甚深妙理，七个大寺，六宗学生，昔所未闻，曾所未见，三论法相久年之诤，涣焉冰释，照然既明，犹披云雾而见三光矣"②。最澄在给桓武天皇的上表文中，阐述了天台与三论、法相的不同，即"三论与法相二家，以论为宗，不为经宗也"，而"天台独斥论宗，特立经宗"，"论"与"经"的不同是"论者此经末，经者此论本。舍本随末，犹背上向下也；舍经随论，如舍根取叶"③。

2. 最澄入唐求法

同年（802）九月，桓武天皇就可否兴隆天台教学一事，询问和气弘世。于是，和气弘世与最澄相商，最后由最澄上表文给桓武天皇，请求派遣留学僧前往唐朝学习天台宗。在呈上表文之时，最澄自己并无亲赴唐求法之打算，但是桓武天皇却认为最澄是前往唐朝学习天台的不二人选，诏令最澄亲自赴唐求法。由于最澄从未学习过汉音，不懂唐朝语言，因此为了求学时便于咨询，最澄上表桓武天皇，请求让"幼学汉音，略习唐语"的弟子义真随他一同去唐朝④。延历二十三年（804）七月，最澄一行携带金字妙法莲华经 1 部（8 卷，外标金字）、金字无量义经 1 卷、普贤观经 1 卷以及屈十大德疏 10 卷、本国大德争论 2 卷、水精念珠10 贯、檀龛水天菩萨 1 躯（高 1 尺）等物，乘坐遣唐使团 4 条船中的第 2 船，从肥前国出发，九月抵达明州（宁波）⑤。

明州上岸之后，最澄于唐贞元二十年（804）九月十五日出发前往台州。九月二十六日，最澄一行抵达台州，谒见刺史陆淳，并赠送金 15 两以及筑紫的斐纸、笔、墨等物。陆淳推辞金物，最澄通过翻译请陆淳以金买纸，抄写天台止观。于是陆淳命令天台宗第七祖兼天台山修禅寺座主的道邃组织人员抄写天台经典。道邃是天台第六祖湛然的弟子。同月（九月）下旬，最澄一行巡礼天台山国

---

① 『日本高僧伝要文抄』第二・伝教大師伝。
② 『日本高僧伝要文抄』第二・伝教大師伝。
③ 『日本高僧伝要文抄』第二・伝教大師伝。
④ 『顕戒論縁起』請求法訳訳語表一首。
⑤ 『顕戒論縁起』大唐明州向台州天台山牒一首。

清寺,受到了群僧的欢迎。当时,台州刺史陆淳邀请道邃在台州龙兴寺讲说天台的"摩诃止观"等。从国清寺返回台州的最澄不仅亲耳聆听了道邃的讲学,而且还师从道邃学习天台教学。之后,道邃给最澄授菩萨戒。此外,湛然的弟子、天台山佛陇寺的座主行满感叹最澄不远万里来唐求法的精神,亦向最澄传授天台之法,并赠送天台法华宗疏记 82 卷[①]。在接受道邃、行满等正统天台学的传授并求得天台法华宗疏记 102 部(240 余卷)经论以后,翌年(805)三月下旬,最澄一行从台州出发返回明州,等待返回日本的船只。在等船的间隙,四月初,最澄以"台州所求目录之外,所欠一百七十余卷经并疏等,其本今见具足在越州龙兴寺并法华寺"为由,前往越州[②]。当时,泰岳灵严寺镇国道场大德、内供奉的顺晓和尚恰在龙兴寺附近修行。顺晓和尚是密宗的正统传人,其师父新罗僧义林是密教大日经系的创立人——印度僧善无畏的弟子。在越府峰山顶道场,最澄入灌顶坛,接受顺晓和尚的灌顶传法。其时,作为传法的证明,顺晓和尚授给最澄三部三昧耶的印信[③],由此,最澄成为顺晓的弟子,也就是善无畏的法曾孙。在越州龙兴寺,最澄求得真言等并杂教迹等 102 部(115 卷)以及种种的密教灌顶道具[④]。此后,最澄从越州回到明州,继续等待返回日本的归船。五月十八日,遣唐使的第一船、第二船从明州同时出发,驶向日本。来唐之时,最澄乘坐的是遣唐使船队中的第二船,但是在返回日本时,遣唐大使藤原葛野麻吕安排最澄乘坐第一船。六月五日,第一船到达了对马岛下县郡。

3. 日本天台宗的成立

回到日本后,最澄向桓武天皇复命,献上从唐朝求得的经疏等物。桓武天皇欣喜,立即命令为南都七大寺抄写最澄携来的天台经典。同年(805)八月,桓武天皇请最澄在内里举行悔过读经仪式,最澄献上了唐朝的佛像。同月(八月),在桓武天皇的旨意下,高雄山寺建立了日本最初的灌顶道场。九月,遵循桓武天皇的敕令,在高雄山寺设立毗卢遮那都会大坛,道证、修圆、勤操、正能、延秀、广圆等来自南都六宗的 8 位高僧,接受最澄的灌顶传授三部三昧耶[⑤]。此外,桓武天皇还命令最澄在内里行毗卢遮那法。灌顶传法和毗卢遮那法都是密教的仪式,对于志在弘扬天台宗的最澄而言,桓武天皇对密教的注目恐怕是出

---

① 『日本高僧伝要文抄』第二・伝教大師伝。
② 『顕戒論縁起』大唐明州向越府牒一首。
③ 在密教中,印信是证明阿阇梨传法的文书,由阿阇梨授予给弟子。
④ 『顕戒論縁起』越州求法略目録并鄭審則詞一首。
⑤ 『顕戒論縁起』賜向唐求法最澄伝法公験一首、伝三部三昧耶公験一首。

乎他的意料之外的。

延历二十五年(806)正月三日,最澄向桓武天皇上表,请求朝廷正式承认新法华宗(天台宗),提出将年分得度者①的人数定为 12 人,其中"华严宗二人;天台法华宗二人;律宗二人;三论宗三人,加小乘成实宗;法相宗三人,加小乘俱舍宗"②。不言而喻,最澄的上表将天台宗的地位提升至与南都六宗相提并论的高度。对于最澄的上表,朝廷反应迅速,翌日(四日)即询问僧纲的意见;五日,僧纲上表同意最澄的意见;二十六日,朝廷宣布诸宗年分度者数及各宗学业内容,其中,各宗年分度者的人数依如最澄的上表文。天台宗的两名年分度者的学业分别被规定为:一人读大毗卢遮那经,一人读摩诃止观。大毗卢遮那经是密教的经典,摩诃止观是天台宗的主要论书。也就是说,密教被纳入了天台教学的体系之中。密教只是最澄赴唐求法时的意外收获,而且由于时间仓促的缘故,最澄所掌握的密教修法也是不完全的。因此随着与承袭正统密教的空海的关系破裂,弘仁七年(816)以后,最澄开始专心致力于弘扬天台教学。

弘仁四年(813)以后,最澄与南都六宗之间的对立日益激烈化。其中最有名的是最澄与法相宗高僧德一以及僧纲的争论,除了佛教学问之争以外,还有弘仁年间灾害连发的社会背景。例如僧纲反驳最澄的四条式时,有"所住国邑、灾祸繁多;所住聚落,死亡不少"等句。而最澄在强调天台宗僧侣护国之力时,亦有"除三灾于国家"等表达。③ 弘仁十三年(822)六月,最澄在比叡山的中道院圆寂,终年 56 岁。不久,嵯峨天皇敕许在比叡山设立大乘戒坛,最澄的夙愿得以实现。

4. 天台宗的祈雨

无论是最澄的入唐,抑或是天台宗的创建,都得到了天皇与朝廷的大力支持,因此天台宗具有佑护天皇与国家的性质是不言而喻的④。为天皇、国家祈祷

---

① 年分度者制度是国家管理僧尼的手段之一,规定每年得度的人数一定。自持统朝时期以来,国家规定的年分度者的人数一直是 10 人。

② 『顕戒論縁起』請加新法華宗表一首。

③ 『顕戒論』卷中・開示假名菩薩除災護國明拠。

④ 承和六年(839)五月,仁明天皇发愿,延历寺转读《仁王经》5000 千卷(『続日本後紀』承和六年五月丁酉条)。仁和三年(887),天台宗延历寺座主圆珍上表,请求增加延历寺年分度僧二人,一人大毗卢遮那经业,为大比叡神分,一人一字顶轮王经业,为小比叡神分。圆珍的上表文有"当寺(延历寺)法主大比叡、小比叡两明神,阴阳不测,造化无为,弘誓亚佛,护国为心。所传真言灌顶之道,所建大乘戒坛之捡,祖师创开,专赖主神。若不然者,何立此业,永镇国家"之语,显示出天台宗的镇护天皇及国家性质(『日本三代实录』仁和三年三月十四日戊子条)。

消灾是佛教发挥其"镇护国家"作用之重要职责。以旱灾为例,作为应灾措施的祈雨行事,僧侣祈祷与神祇祭祀常常是同时举行的。尤其是如后所述,真言宗的密教祈雨方法受到了朝廷的极度重视。不过,随着圆仁及其后的圆珍将新的密教咒术性经典从唐带回日本,密教化的天台宗同样也拥有不同于真言宗的祈雨法。熙宁六年(1073)三月,在北宋首都开封因为正月至二月没有降雨,当时恰好在开封的日本入宋僧成寻受宋神宗圣旨之命,举行了祈雨行事。祈雨成功后,行事张太保向成寻询问其所用的祈雨法,成寻回答如下:

> 成寻是天台宗智证大师门徒。祖师从青龙寺法全和尚究学真言秘奥,有水天祈雨秘法,有俱哩迦龙祈雨法。智学传受,而修法花法,所以何者。唐朝光宅寺(法)云法师讲法花经祈雨至药草喻品"其雨普等四方俱下"之文,大感降雨。加之诵法花人感雨其数。况八大龙王皆蒙於"阎浮提可降雨"佛敕。若干眷属在法花座,此曼陀罗中列诸龙王。因之修此法感雨也。[①]

由此可知,天台宗的智证大师(圆珍)曾师从青龙寺法全和尚学习密教的水天祈雨秘法与俱哩迦龙祈雨法,归国后传授与弟子。成寻作为圆珍的门徒,在开封祈雨时,首先就是"立十二天供诸龙王坛",修"水天法俱迦梨龙",其次是法华经法祈雨,即供养《法华经》修法。成寻最擅长的是法华经法祈雨。关于法华经法祈雨,上引史料中,成寻特地例举了唐(梁)时的光宅寺高僧法云讲《法华经》事例,即讲至药草喻品"其雨普等四方俱下"之文时,天降大雨,以强调法华经法祈雨的灵验性。《法华经》是天台宗的基本核心,成寻将水天秘法、俱哩迦龙法及法华法同时运用至祈雨行事的方法,可以说是天台宗融合密教的应灾具体例证。

二、空海与真言宗的确立

1. 空海入唐求密教之法

空海出生于宝龟五年(774),赞岐国多度郡人(今香川县善通寺市),俗姓佐伯直。15 岁时,跟着舅舅阿刀大足,读习《论语》《孝经》以及史传等,并兼学文章。18 岁时,进入大学,学习《毛诗》、《左传》、《尚书》、《左氏春秋》等儒学经典。

---

① 《参天台五台山记》熙宁六年三月七日条。

就在这一时期,有一沙门向空海呈示《虚空藏求闻持法》,"其经说,若人依法,读此真言一万遍,乃得一切教法文义暗记",于是空海"信大圣之诚言",弃学从佛,周游阿波、土佐等国修行佛道,由此"慧解日新,下笔成文",于延历十六年(797),著成《三教指归》一书①。空海在《三教指归》中,引经据典地对比儒学、道家和佛教,最后得出佛教真理胜于儒、道二家的结论,决意皈依佛门。31 岁之时,即延历二十三年(804),空海得度出家②。

延历二十三年(804)七月六日,以藤原葛野麻吕为大使的遣唐使团的船队从肥前国出发,空海搭乘藤原葛野麻吕所在的第一船前往唐朝留学求法。最澄也是随同此次遣唐使前往唐朝的,不过最澄乘坐的是第二船。八月十日,空海搭乘的第一船抵达福州长溪县赤岸镇以南的海口,但因去福州的路"山谷险隘,担行不稳",于是船向福州,于十月三日,到达福州。其时,空海为大使藤原葛野麻吕起草了"大使与福州观察使书",阐述日本遣唐使的来意。此外,为了能够早日前往长安,寻求名师,空海还撰写了"与福州观察使入京启"。

同年(804)十一月初,空海随同大使藤原葛野麻吕一行从福州出发前往长安城,经过 1 个多月的日夜兼程,终于十二月下旬抵达唐代的政治中心——长安城。

翌年(805)二月,藤原大使一行离开长安前去明州,乘船回国。空海则留在长安,住在西明寺,投青龙寺密教高僧惠果门下。惠果是不空的弟子,兼得密教两大体系——金刚顶经系(金刚界)和大日经系(胎藏界)的修法。空海受到惠果的特别器重,于同年(805)六月,受胎藏界灌顶;七月,受金刚界灌顶;八月,受"传法阿阇梨"灌顶。之后,惠果将密教典籍、修行仪轨、方法一一传授给空海,并赠给《金刚顶经》等密教典籍、密教图像曼荼罗及诸法具。赠与之时,惠果向空海介绍了密教的传法系谱,即由大毗卢舍那始,经金刚蕯埵—龙树—大龙智—金刚智—善无畏—不空—惠果,已有八代。现在,"汝(指空海)有秘密大根器,故我两部大法秘密,印信皆悉授汝"。之后,惠果又劝说空海早日归国③:

如今此土缘尽,不能久住,宜此两部大曼荼罗,一百余部金刚

---

① 『続日本後紀』承和二年三月庚午条。

② 关于空海得度、受戒的时间,诸史料的记载有所不同,主要有 22 岁说、30 岁说、31 岁说(川崎庸之「空海の生涯と思想」,川崎庸之注『日本思想大系 5 空海』,岩波書店、1975 年、第 405-436 頁)。本节采用正史《续日本后纪》的 31 岁说。

③ 成尊「真言付法纂要抄」。

> 乘法及（不空）三藏转付之物，并供养具等，请归本乡，流传海内。
> 才见汝来，恐命不足，今则授法有在，经像功毕，早归乡国，以奉国
> 家，流布天下，增苍生福，然则四海泰，万人乐，是则报佛恩，报师
> 德，为国忠也，于家孝也。

同年（805）十二月，惠果圆寂。实现了留学目的的空海遵师生前之嘱，于翌年
（806），比预定计划提前踏上了归国之途，四月，从长安到达越州，收集内外经
典；八月，从明州乘船出发归国。

2. 日本真言宗创立

大同元年（806）十月，空海向朝廷献上了《请来目录》，报告从唐朝带回的经
典、绘画、法具等具体物名。归国后的空海并未马上得到朝廷的重视。大同二
年（807），空海远离平安京，住在筑前的观世音寺。直至嵯峨天皇登祚后，他才
受到厚遇。

由于不断宣传真言密宗的护国思想，空海受到了嵯峨、淳和、仁明三代天皇
的器重，先后被任命为东大寺别当，少僧都、大僧都等职。弘仁元年（810）十月，
空海向嵯峨天皇呈上《奉为国家请修法表》，阐述大唐开元以后，皇帝及太尉、司
徒、司空三公受灌顶，舍长生殿为内道场，请求日本也应建"镇国念诵道场"，以
示"佛国风范"，并乞求嵯峨天皇敕允其在高雄山寺内举行法会，以此"奉为国
家"，"摧灭七难，调和四时，护国护家"[1]。

弘仁七年（816）六月，空海上表嵯峨天皇，乞求在高野山建修禅佛寺。空海
的请求，得到了嵯峨天皇的敕准。空海在高野山上所建之寺，名为金刚峰寺，成
为日本真言宗的总本山。弘仁十四年（823）正月，嵯峨天皇又将平安京内的东
寺赐予空海。于是，空海在东寺建立灌顶院，仿唐长安青龙寺法式，以惠果所赠
健陀国袈裟、念珠为寺院镇物，每年举行灌顶仪式。因空海主持东寺，所以史称
真言宗为"东密"，以天台宗的密教为"台密"。

承和元年（834）十一月，空海向仁明天皇呈上《宫中真言院正月御修法奏
状》。奏状乞请仿唐制在宫中设立内道场（"真言院"），每年正月的第二个七日
（即八日至十四日），举行祈求国家平安的法会（史称"后七日会"）。仁明天皇许
可了空海的奏请，在平安宫内的中和院之西建立了内道场，由此可见真言宗与
朝廷、天皇的密切结合。对于南都佛教来说，新建立的真言宗也是全新的教派。

---

① 空海『遍照発揮性霊集』第四。

然而,虽然在教义上和法式上有明显的差别,但是对于真言宗,南都佛教却没有像对待天台宗一样强力抵制。这主要是由于空海对南都佛教采取兼容并蓄的姿态,并注意与南都佛教高僧的和善往来,消除了彼此的间隔。

3. 空海的祈雨

在干旱、霖雨、疾病等灾害攘除措施方面,密教经典的咒术性质常常被重视、被运用。关于空海及真言宗在国家应灾措施中的作用,常见的事例就是应对旱灾的祈雨。根据《日本后纪》逸文的记载,天长四年(826)五月二十六日,

> 依祈雨,少僧都空海请佛舍利内里,礼拜灌浴。亥后,天阴雨降。数剋而止。湿地三寸。是则舍利灵验之所感应也。[①]

这是有关空海与祈雨的初见史料。天长四年的梅雨季节,无雨降,旱情严重。空海于内里祈雨之前,五月二十一日,淳和朝廷就已经"遣使畿内七道诸国,走币祈雨。屈一百僧于大极殿,转读大般若经三个日"[②]。因此,虽然史料将空海祈雨成功的原因归结于佛舍利之灵验,但依然可以推断,空海自身也掌握着一定的祈雨术技能(或谓之祈雨方法)。长元五年(1032),源经赖在其日记《左经记》中写道[③]:

> 弘法大师被传请雨经法之法之后,依旱行此法之七人也,大师、真雅、圣宝、宽空等僧正,元杲、元真等僧都并仁海也。

由此可知真言宗有传承请雨经法祈雨的传统。这一点在日本入宋僧成寻日记《参天台五台山记》中也有言及:

> 真言宗祖师弘法大师讳空海于唐朝从青龙寺惠果和尚传受请雨经法,归本朝后,依官家请于神泉苑修请雨经。时,修圆僧都成嫉妒心,驱诸龙纳水瓶。而弘法大师祈雨,坛上茅龙穿堂上登天,降大雨。后年又修祈雨法,於神泉苑池边石上,金色龙乘黑龙背

---

① 『類聚国史』卷170·災異·旱·天长四年五月丙戌条。
② 『日本纪略』天长四年五月辛巳条。
③ 『左経記』长元五年六月六日条。

出现。弘法大师并弟子高僧实慧大僧都、真济僧正、真雅僧正、真
然僧正等十人同见金色龙,余人不见。大师云,此金色龙是无热
池善如龙王之类也云云。其后大雨普下。从其以来真言宗修此秘
法,必感大雨。近五十年来,见仁海僧正修此法,每度感雨。世
云,雨僧正。其弟子现有成尊僧都,修请雨经法感大雨。[①]

这是在成寻于开封祈雨成功之后,关于日本的祈雨法,行事张太保与成寻一问
一答时,成寻的回答。其中,茅龙是祈雨时所用的龙形状的道具,由茅草、纸张、
金箔等材料制作,成寻祈雨时也有制作。虽然有关龙显现的内容,属于显扬空
海法验技能卓越的传说,后人润色加工成分浓厚,但关于空海及真言宗高僧掌
握祈雨法的叙述基本上是可信的,即在唐长安青龙寺,惠果向空海传授了请雨
经法,空海归国时,将请雨经法带回日本;以空海为首的真言宗高僧运用请雨经
法,在位于平安宫之南的神泉苑祈雨;此后,真言宗的请雨经法祈雨颇有效。从
成寻的叙述可知,在平安时代,真言宗的祈雨占据着重要的地位,尤其是真言宗
在神泉苑祈雨的记事屡屡可见,这与平安京的东寺是真言宗道场也有密切
关联。

真言宗用于祈雨的经典主要有[②]:大云轮请雨经(那连提耶舍译,1 卷),大
方等大云请雨经(阇那耶舍译,1 卷),大云请雨经(不空译,1 卷),大方等大云经
(昙无谶译,6 卷),大云经祈雨坛法(不空,1 卷),陀罗尼集经祈雨坛法(1 卷),大
孔雀明王经(不空译,3 卷),佛说大孔雀明王像坛场仪轨(1 卷),宝楼阁经(上
卷,不空译),尊胜仪轨(下卷,善无畏译),不空羂索经(第二十九,菩提流志译),
守护国界经(第九,般若三藏译),梵字大宝楼阁经真言(1 卷)等。祈雨法数量之
多,反映出真言宗对祈雨灵验性的重视。以期能确保其镇护国家的地位及
作用。

三、平安佛教的应灾地位与作用

佛教从传入之初的"蕃神",迅速地发展到与神祇("国神")相并,成为维系
古代日本天皇制及古代国家旳重要支柱性精神纽带,其中的原因虽与天皇、贵
族率先崇信有关,但更主要的是佛教自身的思想符合当时统治者的需要。众多

---

① 《参天台五台山记》熙宁六年三月七日条。
② 村山修一「真言密教と陰陽道」、中野義照編『弘法大師研究』、吉川弘文館、1978 年、325—346 頁。

的史事表明，大凡出现政治危机或灾害之时，都会举行国家性质的佛教祈祷行事。

平安时代，随着强调镇护国家思想的密教或密教化佛教的确立，佛法在应灾对策中的地位与作用越来越被强调。大同元年（806）正月，平城天皇的敕令就明言"攘灾植福，佛教最胜。诱善利生，无如斯道"①。

8世纪以后，转读佛经是佛教祈祷消灾解难的主要形式，常常选择般若经（金刚般若经、大般若经、仁王经）等经典诵读。承和四年（837），因灾害不断发生，僧纲主动上奏②：

> 出家入道，为保护国家。设寺供僧，为灭祸致福。顷者天地灾异，处处间奏。今须每月三旬，三日间，轮转诸寺，昼读大般若经，夜赞药师宝号，以此奉答国恩。

对此，仁明天皇应允"佛旨冲奥，大悲为先。攘灾致祥，谅在妙典"，命令崇福寺、东寺、西寺、东大寺、兴福寺、新药师寺、元兴寺、大安寺、药师寺、西大寺、招提寺、本元兴寺、弘福寺、法隆寺、四天王寺、延历寺、神护寺、圣神寺、常住寺等20座寺院，从五月上旬起至八月上旬，每旬轮转"誓愿薰修"③。承和六年（839），秋稼因灾害而绝收。翌年（840），诸国饥馑，疫疠流行，又逢不雨干旱，秧苗受损，面对连续的灾害，六月仁明天皇敕令，"夫销殃受祐，必资般若之力，护国安民，事由修善之功。宜命五畿内，七日间，昼转大般若经，夜修药师悔过"④。仁明诏敕的内容显示出诵读佛经、祈祷佛力消除灾殃在平安时代是不可欠缺的应灾措施。

除了转读佛经之外，僧侣们举行修法、祈求攘除疫灾也是平安时代佛教参与国家应灾的形式。所谓的修法是密教的祈愿仪式，即按照一定的规则举行的加持祈祷仪式，包括设坛、献供养物及在本尊佛像前颂真言、结手印、心观本尊佛等。本尊佛不同，修法的名称也不同。弘仁十四年（823）十月，在淳和大皇皇后院，三天三夜，空海举行了息灾之法⑤。弘仁十四年恰是天皇更替之年，嵯峨

① 『日本後紀』大同元年正月辛卯条。
② 『続日本後紀』承和四年四月丁巳条。
③ 『続日本後紀』承和四年四月丁巳条。
④ 『続日本後紀』承和七年六月丁巳条。
⑤ 『類聚国史』卷178・修法・弘仁十四年十月癸巳条。

天皇让位,淳和天皇即位,同时这一年也是疫病、饥馑、旱灾等灾害不断。尽管从空海的修法场所——皇后院来看,空海修法的契机可能是因为皇后的个人原因,但是宫中修法直接影响天皇、皇族及贵族,为修法成为日后的国家应灾措施的重要组成部分奠定了基础。同年(823),在平安宫的清凉殿,空海又与大僧都长惠、少僧都勤操等高僧一同举行了大通方广之法。至嘉祥三年(850)正月,仁明天皇敕令[①]:

> 镇国家,攘疫疠,佛力赖之。宜令五畿内七道诸国,修灌顶
> 经法。

敕文充分肯定了修法仪式在佛教攘灾措施中的作用,显示出修法在攘灾方面的运用。以下列举若干修法事例,略见日本朝廷应对灾害措施中的修法应用。

①弘仁十四年(823)三月,因为发生疫病流行,嵯峨朝廷命令百位僧侣在东大寺,举行药师法,祈愿消除疫疾[②]。

②承和元年(834)七月,畿内雨水泛滥,诸大寺及诸国讲师受命修法,以防淫霖[③]。

③齐衡元年(854)二月,大和国疫病流行,为攘灾疫,文德天皇诏令大和国修灌顶经法[④]。

④贞观五年(863)正月,天下患咳逆病,死者甚众,于御在所、建礼门、朱雀门、雅院等处修法,攘疫病[⑤]。

⑤贞观十七年(875)六月,为祈雨,除了60名僧侣在大极殿及寺院转读大般若经三天以外,还有15名僧侣在神泉苑修大云轮请雨经法祈雨[⑥]。

⑥元庆元年(877)六月,为祈雨,二十六日,僧侣于神泉苑修金翅鸟王经法;二十七日于东大寺大佛前修法三天[⑦]。

⑦元庆四年(880)五月,由于大雨渐没稼苗,僧侣于神泉苑修灌顶经法三

---

① 『続日本後紀』嘉祥三年正月丙午条。
② 『類聚国史』卷173・疾疫・弘仁十四年三月癸亥条。
③ 『続日本後紀』承和元年七月壬戌条。
④ 『文徳天皇実録』齐衡元年二月戊辰条。
⑤ 『日本三代実録』貞観五年正月廿七日庚寅条。
⑥ 『日本三代実録』貞観十七年六月十五日丙寅条。
⑦ 『日本三代実録』元慶元年六月廿六日乙未条、廿七日丙申条。

天,祈祷雨止①。

⑧延喜八年（908）七月，为祈雨，僧侣于宫中读经，同时也于神泉苑修祈雨法②。

⑨延喜十九年（919）六月，僧侣于神泉苑修祈雨法③。

⑩延长三年（925）七月，于神泉苑修法祈雨三天，无效后，于天台宗的比叡山修请雨经法④。

⑪延长七年（929）三月，平安京及其周边诸国疫病流行，平安京的路街上到处都是病亡者，藤原忠平奉敕宣旨，"传闻真言教中有除疫死法，宜令座主法桥上人位尊意早修此法，攘灾疫"。于是，尊意遵旨率领30位僧侣在平安宫的丰乐院，7天昼夜不断地修不动法⑤。

⑫延长八年（930）四月，因疫病流行，宫中读经，同时于丰乐院举行灌顶经御修法，祈祷消除疫病⑥。

⑬天庆二年（939）七月，延历寺座主尊意修请雨经法祈雨⑦。

⑭天庆六年（943）四月，因旱灾、疫病流行，大法师宽空率僧侣20人于禁中行孔雀经法祈祷⑧。

⑮天历二年（948）五月，僧侣于大极殿读大般若经，律师宽空等于真言院修孔雀经法，祈甘雨⑨。

⑯安和二年（969）六月，权少僧都宽静受命于神泉苑行请雨经法⑩。

⑰天禄三年（972）六月，因亢旱，真言宗的阿阇梨元杲于神泉苑修请雨经法⑪。

⑱天元五年（982）七月，权律师元杲率僧侣20人在神泉苑修请雨经法7天⑫。

---

① 『日本三代実録』元慶四年五月廿二日乙亥条。
② 『日本紀略』延喜八年七月十九日戊子条。
③ 『扶桑略記』裏書・延喜十九年六月十八日癸亥条。
④ 『扶桑略記』裏書・延長三年七月十六日丁未条。
⑤ 『扶桑略記』延長七年三月条。
⑥ 『扶桑略記』裏書・延長八年四月廿一日甲寅条。
⑦ 『本朝世紀』天慶二年七月十五日甲寅条。
⑧ 『東寺長者補任』天慶六年四月廿条。
⑨ 『日本紀略』天暦二年五月十六日甲子条。
⑩ 『日本紀略』安和二年六月廿四日己亥条。
⑪ 『日本紀略』天禄三年六月廿日丁未条。
⑫ 『日本紀略』天元五年七月十八日丁未条。

⑲宽和元年(985)六月,"炎旱涉旬,天下致愁",权大僧都元杲受命于神泉苑修请雨经法[①]。

上述事例所言及的修法,包括药师法、灌顶经法、请雨经法(大云轮请雨经法)、金翅鸟王经法、孔雀经法、尊胜法、不动法等。此外,还有息灾之法、陀罗尼法、真言法等。平安时代佛教盛行各种修法可见一斑。

9世纪中叶之后,除了寺院以外,宫中真言院、神泉苑也都成为举行修法的重要场所。尤其是神泉苑屡屡成为祈雨空间。神泉苑是位于平安宫之南的禁苑,但自9世纪后半叶,神泉苑的性质发生变化,成为平安京应对旱灾的重要设施。例如贞观四年(862),平安京遭遇旱灾,京内的水井枯竭,清和天皇敕令,打开神泉苑西北门,让普通人进苑汲水[②]。又如,元庆元年(877),因为平安京干旱,引神泉苑之水灌溉城南民田,结果"一天一夜,而水脉涸竭"[③]。神泉苑的祈雨仪式基本上由真言宗高僧主持,被认为源于天长元年(824)空海于神泉苑以请雨经祈雨,但由于正史并没有记载空海于神泉苑祈雨事,因此该传承是后人所作[④]。

在上述修法事例中,除了真言宗僧侣以外,⑫与⑭是天台宗僧侣为国家举行修法攘灾的事例,即天台宗延历寺座主尊意修法攘疫灾、祈雨。尤其是⑫例记述的藤原忠平宣旨明言"真言教的除疫死法",佐证了天台宗的攘疫修法具有密教要素。可以说,在灾害面前,天台宗与真言宗共同被赋予了镇护国家的作用。

---

① 『小右記』宽和元年六月廿八日辛丑条。
② 『日本三代実録』貞観四年九月十七日癸未条。
③ 『日本三代実録』元慶元年七月十日己酉条。
④ 佐々木令信「空海神泉苑請雨祈祷説について―東密復興の一視点」、『仏教史学研究』第17巻2号、1975年6月、35—47頁。

余论：治水·地域对峙·国家权力

——以贞观八年广野河事件为例

　　治水是凝结人类智慧的、非常重要的预防水灾发生的措施。在古代日本，律令制成立以后，治水权原则上是掌握在中央朝廷手中的，而国司、郡司是具体的执行者。因此，"修固池堰"是国司、郡司的重要职责，一旦发生只因"数日霖雨"就河水泛滥的情况，就要追究国司、郡司"使民失时，不修堤堰之过"①。但是如果遭遇"暴水泛溢毁坏堤防，交为人患"等紧急情况时，国司、郡司具有一定的治水权限，可以不论农忙农闲期征劳役修缮堤坊②。由此可见，在农业是"王政之要，生民之本"的认识下③，对于古代国家的决策层而言，毋庸置疑，治水是有利于农业生产的良策。

　　然而，从生活在河流两岸的民众的角度来看，由于治水工程给河流的上游、下游以及两岸所带来的影响各自不同，因此治水工程并不一定使两岸的民众皆受益，而且还可能带来地域间的对立，甚至会关乎地方的社会秩序。关于古代日本的治水纠纷，文献史料记载并不多见，贞观八年（866）广野河事件是少有的叙述较为详细的事件。

　　木曾川是现今日本河川中的第 7 条大河，中部地区最长的河流，发源于飞驒山脉南部，自御岳山与王龙川交汇，经过木曾峡谷流向西南，在爱知县的犬山流向浓尾平原，穿过平原，最后注入伊势湾。由于历史上的木曾川流路频繁变迁，如今的木曾川已远离古代的木曾川，因此古代木曾川的具体位置不明，一般

---

① 『続日本紀』天平宝字七年九月庚子朔条。
② 養老営繕令·近大水条。
③ 『類聚三代格』卷八·農桑事·仁寿二年三月十三日太政官符。

推测大致位于现今木曾川的北方①。文献史料中,古代木曾川的河名记为"鹈沼川"、"广野河"。关于鹈沼川与广野河的关系,既有同一河川不同称呼说,也有鹈沼川是广野河上游说②。

　　在古代,鹈沼川、广野河是尾张、美浓两国的界河,河道的不断变迁,使得尾张、美浓两国之界也随之流动,引发两国资源之境的不确定性。也就是说,河道的变化直接关乎两国的经济利害,这也是围绕着河川的流路,美浓国与尾张国之间一直存在着争论与对立的原因。神护景云(769),鹈沼川因洪水泛滥,河道变迁,尾张国的叶栗、中嶋、海部三郡遭遇水灾,为此,尾张国司以位于下游的国府、国分寺、国分尼寺可能遭受水灾为由,请求中央朝廷派遣解工使,允许尾张国开掘恢复旧河道。解工使是拥有土木工程技术的官员,但却不单是技术人员,作为中央官员还肩负着现场调解尾张国与美浓国的利害矛盾的使命③。

　　围绕着河道的变迁与改迁,尾张国与美浓国的矛盾甚至可能激化至武力冲突。贞观七年(865),尾张国向太政官上表:"昔,广野河流向美浓国。当于斯时,百姓无害。而顷年河口壅塞,总落此国。每遭雨水,动被巨害。望请,掘开河口,令趣旧流",以每遇降雨,河流就泛滥为由,请求中央下令进行掘开广野河河口工程,以恢复广野河的旧河道,使河水流向美浓国境内④。掘开广野河河口,作为预防水灾对策,无疑是造福于尾张国的治水事业,但对于美浓国,则可能是带来不利的工程。在尾张国提出改迁河道申请之时,中央朝廷就非常担心美浓国的反对,因此慎重地派出诏使与尾张、美浓两国的国司共同商议,然后再朝议工程的得失,最终下令尾张、美浓两国掘开广野河口。

　　掘开广野河口工事得到中央朝廷许可后,尾张国积极推进这项治水工程。贞观八年七月,工程接近完工,然而就在此时发生了广野河事件,美浓国的各务、厚见二郡司大领率领兵众700余人阻扰工事的进行,混乱之中,殴伤尾张国的郡司,射杀役夫,"河水添血,野草霑膏";尾张国迅速地将双方冲突情况报告

---

① 「三大川流路変遷の概観」,岐阜県編『岐阜県治水史』上卷、1953年。大矢雅彦「木曾川下流濃尾平野」、『河川地理学』、古今書院、1993年。
② 主张同一川说的学者有龟田隆之氏(「広野河事件─古代用水史の一側面─」、『人文論究』12卷2号、1961年。其后同篇以「用水をめぐる郡司の動向」之题收录于『日本古代用水史の研究』、吉川弘文館、1973年)、山田昭彦氏(「広野河事件について」、『岐阜県博物館調査研究報告』第35号、2014年3月)等。主张上下游说的学者有福岡猛志氏(「広野河河口開削事件」、『尾西市史』通史編・上卷、尾西市役听、1998年)。
③ 福岡猛志「広野河河口開削事件」。
④ 『日本三代実録』貞観七年十二月廿七日甲戌条。

至中央朝廷,中央也即刻下达了太政官符,叱责美浓国的郡司带众闹事行为及国司的不作为,同时命令掘开河口工事继续进行,禁锢美浓国的阻扰工事的郡司大领,要求尾张、美浓二国司上报冲突中的死伤人数[①]。然而,美浓方的反对行为并没有停止,以木材、沙石填堵流向美浓国一侧的河水。对此,尾张方也曾想以武力对抗美浓方,但权衡了利害以后,暂时停止了掘开河口工事,向太政官报告,等待中央的指示。最终,中央朝廷下达了中止掘开河口工事的决定。

关于广野河事件的性质,以往研究成果中,主要有两种观点:一是该事件显示出9世纪中叶以后,郡司与农民对抗律令国家权力,抑或说国家权力对地方豪族的统制力衰弱[②];一是与其说是对国家权力的反抗,不如说对于美浓国的人们而言,河口工事的恢复旧河道是关乎生死问题[③]。然而,二观点都没有说明在地方治水纠纷发生时,律令制国家权力的作用。

在解决尾张国与美浓国的治水纠纷中,中央朝廷并不是只关注尾张国的利益,无论是决定广野河口工事之前的倾听美浓国司意见,还是治水冲突发生后的中央朝廷决定中止工事,都折射出处于权力上层的中央朝廷,基于对尾张、美浓两国利害的判断,采取了平衡的方针与姿态。这一点在对带头阻扰工事的美浓国各务、厚见二郡司大领的刑罚上也有所反映。根据律令制国家的刑罚制度,二郡司大领本应判处"斩"罪,但事实上,考虑到河口工事影响美浓国一方的利益,中央朝廷采取了宽大方针,以太政官符直接指示定罪"过失杀伤",而过失杀伤罪是可以通过赎铜不服役的[④]。此外,关于广野河事件中的伤亡数,太政官是同时要求尾张、美浓两国上报的,即表现出不偏袒任何一方,倾听两国证言的公正性立场。

综上所述可以看出,广野河事件中的中央、尾张、美浓三方各自的立场与对应,即,通过治水工事可以得益的一方——尾张国司采取了依赖于中央的方针;非得益一方的美浓国,在国司的存在感淡薄的背景下,各务、厚见二郡的郡司通

---

①　『日本三代実録』貞観八年七月九日辛亥条。

②　亀田隆之「広野河事件―古代用水史の一側面―」。野村忠夫「広野河事件―濃尾の治水紛争―」(『岐阜県史』通史編・古代、1971年、岐阜県)「広野河事件まで」(『各務原市史』通史編・自然・原始・古代・中世、1986年、各務原市)。佐藤宗諄「「前期摂関政治」の史的位置」、『平安前期政治史序説』、東京大学出版会、1977年。

③　福岡猛志「広野河河口開削事件」。丸山裕美子「変貌する古代社会と尾張・三河」、『愛知県史』通史編・原始・古代、2016年。

④　王海燕「貞観八年の広野河事件について」、伊東貴之編『東アジアの王権と秩序―思想・宗教・儀礼を中心として―』、汲古書院、2021年。

过对抗工事的行动,引起中央朝廷的注目,表达自己的诉求;而中央朝廷为了地方统治及地方社会的安定,利用行政、法律手段解决治水纠纷,同时建立国家权力公平性的形象。因此,9 世纪的日本,虽然对于地方社会的统治力开始有了变化,但是在解决地域间对峙的治水纠纷时,中央朝廷所体现的国家权威不仅有存在的必要性,而且依然起着重要的作用。

后　记

　　2011 年 3 月 31 日,我从杭州出发前往神户,作为交换教员,开启一年的神户大学生活。当时,时隔"3·11"东日本大震灾后不久,关西国际机场办理入国手续的外国人寥寥无几,我第一次不用排队,比日本人还快地办完了手续,瞬间意识到大震灾所带来的各种影响。在神户的一年里,东日本地区依然余震不断,仙台、东京的朋友先后到神户相见、交谈,由此了解每人经历了大震灾后的心路变化。同时,由于福岛核电站事故,电力不足、节电意识、节电生活也给我留下了深刻的记忆。2012 年回国以后,开始有了从灾害的视角研究日本古代史的想法。2013 年,以"日本古代灾害社会史研究"为题,申请并获得国家社会科学基金项目,由此开启了灾害史的研究。

　　然而,随着时间的推移,灾害史研究的成果却迟迟没有完成,主要原因之一是在日本灾害史研究的初阶段时,自觉不自觉地有个结论性前提,即大灾害的发生一定会改变政治与社会。然而,当 2014 年,我获得了日本国际交流基金研究资助,以东京大学史料编纂所外国人研究员身份,再次到东京时,发现虽然能观察到一些变化,但与自己想象中的灾害的长时段影响不同,东京又恢复了震灾前的灯火明亮的繁荣,人们也似乎忘记了大地震的恐惧。然而我去仙台时,仙台朋友开车带我踏访史迹的归途中,远望"3·11"大震灾重灾区的沿岸部,那里依然是一片漆黑。想象与现实的差异,现实中的地域差异,让我意识到自喻知识分子的自己对于人类社会的思考不够深入,外国人的自己对于日本人的了解不够深入。于是,我重新调整了研究计划,将研究内容扩大,不局限于地震等突发性灾害,而是也关注水灾、疫病等日常性灾害及其对日本社会的影响。

　　2018 年 5 月至 2019 年 4 月,以国际日本文化中心外国人研究员的身份,在京都生活了一年。对于研究古代史的我来说,这是可以长时间地、近距离地触摸平安京空间的难得机会。而就在这一年,我亲身经历了大阪府北部地震及

2018 年 21 号台风上陆，目睹了自然灾害所留下的痕迹，对人类畏惧、畏敬自然的心态有了切身的体会。

上述的经历让我对灾害史研究的认识不断地深入，终于在 2019 年底完成了国家社科基金课题。2020 年以来，新冠的流行给全世界带来巨大的影响，也使我再次思考有关灾害史的一些问题。在课题研究过程中，得到了许多日本学者、友人的支持与帮助，国内学界同仁的关心，在此次拙稿有幸得以出版之际，向支持、帮助、关心我的学者、友人一并表示衷心的感谢。同时感谢浙江大学亚洲文明研究院出版资助，浙江大学出版社宋旭华老师的鼎力支持。不足之处，敬请各位同仁、读者指正。

王海燕

2021 年 11 月于杭州